材料科学与工程虚拟仿真实验

（新形态版）

王兆波　张萍萍　肖海连　等 编著

化学工业出版社

·北京·

内容简介

本书是结合材料科学与工程专业和学科的全面发展对人才的需求编著而成的。虚拟仿真实验能够提供高仿真度、全程参与式的虚拟操作平台，使读者能够更好地体验和了解实验的全过程和方法，从而为培养出有探索精神的创新型、科研型人才打下坚实的基础。本书主要内容包括X射线和光电子能谱分析仿真实验，电子显微分析仿真实验，光谱分析仿真实验，色谱分析仿真实验，热分析、核磁和电化学分析仿真实验，金属材料分析仿真实验等。

全书力求覆盖面宽、内容精选、简明实用，便于实际应用指导和自学，既可以作为材料科学与工程相关专业师生的实训教材或教学参考书，也可供相关领域的技术人员和科研人员参考。

图书在版编目（CIP）数据

材料科学与工程虚拟仿真实验：新形态版 / 王兆波等编著. -- 北京：化学工业出版社，2025. 8. --（普通高等教育教材）. -- ISBN 978-7-122-48685-1

Ⅰ. TB3-33

中国国家版本馆CIP数据核字第2025W6E946号

责任编辑：朱　彤　　文字编辑：王云霞
责任校对：刘曦阳　　装帧设计：刘丽华

出版发行：化学工业出版社
（北京市东城区青年湖南街13号　邮政编码100011）
印　　装：北京天宇星印刷厂
787mm×1092mm　1/16　印张12¾　字数330千字
2026年1月北京第1版第1次印刷

购书咨询：010-64518888　　售后服务：010-64518899
网　　址：http://www.cip.com.cn
凡购买本书，如有缺损质量问题，本社销售中心负责调换。

定　　价：59.00元

前 言

高等学校的实验教学是创新人才培养体系的重要组成部分，也是实践教育环节的关键一环，对于提升学生的综合素质，培育学生的创新意识、创新精神及实践能力，具有不可替代的作用。实验教学既能巩固课堂理论内容，增加感性认识，又能培养学生实事求是的精神、理论联系实际的学风及严谨治学的态度。总之，实验教学与理论教学相辅相成，二者在人才培养体系中需要统筹协调，共同促进学生综合素质的全面提升。

大型仪器资源有限，目前高校的大型仪器实验教学多局限于演示性实验，学生缺乏动手实践机会，从而难以充分实现实验教学的预期目标。为了有效应对这一挑战，我们通过引入大型仪器虚拟仿真操作平台，依据实验室实际布局搭建模型；每个虚拟仿真实验均提供正确的操作步骤提示及实验注意事项，操作画面兼具环境真实感、强交互性和操作灵活性，为学生打造了一种三维高仿真度、全程参与、实时信息反馈与操作指导并重的虚拟操作环境。总之，虚拟仿真实验不仅是大型仪器实验教学改革的一条可行之路，也是学生自主获取知识和技能、体验科研过程与方法、提升创新意识的重要途径，必将对实验教育教学改革与发展产生积极的推动作用。

基于上述原则，本书在编著过程中强调虚拟仿真实验课程的学习，重视对学生实验技能与创新能力的培养和训练。本书所采用的虚拟仿真软件由北京欧倍尔软件技术开发有限公司及山东星科智能科技股份有限公司精心制作。本书内容紧密围绕该软件的功能与应用展开，旨在帮助学生牢固掌握专业知识，为培养具备探索精神的创新型人才奠定坚实基础。全书内容广泛，简明适用，既可作为材料科学与工程相关专业师生的教学参考书或实训教材，也可供材料科学领域的技术人员与科研人员参考。

本书由王兆波、张萍萍、肖海连等编著，并得到了白强、于薛刚、于寿山、李斌、孙瑞雪、李成栋、刘春廷、单妍、刘静、董红周、隋静、姜迎静、赵云琰、李佳润、周震芳、张忠华、薛蓉、李浩、崔学晶、窦新玥、贾长超等多位老师的鼎力支持与参与。全书由滕超老师负责核校。在此，特别感谢青岛科技大学材料科学与工程学院相关老师的积极支持与帮助！

鉴于编著者水平与经验有限，书中难免存在不足之处，恳请广大读者不吝赐教，予以批评和指正。

编著者
2025 年 2 月

目 录

第一章 X射线和光电子能谱分析仿真实验

实验1 X射线衍射物相分析仿真实验

一、实验目的

（1）了解X射线衍射仪的结构及工作原理。
（2）掌握X射线衍射样品的制备方法。
（3）掌握X射线衍射仪的操作。
（4）了解运用X射线衍射分析软件进行物相分析的方法。

二、实验仪器

SmartLab（9kW，日本理学）X射线衍射仪虚拟仿真软件。

三、实验原理

晶体结构可以用三维点阵来表示。每个点阵点代表晶体中的一个基本单元，如离子、原子或分子等。空间点阵可以从不同方向予以划分，从而形成许多组平行的平面点阵。因此，晶体可以看成是由一系列具有相同晶面指数的平面按一定距离分布形成的。各种晶体具有不同的基本单元、晶胞大小、对称性，因此，每一种晶体都具有一系列特定的晶面间距（d），可以用于表征不同的晶体。

X射线波长 λ 与晶体中晶面间距相近，可以产生衍射。晶面间距 d 和X射线波长 λ 的关系可以用布拉格方程来表示：

$$2d_{(hkl)}\sin\theta=n\lambda$$

式中，θ 为入射X射线与相应晶面之间的夹角，也称掠射角或布拉格角；n 为衍射级数，为正整数。

根据布拉格方程，不同的晶面对应不同的布拉格角 θ。

每一种结晶物质都有各自独特的化学组成和晶体结构。没有两种物质的晶胞大小、质点种类及其在晶胞中的排列方式是完全一致的。因此，当X射线被晶体衍射时，每一种结晶物质都有自己独特的衍射图谱，它们的特征可以用各个衍射晶面间距 d 和衍射线的相对强度 I/I_1 来表征。晶面间距 d 与晶胞的形状和大小有关，相对强度则与质点的种类及其在晶胞中的位置有关。所以，任何一种结晶物质的衍射数据 d 和 I/I_1 是其晶体结构的直接反映。因此，通过测定晶体对 X 射线的衍射，就可以得到它的 X 射线粉末衍射图，与数据库中的已知 X 射线粉末衍射图对照就可以确定其物相组成。

四、实验步骤

(1) 仪器开机

① 开启循环水机总电源开关，开启循环水机开关。

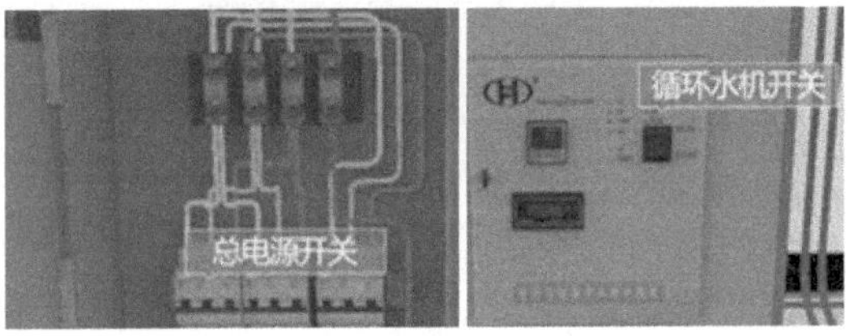

② 开启仪器总电源开关，然后开启仪器背部总电源开关。

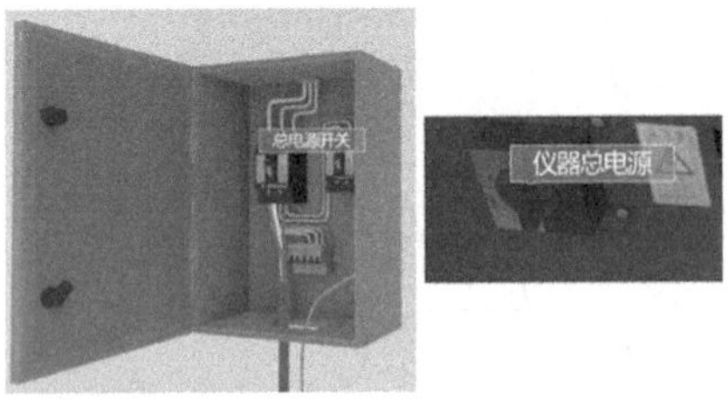

③ 开启仪器控制面板电源开关。

④ 按下“Door Lock”键，然后右击舱门，点击“开启舱门”下拉菜单。

⑤ 在菜单栏“仪器配置”栏目中，选择实验时需要用到的样品台。

(2) 样品制备

① 在菜单栏“样品制备”栏目中，选择实验时需要的样品。

② 右击对应的样品片，点击“装入样品”。

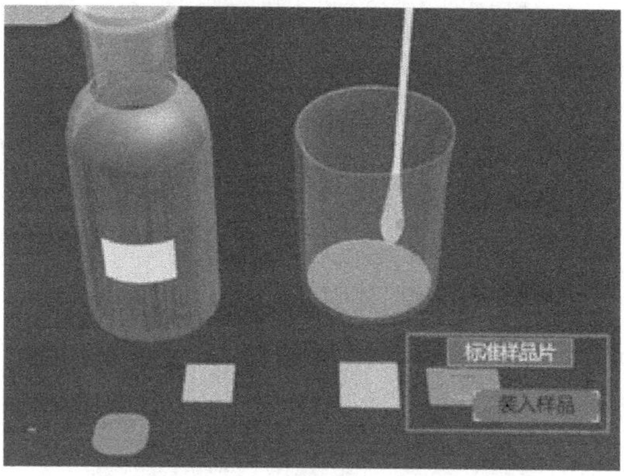

③ 右击对应的样品片，点击“压片”。

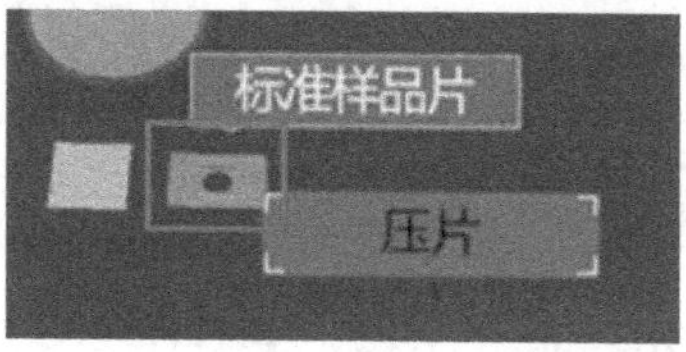

④ 右击对应的样品片，点击“放入样品台”。

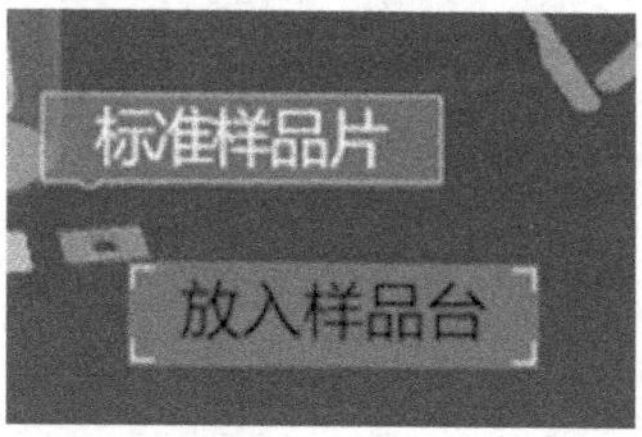

⑤ 关闭舱门，按“Door Lock”键锁紧。

(3) 测试过程

① 开启电脑主机电源。

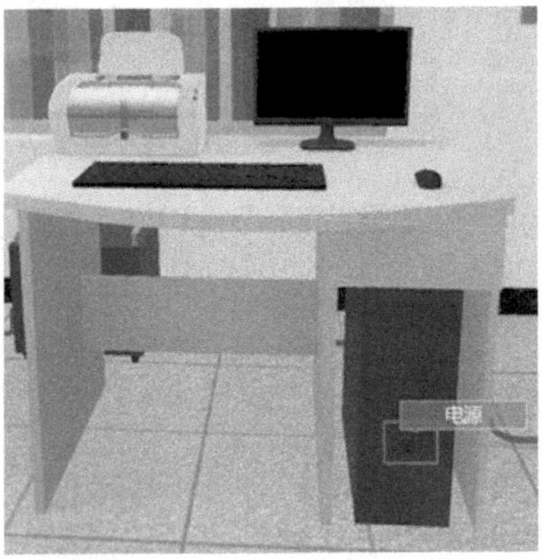

② 点击桌面上 SmartLab 图标，打开工作站。

③ 输入用户名后，点击“OK”进入工作站主界面。

④ 在菜单栏“Control”选项中选择“XG Control”。

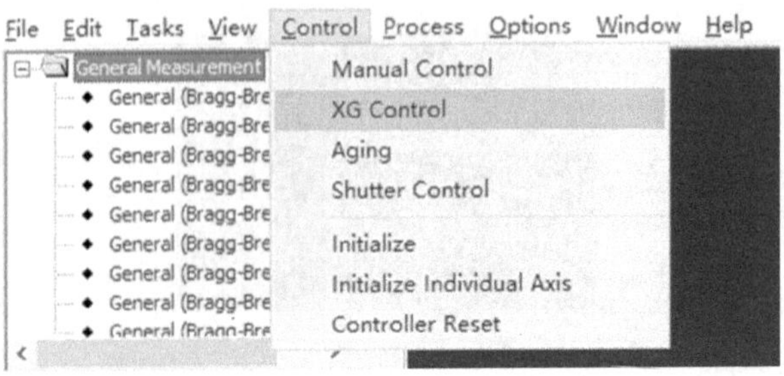

在“XG Control”窗口下“Vacuum”栏目中点击“START”键，开始抽真空。

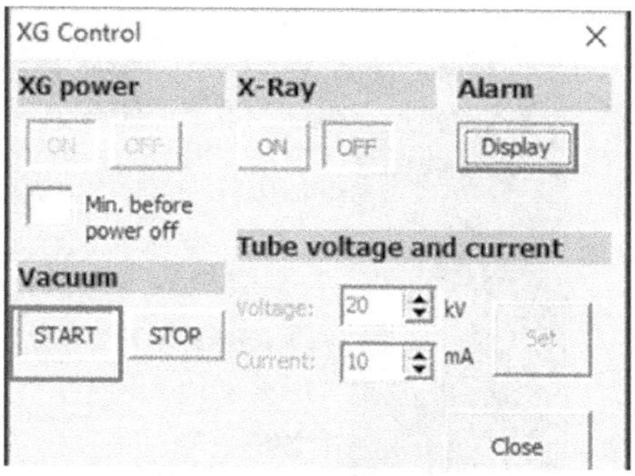

⑤ 此时观察左下角状态栏真空参数，该参数小于200mV时，点击“XG Control”窗口中“X-Ray”栏目中的“ON”按钮，开启X射线开关。

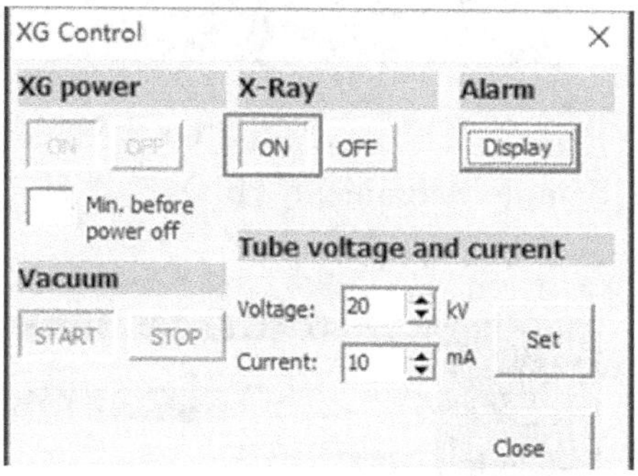

⑥ 关闭“XG Control”窗口，在菜单栏打开“Aging”窗口，点击“Execute”键，开始老化过程。

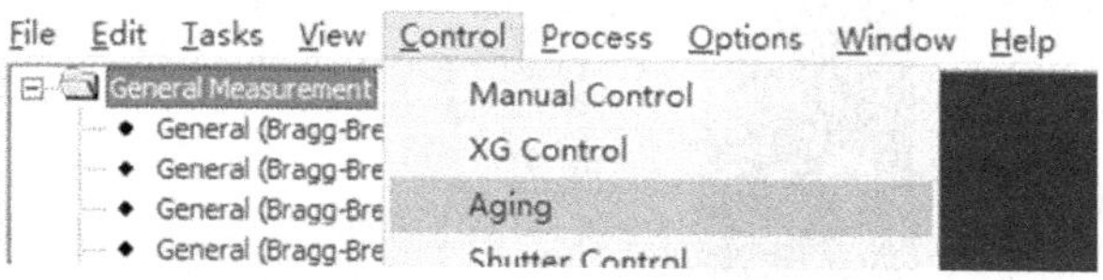

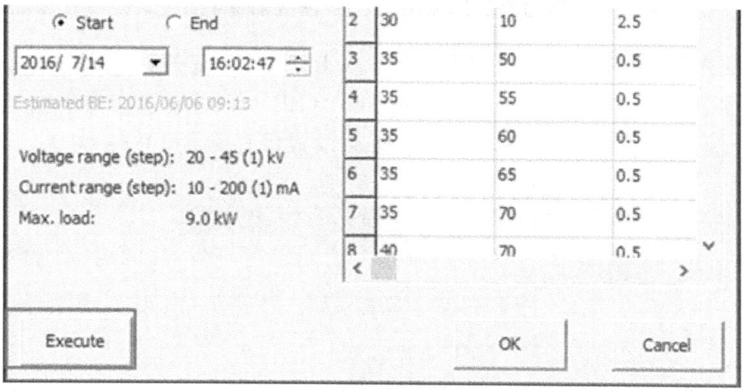

当“Hardware Control”窗口消失后，老化过程完毕。
当老化过程完毕后，在“Aging”窗口中点击“OK”键关闭该窗口。

⑦ 左侧栏目中点击“1 Optics Alignment（BB）”栏目，在弹出窗口中点击“Execute”键。

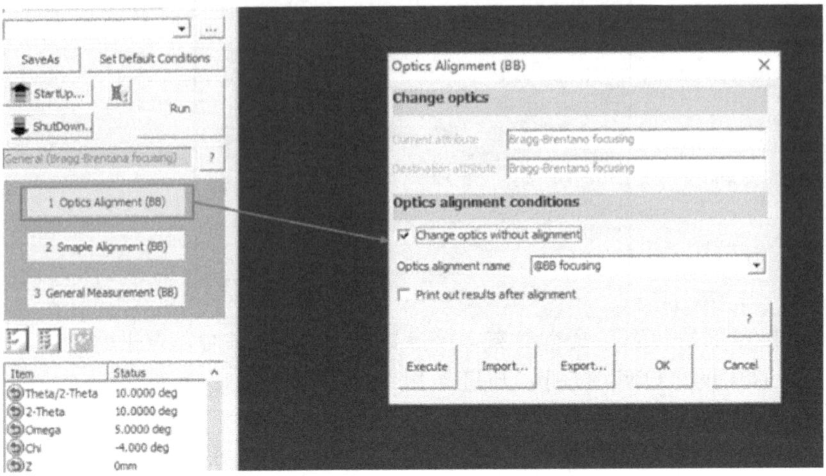

在“Optics Alignment（BB）”窗口中，点击“OK”键关闭该窗口。

⑧ 左侧栏目中点击“2 Sample Alignment（BB）”栏目，在弹出窗口中点击“Execute”键。

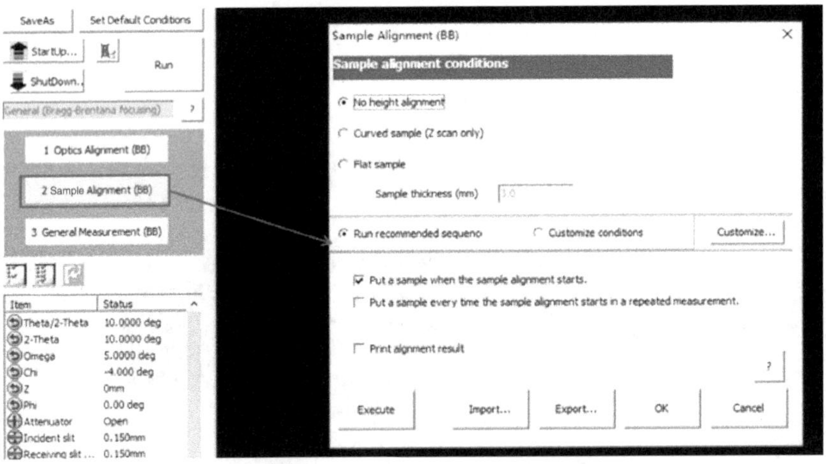

在“Sample Alignment（BB）”窗口中，点击“OK”键关闭该窗口。

⑨ 左侧栏目中点击“3 General Measurement（BB）”栏目，在弹出窗口中设置参数。点击“File name”栏目后，点击“…”按钮设置保存路径。

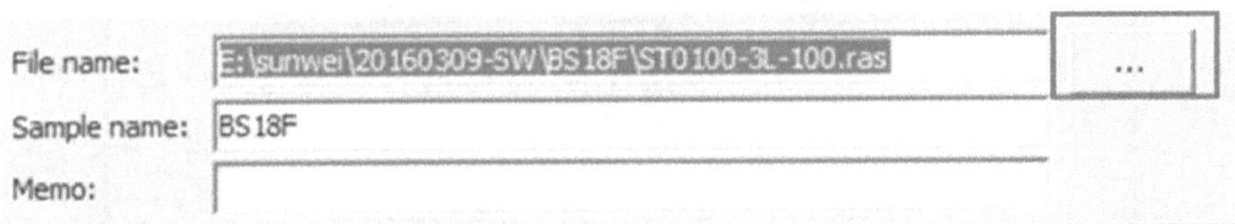

根据实验需求在参数栏中设置参数：

• Scan axis（扫描轴）。通常采用“Theta/2Theta”，意为联动扫描，即测试过程中 X 射线发生器和探测器联动。

• Mode（测量模式）。通常选择“Continuous”，“Step”代表步进扫描，“Continuous”代表连续扫描。

• Range（区间选择）。通常选择“Absolute”（绝对的）。

• Start/Stop（起始/终止角度）。有机样品为3°～90°，无机样品为10°～90°；也可以调到小范围观察某一个峰，具体根据不同实验要求来设置。

• Step（步长）。通常为0.02°，即每走0.02°采集一个数据点。

• Speed（扫描速度）。通常为4°～10°，即扫描速度为4～10(°)/min，扫描速度过快会导致误差变大。

• IS/RS1/RS2（DS狭缝/SS狭缝/RS狭缝）。设置值分别为2/3、2/3、0.45。

• Attenuator（衰减器吸收片）。一定调成“Auto”，因为闪烁计数器接收强度范围不能超过400kcps。本仪器为自动选择吸收片（大多数仪器要手动插拔），这是为了防止探测器被打坏。

设置完成后，勾选需要测试的实验；勾选后点击“Execute”开始测试。

在弹出窗口中点击“OK”关闭窗口，然后等待反应结束。

反应结束后，关闭“General measurement”窗口。

（4）关机过程

① 打开“XG Control”窗口，在电压（Voltage）栏目中输入20mV、电流（Current）栏目中输入10mA，然后点击“Set”键。

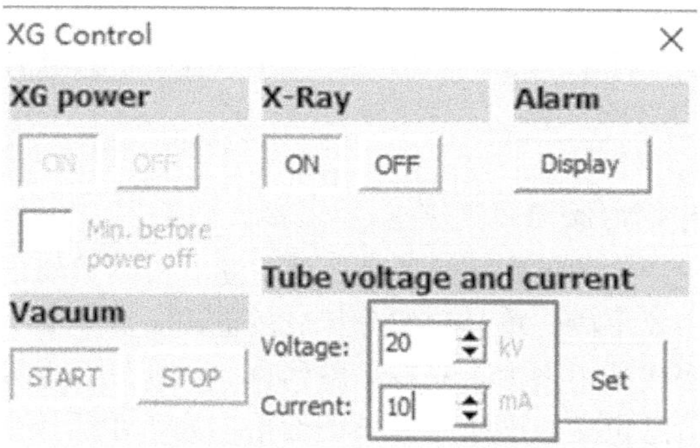

② 在“X-Ray”栏目中点击“OFF”键，关闭X射线；关闭X射线后在“Vacuum”栏目中点击“STOP”关闭真空。

③ 关闭“SmartLab”工作站。

④ 按下“Door Lock”键，拉开舱门，右击样品片，点击“取回并清理”。

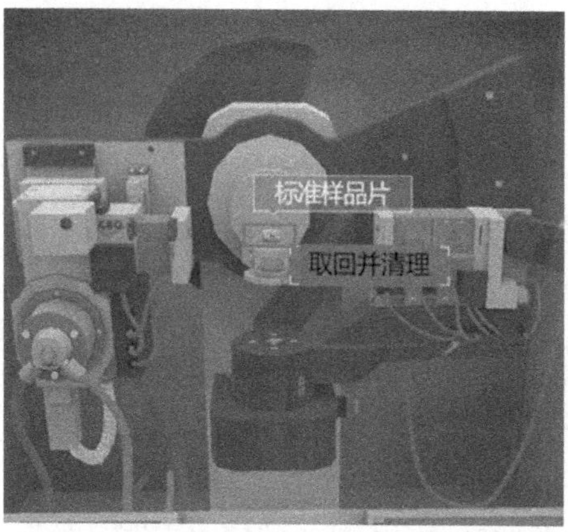

⑤ 关闭舱门，按下“Door Lock”键锁紧。
⑥ 关闭仪器背部总电源，关闭循环水机开关。
⑦ 关闭仪器总电源开关，关闭循环水机总电源开关。

五、思考题

（1）X射线衍射仪的工作过程是怎样的?
（2）为什么待测试样表面必须为平面?
（3）在连续扫描测量中，为什么要采用 θ-2θ 联动的方式?

实验2　X射线单晶衍射仪测定溶菌酶晶体结构仿真实验

一、实验目的

（1）了解X射线单晶衍射仪基本结构及工作原理。
（2）了解X射线单晶衍射仪操作流程及注意事项。
（3）掌握挑单晶、对单晶的基本方法。

二、实验仪器

日本理学X射线单晶衍射仪（MicroMax-007HF）虚拟仿真软件。

三、实验原理

（1）单晶衍射实验功能介绍

X射线衍射在材料学、化学、矿物学及晶体学中起着极其重要的作用，它是研究大多数结晶物质结构和物相的主要手段。单晶结构分析应用范围十分广泛，凡是可获得单晶体的样品均可用于分析。该方法样品用量少，只需一粒约0.5mm大小的晶体，即可获得被测样品的全部三维信息。这些信息包括原子间的键长、键角，分子在晶体中的堆积方式，分子在晶体中的相互作用以及氢键关系、π-π相互作用等各类结构参数。单晶结构分析是有机合成、不对称化学反应、配合物研究、新药合成、天然提取物分子结构、矿物结构以及各种新材料结构与性能关系研究中最直接、最有效、最权威的方法之一。

（2）单晶的培养

晶体的生长和质量主要依赖于晶核形成及晶核生长速度：晶核形成速度快会形成大量微晶，并易出现晶体团聚；生长速度太快会引起晶体缺陷。品质好的晶体应该是透明、没有裂痕、表面洁净、有光泽、外形规整并且有一定的几何形状、大小合适。对单晶分析样品的要求是应尽可能选择接近球形的单晶或晶体碎片，直径通常为0.1～0.7mm。

（3）晶体结构和晶体学参数分析

① 单晶结构分析结果主要由以下参数体现：晶胞参数、原子坐标参数、键长和键角、电子密度和结构因子等。其中，晶胞参数、原子坐标参数、键长和键角等数据的准确度，通常采用最大可能的偏差值表示。结构因子的计算值和实验值的偏差，常用偏差因子 R 表示，R 值越小，表示结构的准确度越高。正确的结构模型，经过精细修整，R 值可达到0.05以下。

$$R=\sum(|F_a|-|F_c|)/\sum|F_a|$$

式中，F_a 为实测的结构因子；F_c 为对应结构因子的计算值。

② 用于评价精修质量好坏的另一个指标是“拟合优度”S。

$$S=[(\sum w\Delta^2)/(m-n)]^{1/2}$$

式中，S 值也称为 GOOF（goodness of fit）值；m 为独立衍射点数目；n 为参与精修的参量数目。如果权重方案合适且结构正确，S 值接近 1；$\sum w\Delta^2$ 为结构精修值。

③ 在数据解析完成后，应将 .cif 文件上传至国际晶体学会网站，检查有无错误。

四、实验步骤

（1）仪器开机

① 开启循环水机开关。

② 打开液氮供应控制仪、液氮程序控制仪开关、液氮体积控制仪开关。

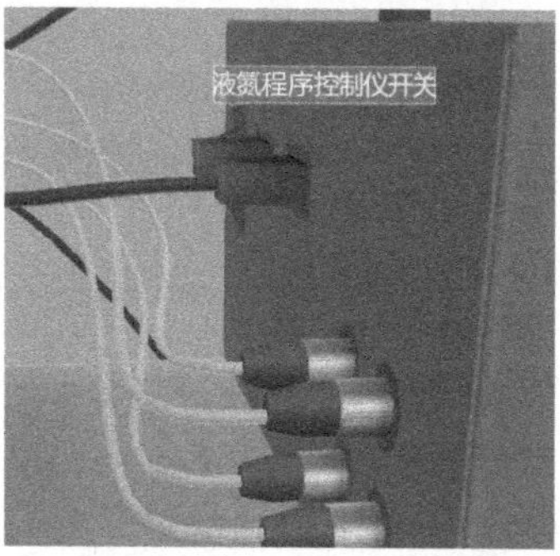

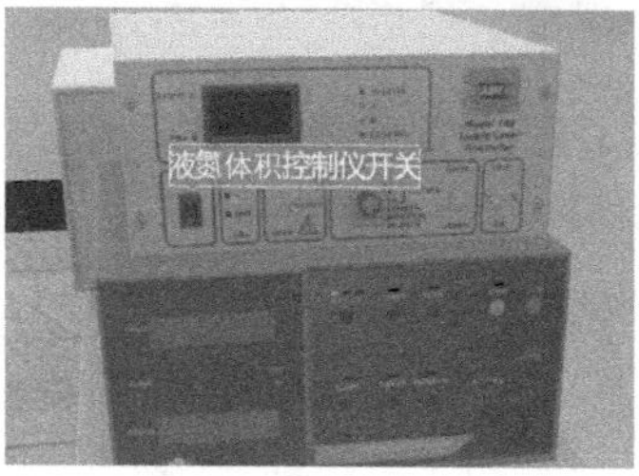

③ 打开左侧舱门，开启仪器主电源开关。

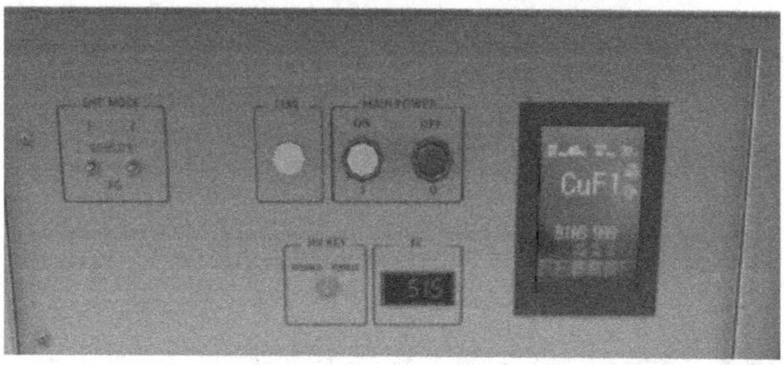

④ 打开右侧舱门，开启真空泵电源。

⑤ 开启单晶衍射仪操作面板总开关。

⑥ 开启真空泵电源开关，直到真空度示数达到 125 以下时打开 X-Ray 电源（X 射线）。

(2) 运行液氮冷却程序

① 点击 Cryopad 工作站图标，打开控制供给液氮的工作站，选择“Cool”模式，在“Target Temp”栏目中设定目标温度，然后点击“Execute Now”执行。

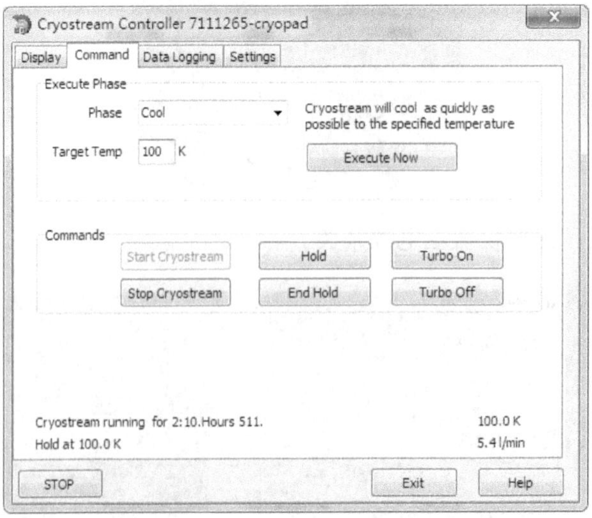

② 点击液氮控制面板上的“START”，运行冷却程序。

(3) 运行升电压程序

① 点击切换系统按钮，切换至“Linux”系统，打开“X-Ray Generator Control”工作站。

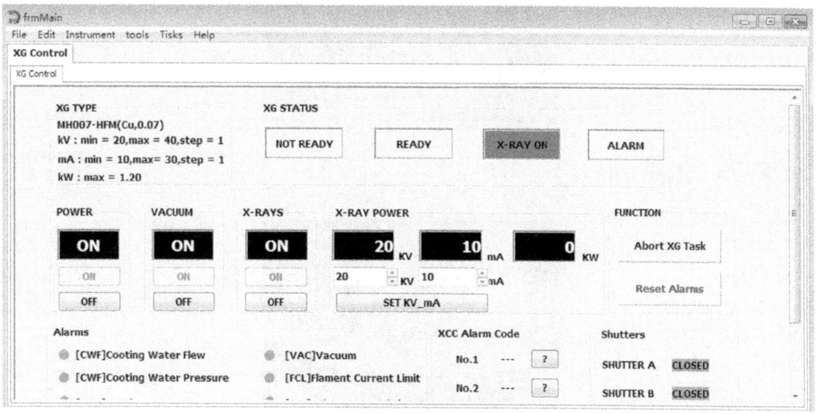

② 点击工具栏“Instrument”中“XG Script Tool”选项，在下拉菜单中选中“MM007HFCuRampUp. xgr”条目，然后点击“Run”按钮运行升电压程序。

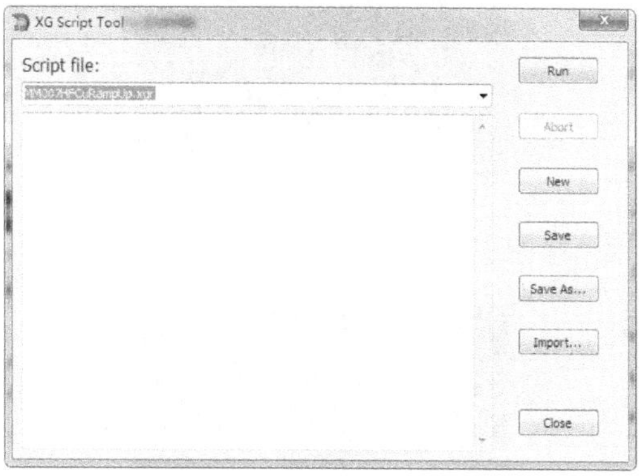

(4) 挑单晶过程

① 将 X 射线单晶衍射仪舱门拉开。

② 开启舱门后，取下光束截捕器，放于实验桌上。

③ 打开单晶盒盖。

④ 移至显微镜下观察，确定晶体位置。

⑤ 观察结束后，取回单晶盒。

⑥ 从载玻片盒中取出载玻片至单晶盒盖上。

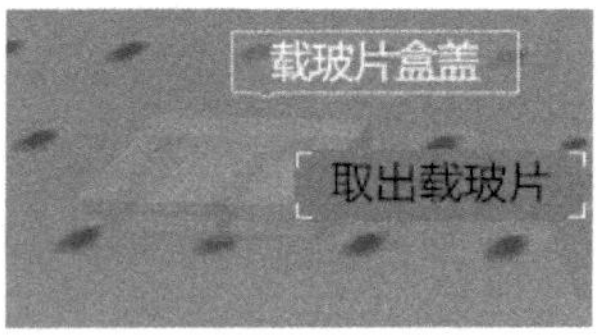

⑦ 在载玻片上滴防冻液。

⑧ 右击单晶盒，点击取出晶体。

⑨ 挑单晶。

⑩ 挑单晶过程结束后，将 Loop 环置于样品台上。

⑪ 调节样品台上下两侧螺丝，调整晶体在显示屏中的位置，直至晶体位于显示屏中央十字交叉处为止。

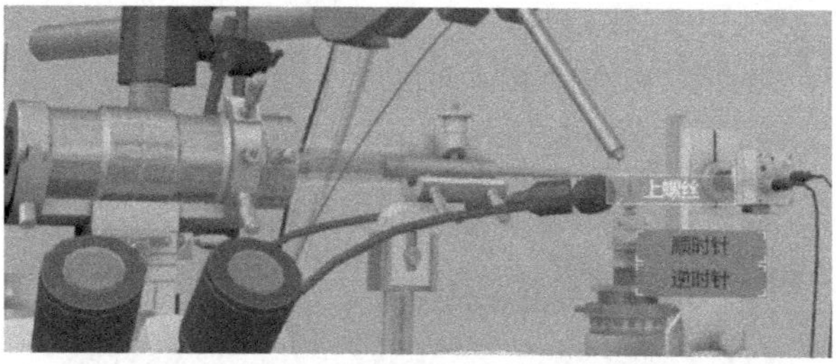

⑫ 旋转样品台下方转盘，使晶体（白色光点）对准显示屏十字交叉位置。

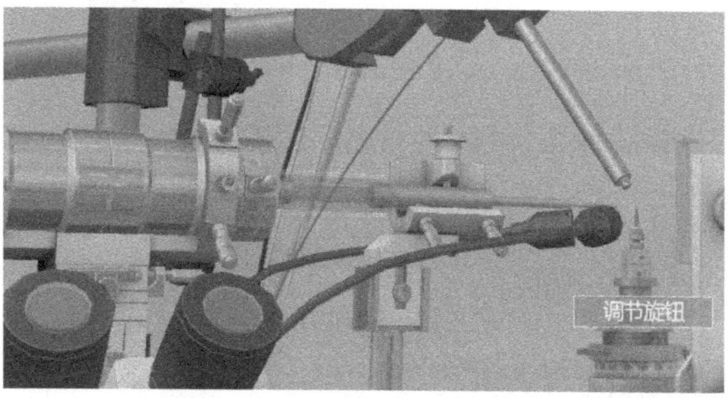

⑬ 装回光束截捕器。

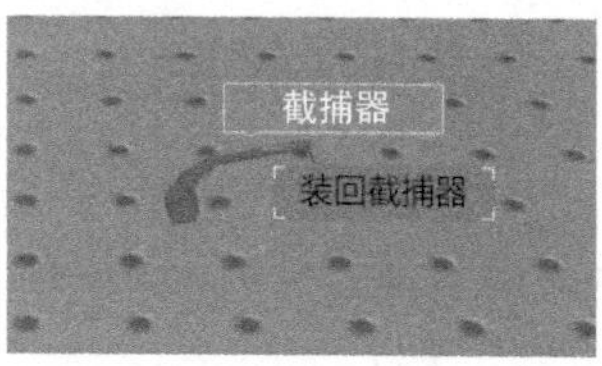

⑭ 将舱门关紧，然后在门禁按钮处按下 4 个“1”，将舱门锁住。

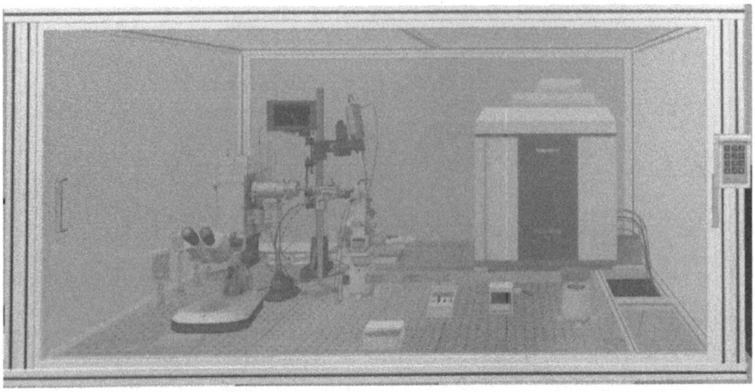

（5）单晶测试

① 打开 HKL 工作站，点击“Project”栏目中的“Edit project”，在弹出窗口中编写实验信息，编写完成后点击“Done”保存。

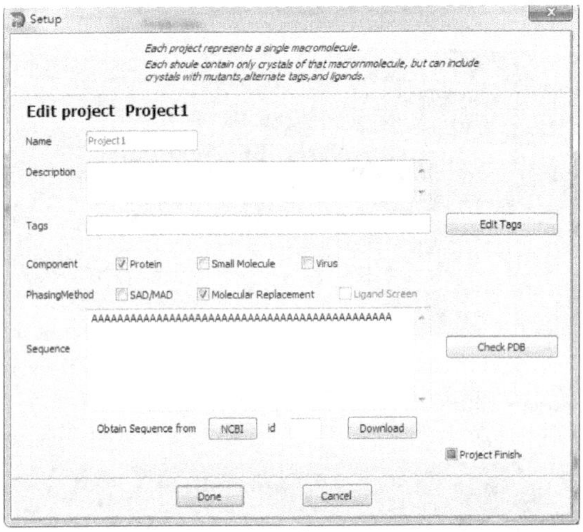

② 点击“Connect”按钮以建立工作站与仪器的连接，然后点击“Base Directory”框设置保存路径。

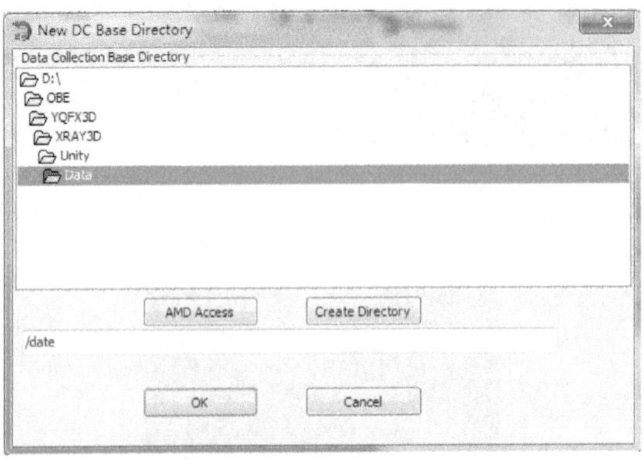

③ 设定以下实验参数：Number of Frames：1；Distance：100；Phi Start：0；Exposure Time（s）：300。

④ 点击“Collect”按钮进行图像采集，直至下方进度条达100%时，测试结束。

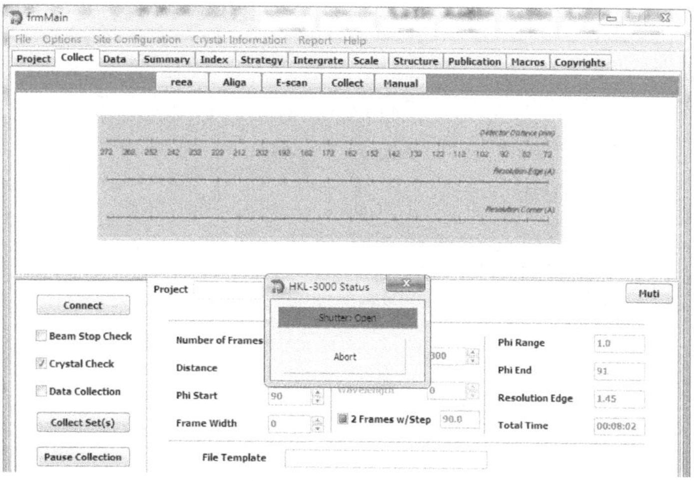

⑤ 在“Data”栏目，点击“Display”按钮，可在弹出窗口中查看所采集的谱图。

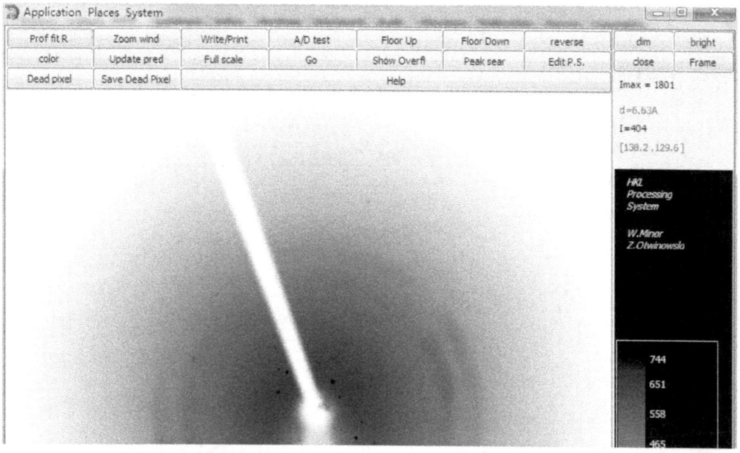

⑥ 选中要观察的区域，点击“Zoom wind”按钮，将待观察区域局部放大。

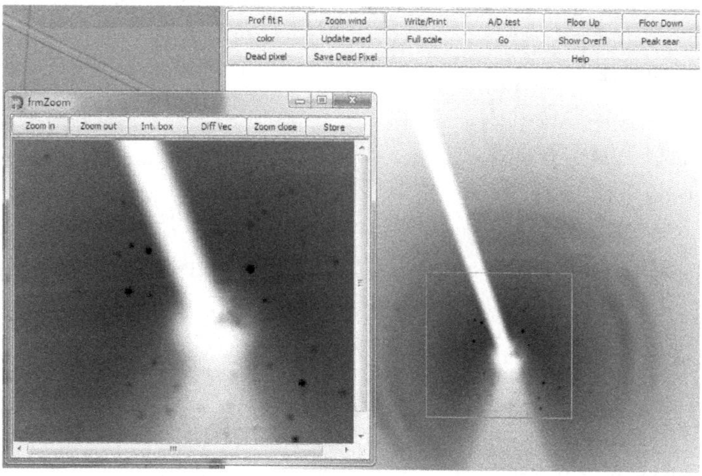

（6）关机过程

① 关闭“HKL 3000R”工作站。

② 运行降电压程序。

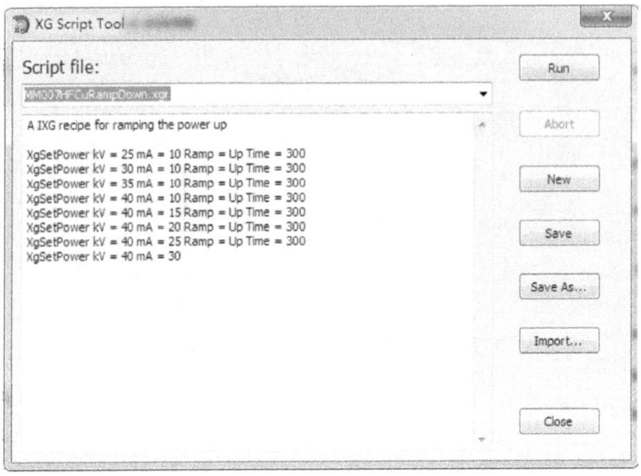

③ 关闭操作面板上 X 射线开关。

④ 关闭“X-Ray Generator”工作站。

⑤ 运行液氮终止程序。

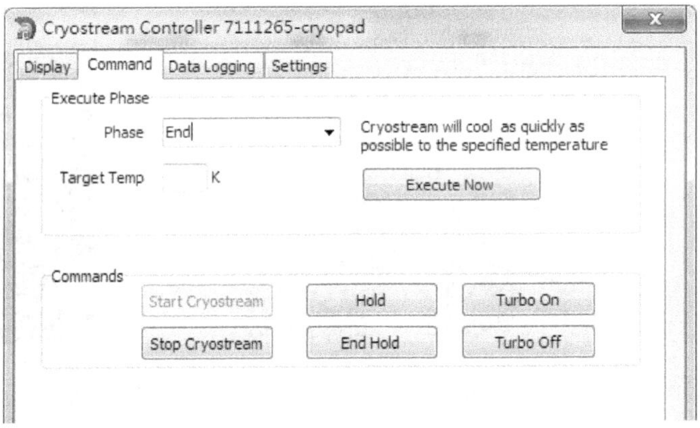

⑥ 关闭液氮控制工作站。

⑦ 关闭电脑主机电源。

⑧ 关闭各液氮控制仪电源开关。

⑨ 关闭操作面板上真空泵电源开关。

⑩ 关闭操作面板电源开关。

⑪ 关闭仪器总电源、真空泵电源。

⑫ 打开门禁，然后拉开舱门，点击“Loop 环”将其取回，然后将舱门关好，按门禁锁紧。

⑬ 关闭循环水机。

五、思考题

如何挑选合适的单晶？

实验3 X射线光电子能谱仪仿真实验

一、实验目的

（1）了解X射线光电子能谱仪的原理。

（2）掌握X射线光电子能谱仪的结构和基本操作。

（3）掌握X射线光电子能谱图的分析方法。

二、实验仪器

赛默飞X射线光电子能谱仪（ESCALAB 250Xi）虚拟仿真软件。

三、实验原理

用一束具有一定能量 $h\nu$ 的X射线照射固体样品时，入射光子与样品原子相互作用，光子被吸收并将其能量转移至原子的某一壳层中被束缚的电子上，此时电子把所得能量的一部分用来克服结合能 E_b 和逸出功 W_s，余下的能量作为它的动能 E_k 而被发射出来，成为光电子。这个过程就是光电效应。用公式表示为：

$$E_k = h\nu - E_b - W_s$$

结合能 E_b 是指电子克服原子核和其他电子的束缚，到达费米能级所需要的能量；费米能级是指0K时固体中电子占据的最高能级；逸出功 W_s 是指固体样品中电子由费米能级跃迁到自由电子能级所需要的能量。

四、实验步骤

（1）打开工作站

（2）制备样品

① 打开干燥器，取出模具和样品台，盖上干燥器并清洗工具。

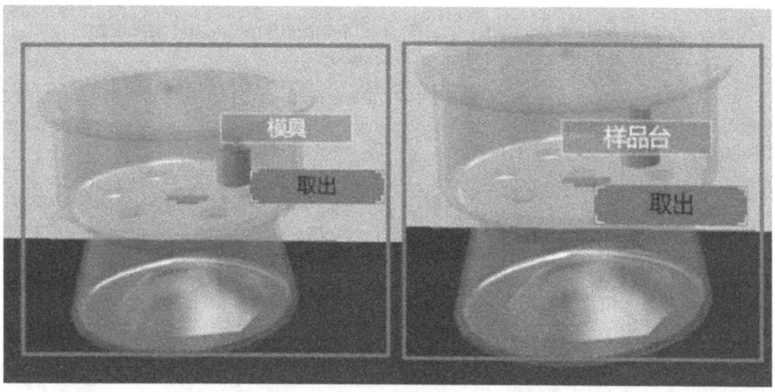

② 向样品台上粘贴双面胶，然后剪铝箔，再往铝箔上粘贴双面胶。

③ 取粉末样品，倾倒于双面胶上，折叠铝箔。

④ 将铝箔移至模具上，再将模具移至压片机上。

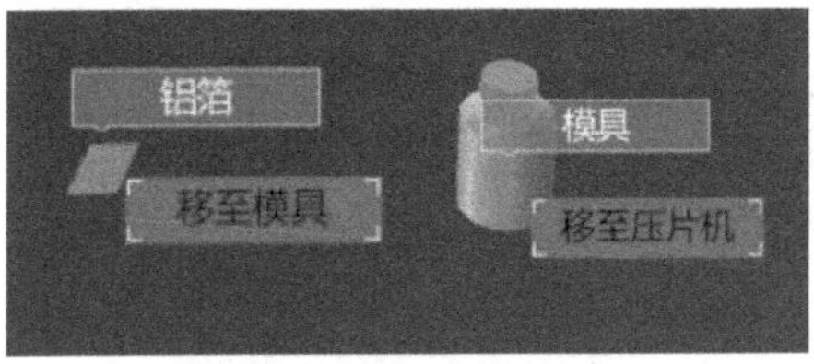

⑤ 顺时针旋紧压片机手轮，拧紧油阀，安装压杆。

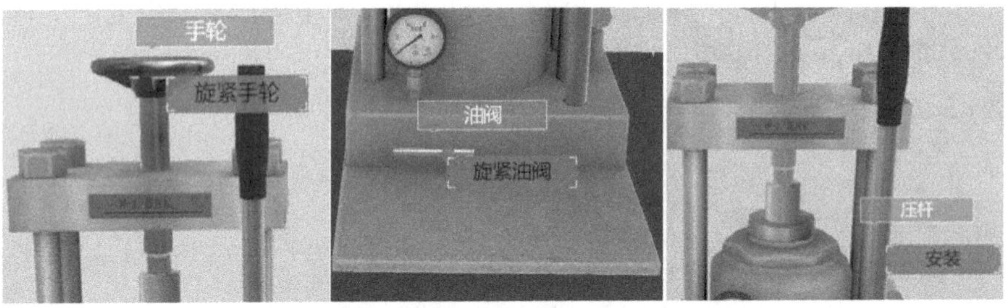

⑥ 按压压杆至压力表示数为 10MPa 左右，保持 1min，卸下压杆。

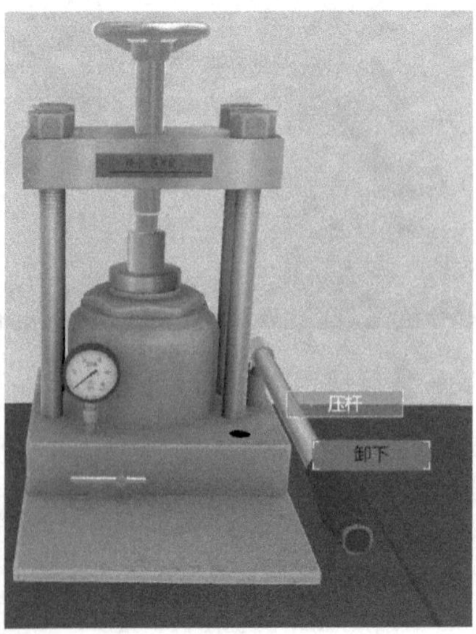

⑦ 旋松油阀，逆时针旋转压片机手轮，将模具移出压片机。

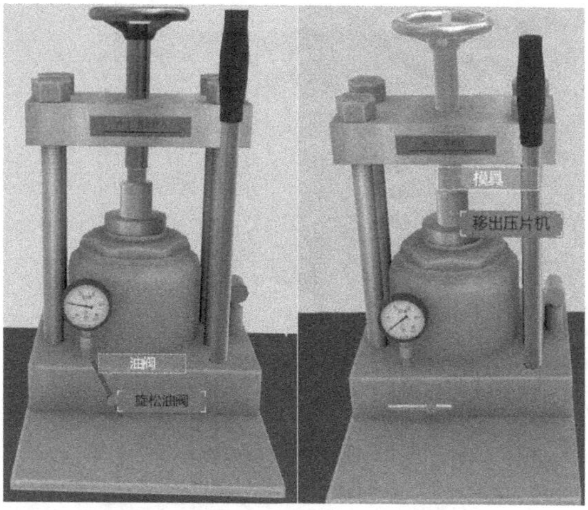

⑧ 把铝箔移出模具，拆开铝箔，剪出合适尺寸的样品。

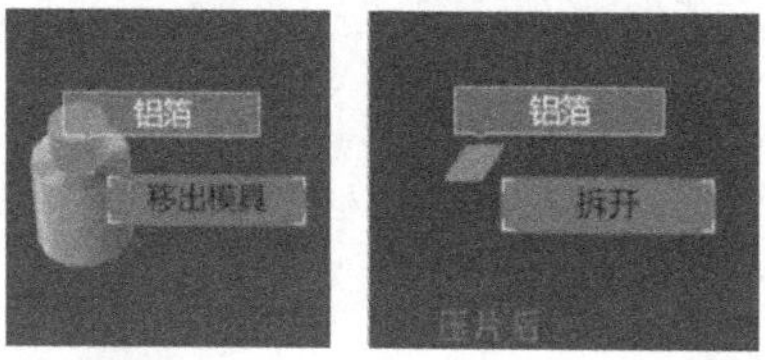

⑨ 把样品粘贴至样品台上，吹扫样品。

(3) 送样

① 在 Avantage 工作站页面，点击打开进样室灯，打开分析室灯。

② 在 Avantage 工作站页面，左键点击“Vent Entry Lock”对进样室破真空至常压，进样室压力一栏示数逐渐变大，待示数变成常压“9.94E+002mBar[1]”（即 9.94×10^2 mBar，1mBar=0.1kPa），才能将进样室腔门打开。

③ 打开进样室腔门。

[1] Bar 现规范写作 bar，但本书为与仪器显示一致，故用 Bar。

④ 安装样品台。

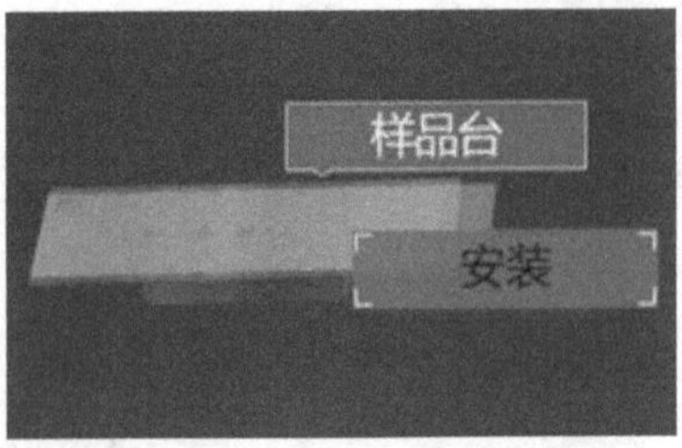

⑤ 关闭进样室腔门。

⑥ 在 Avantage 工作站页面，左键点击“Pump Down Entry Lock”对进样室抽真空，单击后，弹出操作提示窗口“请确认进样室腔门是否关闭”。若已关好进样室腔门，则点击“Yes”，否则点击“No”。

⑦ 点击“Open Gate Valve V1”，打开 V1 门，分析室的压力有所上升。

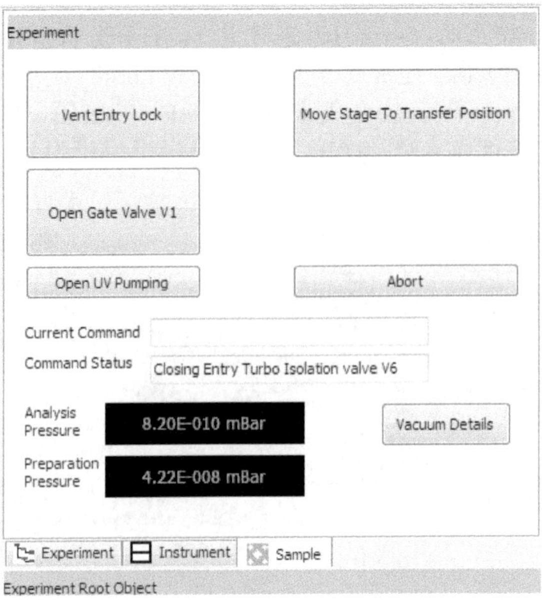

⑧ 将送样杆往前推至最前部，将样品台由进样室送至分析室。

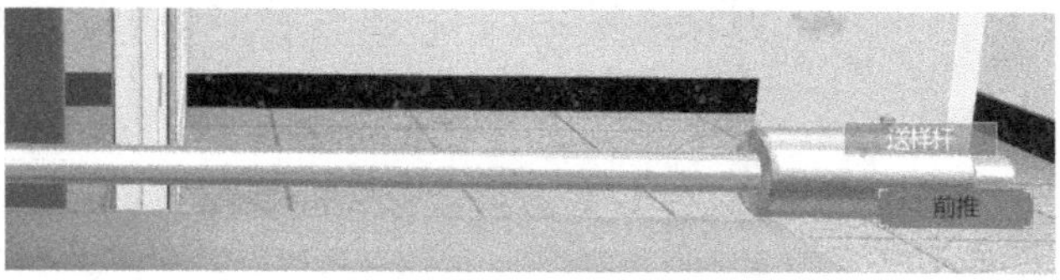

⑨ 送样杆逆时针旋转 90°。

⑩ 将送样杆往回拉至最底部。

⑪ 送样杆顺时针旋转 90°。

⑫ 点击“Close Gate Valve V1”，关闭 V1 门，分析室的压力有所下降。

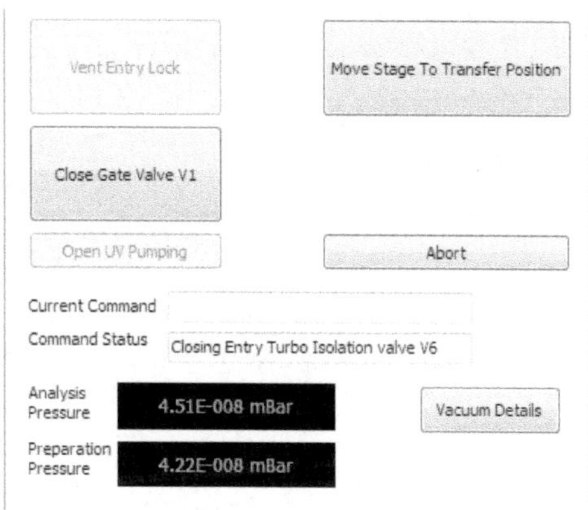

（4）测试过程

① 新建实验。弹出对话框，点击“否”，在 Experiment Root Object 页面上的“Data Folders”一栏下的“Project Folder”中，输入所要命名的文件夹名称，比如“20161215”；点击“Apply”后，实验数据将保存在此文件夹内。

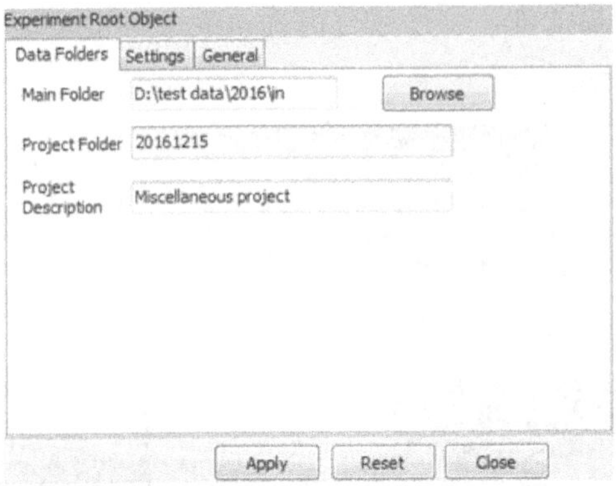

② 在 Experiment 页面，点击工具栏的 X 射线图标，点击下拉菜单的“X-Ray Gun”；选择 X 射线光源，建立二级实验树，同时对应的二级实验树目录如下。

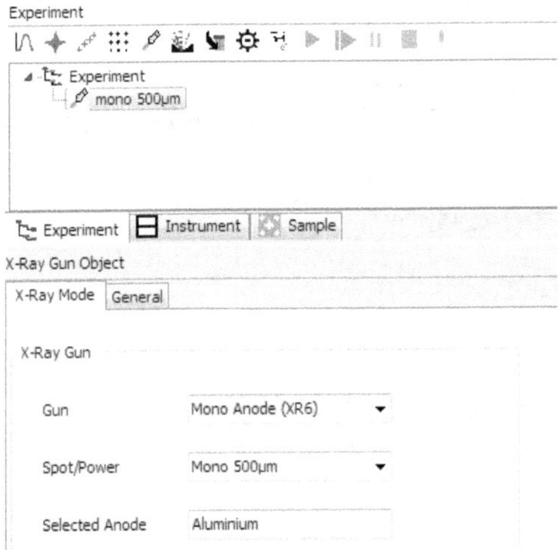

③ 点击“Point”建立实验点。选中二级目录“mono 500μm”，点击工具栏的图标“✦”，点击下拉菜单“Point”，建立三级实验树。

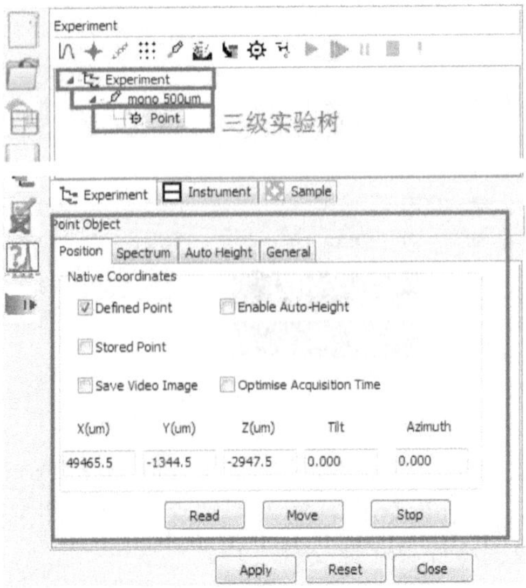

④ 点击样品区域界面的 Z 调节焦距，将样品调节清楚。

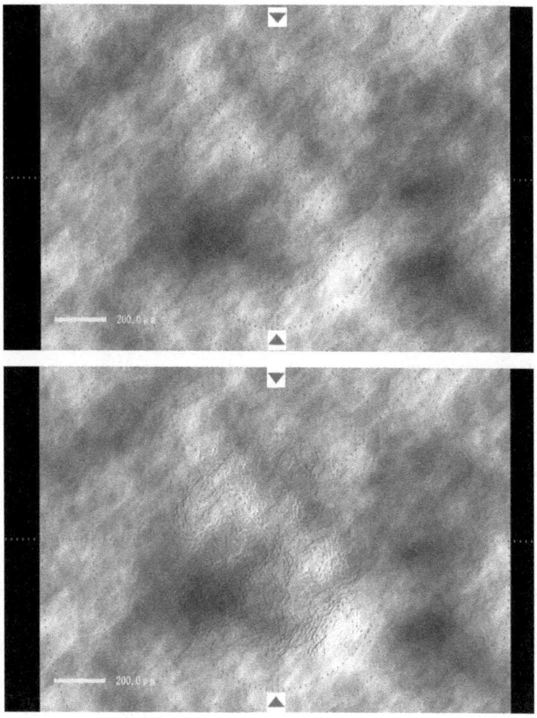

⑤ 双击三级实验树目录“Point”，给实验点命名，比如命名为“452”；点击“Enable Auto-Height”（自动较高），点击“Read”（读取），再点击“Apply”（应用）。

⑥ 点击“Spectrum”添加图谱：首先选中三级目录，点击图谱图标，点击下拉菜单“Multi Spectrum”，弹出图谱窗口。

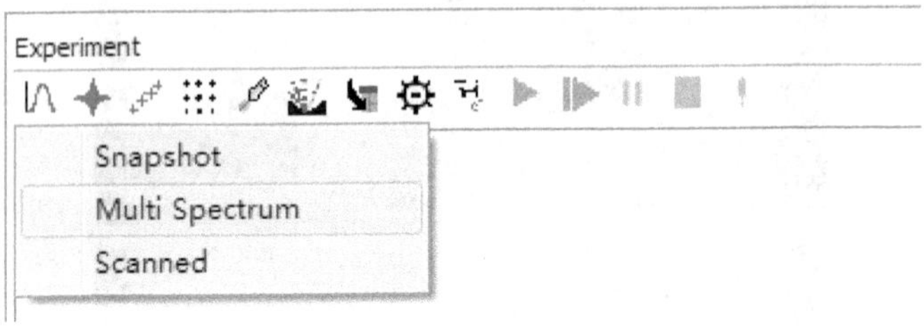

⑦ 将“Insert”前的选框打钩，点击选中所要测试的元素 C、Ca、Si、P、O 后，点击“OK”，出现四级目录。

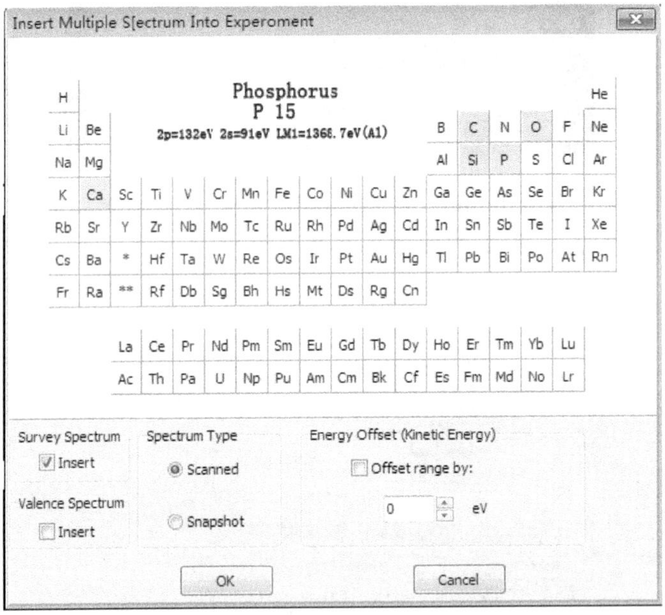

⑧ 在“Instrument”页面，点击“Turn On”打开中和枪；点击完成后，工作站页面左下角的 Flood 灯由开始的黑色变成闪动的蓝紫色，最后变成绿色状态。

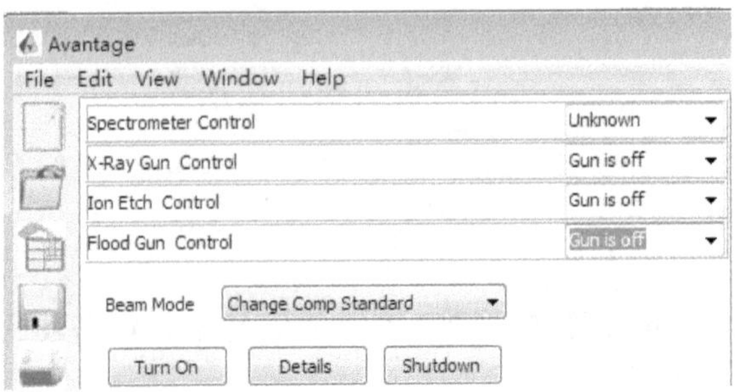

⑨ 点击“开始测试实验”，必须先选中一级目录 Experiment，再点击“开始”按钮。

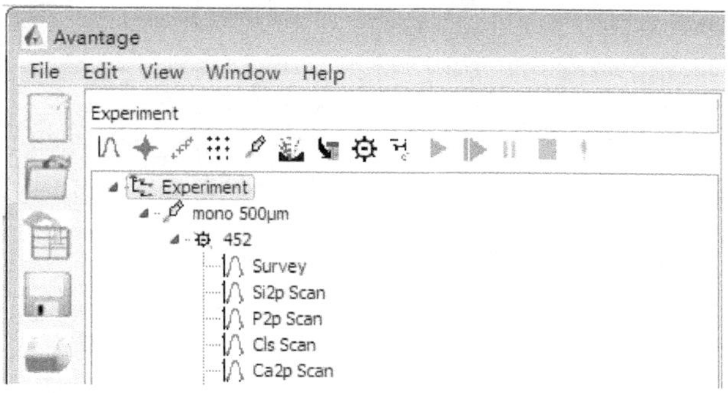

当点击“开始”按钮之后，工作站页面左下角的 X-Ray 灯由开始的黑色变成闪动的蓝紫色，最后变成绿色状态；当 X-Ray 灯打开之后，系统开始实验测试。

⑩ 测试完毕，在 Experiment 页面，点击工具栏的 X 射线图标，点击下拉菜单的“Gun Shutdown”；点击完成后，实验树目录增加。

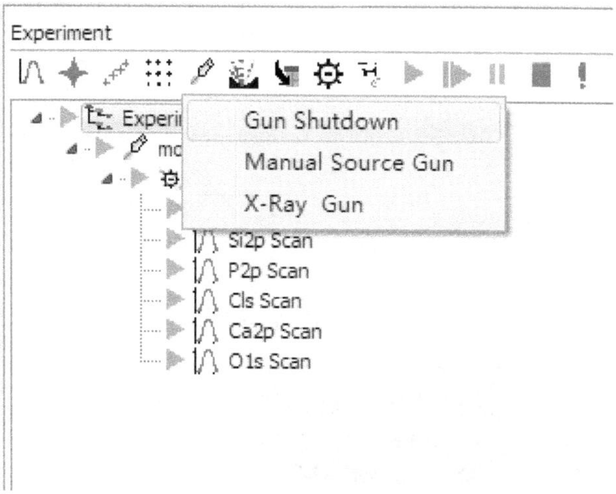

⑪ 选中“Gun Shutdown”，点击“开始”按钮，关闭中和枪及 X 射线源。

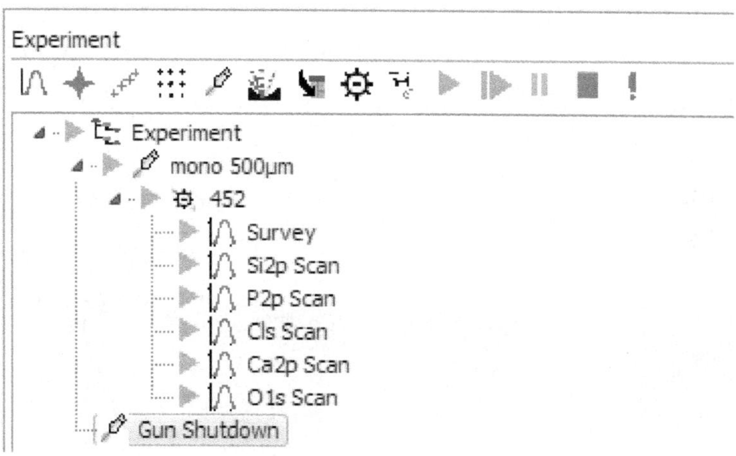

⑫ 点击“Move Stage To Transfer Position”，将样品台初始化。

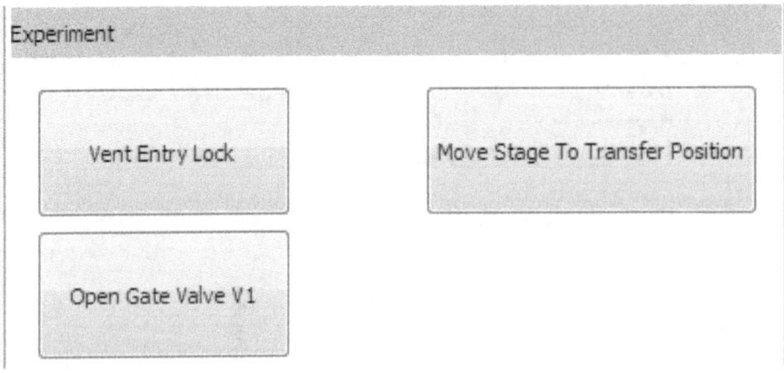

⑬ 当进样室压力至少为“1E−007mBar”（1×10^{-7} mBar）时，才能打开 V1 门。点击“Open Gate Valve V1”，打开 V1 门，分析室的压力有所上升。

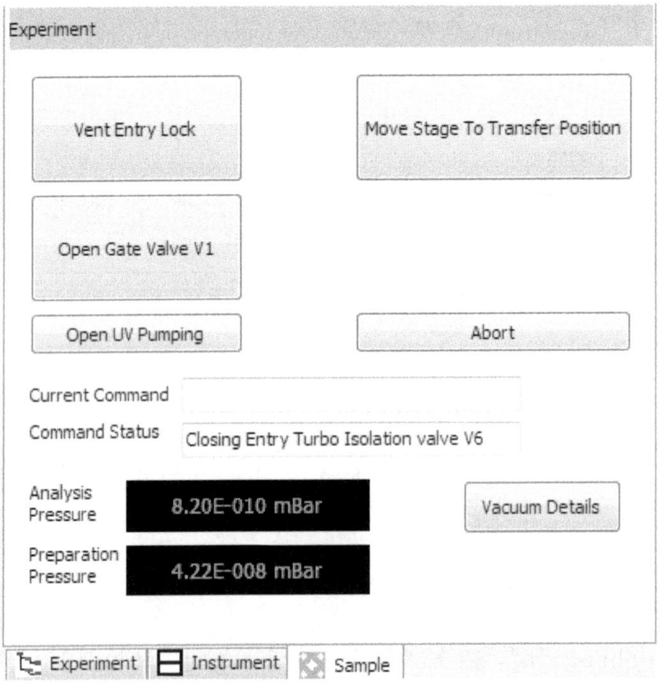

⑭ 将样品台从进样室移动到分析室。

• 鼠标指向送样杆把手，右键弹出操作提示“前推”，左键单击，样品杆把手向左移动，从进样室移动到分析室，插入样品台右侧的单孔里；同时，右侧的“锁扣”与“凹槽”相互卡住。

● 鼠标指向进样杆把手，右键弹出操作提示“收回”，左键单击，样品杆拉动样品台向右移动，样品台从分析室移动到进样室。

⑮ 点击“Close Gate Valve V1”，关闭 V1 门，分析室的压力有所下降。

⑯ 点击“Vent Entry Lock”，进样室破真空；在此过程中，进样室压力一栏示数逐渐变大，直至示数变成常压“9.94E+002mBar”（即 9.94×10^2 mBar）。

⑰ 打开进样室腔门。

⑱ 送样杆逆时针旋转 90°（同上）。

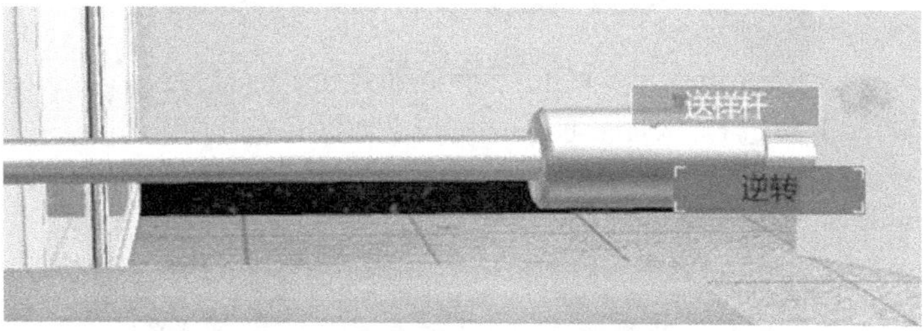

⑲ 卸载样品台。

⑳ 送样杆顺时针旋转 90°。

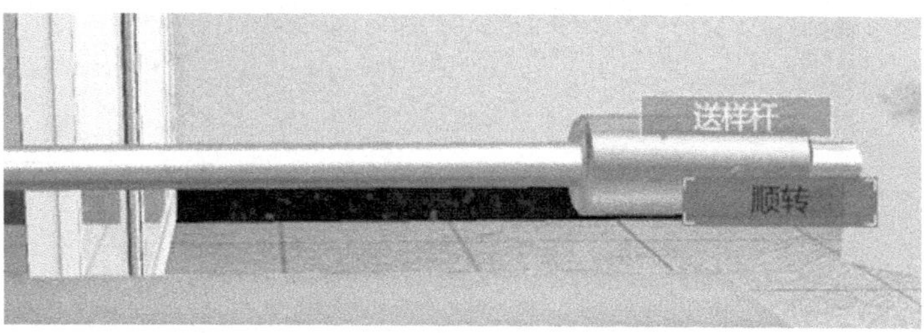

㉑ 关闭进样室腔门。

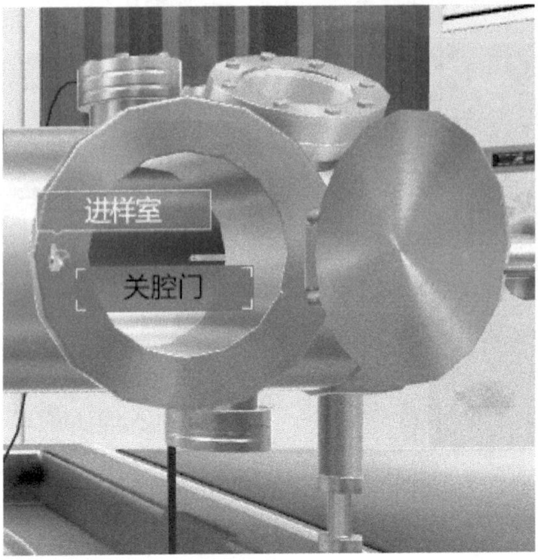

㉒ 点击“Pump Down Enrty Lock”，进样室抽真空。
㉓ 点击“File”，下拉选择“Save Experiment”，保存整个实验。
㉔ 关闭分析室灯，再关闭进样室灯。
㉕ 清除样品台上的样品，放回工具。

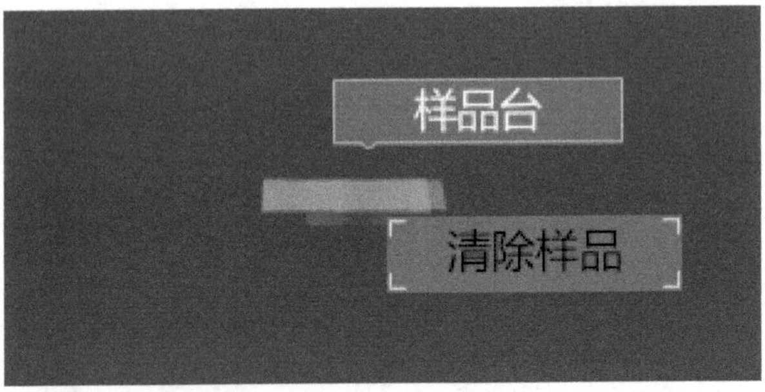

五、思考题

（1）阐述 X 射线光电子能谱仪的工作原理。
（2）采用 X 射线光电子能谱仪测试样品的过程是怎样的？

第二章

电子显微分析仿真实验

实验4 SEM-EDS测试钨酸铋试样仿真实验

一、实验目的

（1）了解扫描电镜的基本结构与工作原理。

（2）掌握扫描电镜样品的准备与制备方法。

（3）掌握扫描电镜的基本操作并上机操作拍摄二次电子像。

（4）了解扫描电镜图片的分析与描述方法。

二、实验仪器

场发射扫描电子显微镜（SEM-JEOL 7500F），EDS-Oxford 虚拟仿真软件。

三、实验原理

（1）扫描电镜

扫描电镜（SEM）用聚焦电子束在试样表面逐点扫描成像。试样为块状或粉末颗粒，成像信号可以是二次电子、背散射电子等，其中二次电子是最主要的成像信号。由电子枪发射的电子，以其交叉斑作为电子源，经二级聚光镜及物镜的缩小形成具有特定能量、一定束流强度和束斑直径的微细电子束。在扫描线圈驱动下，该电子束于试样表面按一定时间、空间顺序作栅网式扫描。聚焦电子束与试样相互作用，产生二次电子发射以及背散射电子等物理信号，二次电子发射量随试样表面形貌的变化而变化。这些二次电子信号被探测器收集并转换成电信号，经视频放大后输入显像管栅极，调制成与入射电子束同步扫描的显像管亮度，得到反映试样表面形貌的二次电子图像。

（2）X射线能量色散谱（EDS）

① EDS 的工作原理

探头接受特征 X 射线信号⟶将特征 X 射线光信号转变成具有不同高度的电脉冲信号⟶放大器放大信号⟶多道脉冲高度分析器将代表不同能量（波长）X 射线的脉冲信号按高度

编入不同频道⟶在荧光屏上显示谱线⟶利用计算机进行定性和定量计算。

② EDS 的结构

探测头：把 X 射线光子信号转换成电脉冲信号，脉冲高度与 X 射线光子的能量成正比。

放大器：放大电脉冲信号。

多道脉冲高度分析器：把脉冲按高度不同编入不同频道，即将不同特征 X 射线根据能量不同进行区分。

信号处理和显示系统：鉴别谱图，定性、定量计算，记录分析结果。

③ EDS 的分析技术

定性分析。EDS 的谱图中谱峰表示样品中存在的元素。定性分析是分析未知样品的第一步，即鉴别所含元素。如果不能正确地鉴别元素种类，则最后定量分析的精度就毫无意义。通常能够可靠地鉴别出一个样品的主要成分。但对于确定次要或微量元素，只有认真地处理谱线干扰、失真和每个元素的谱线系等问题，才能做到准确无误。定性分析又分为自动定性分析和手动定性分析，其中自动定性分析是根据能量位置来确定峰位，直接单击“操作/定性分析”按钮，即可在谱的每个峰位置显示出相应的元素符号。自动定性分析识别速度快，但由于谱峰重叠，干扰严重，会产生一定误差。

定量分析。定量分析是通过 X 射线强度来确定样品材料中各种组成元素的浓度。根据实际情况，人们提出了测量未知样品和标样的强度比的方法，再把强度比经过定量修正换算成浓度比。其中，更广泛使用的一种定量修正技术是 ZAF 修正法。

四、实验步骤

(1) 样品制备

① 右击实验桌上离心管 1，点击“装试样试剂”。

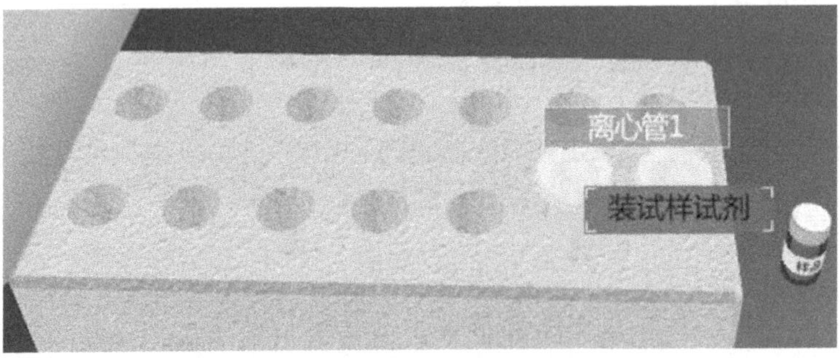

② 右击实验桌上离心管 2，点击“放铜片试剂”。

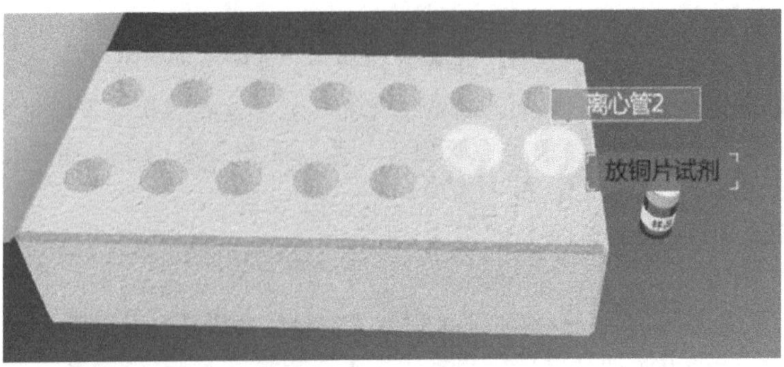

③ 右击泡沫，点击“放入超声仪”，下拉菜单，将泡沫放入超声仪，准备超声。

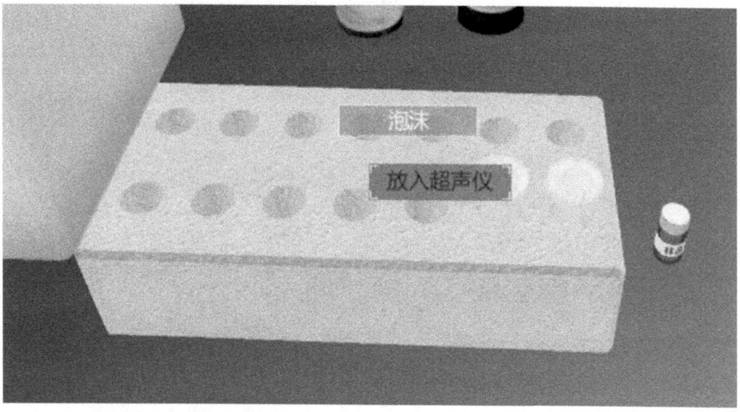

④ 点击超声仪电源开关，开启超声仪。

⑤ 点击超声按钮，开始超声。

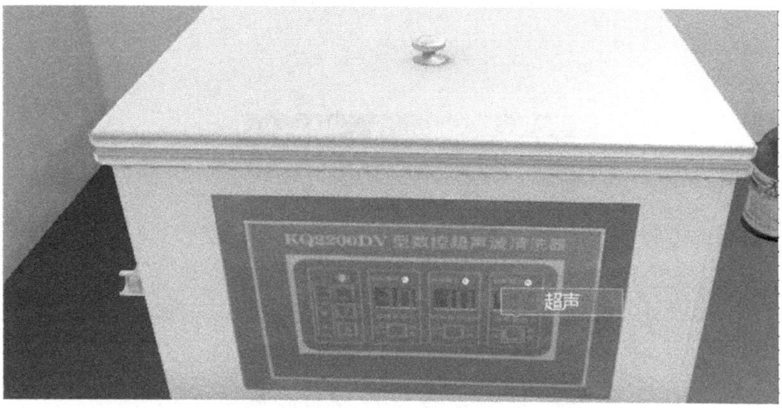

⑥ 超声结束后，关闭超声仪电源；右击“超声仪盖子”，点击“取出离心管”，将离心管取出。

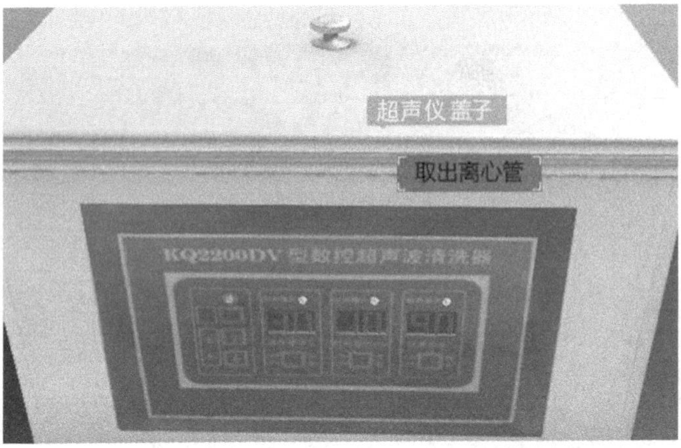

⑦ 右击离心管 2，点击下拉菜单“取出铜片”，铜片由镊子夹至表面皿中。

⑧ 右击表面皿中铜片，将离心管 1 中试样滴至铜片表面。

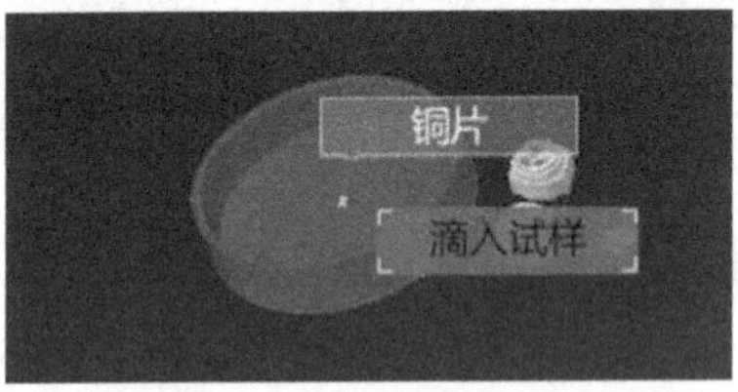

⑨ 等待试样干燥完全。

⑩ 粘贴导电胶。

⑪ 粘贴试样，将铜片夹至样品台上的粘贴导电胶处，并压紧。

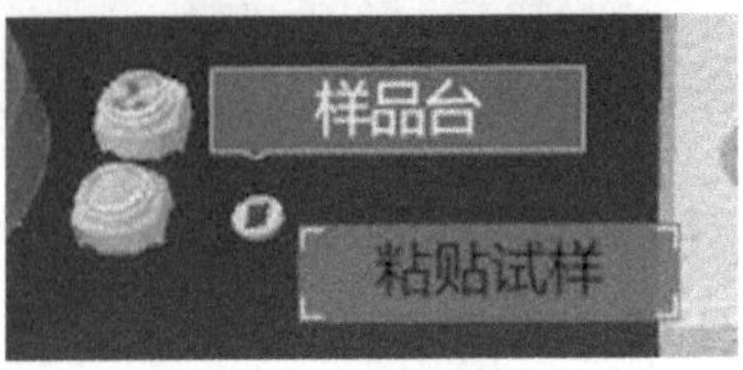

⑫ 吹扫样品。

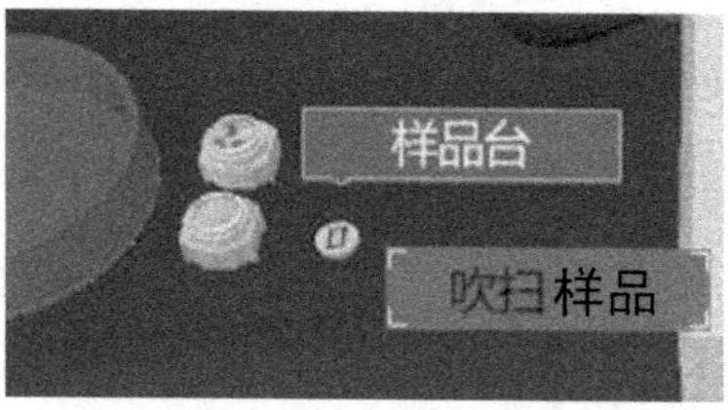

（2）喷金过程

① 吹扫样品后，右击样品台，点击下拉菜单“放入喷金仪”，准备进行喷金操作。

② 样品台放入喷金仪后，打开喷金仪开关。

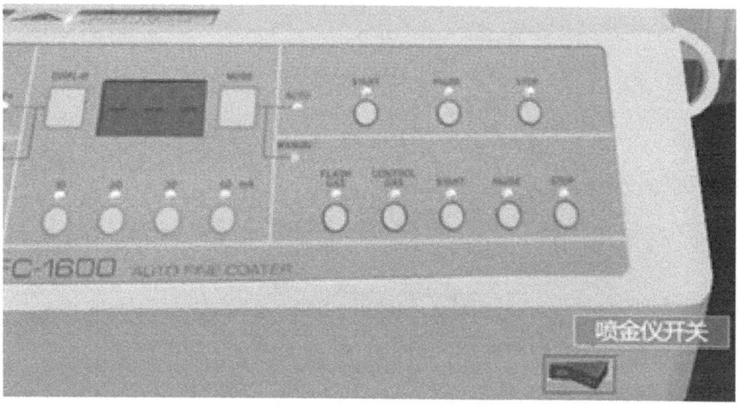

③ 屏幕中数值第一次降至 10 以下时，点击“START”按钮。

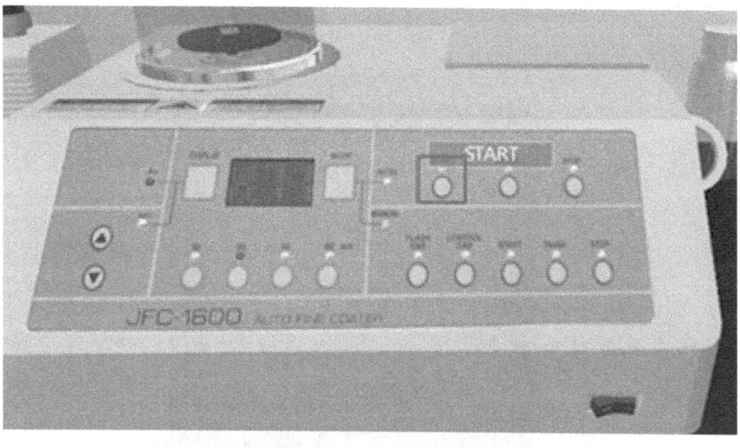

④ 当左侧指示灯切换至“sec”，右侧“START”指示灯变为常亮时，喷金前抽真空过程结束，开始喷金过程。

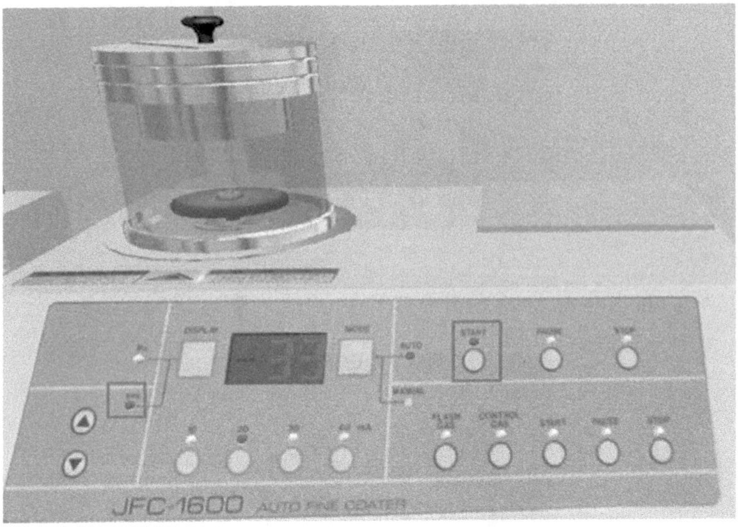

⑤ 当屏幕中数字降至0，同时喷金仪罩子中红光消失后，意为喷金过程结束。此时再次点击喷金仪开关，关闭喷金仪电源，将样品台取出并固定至样品座。

（3）仪器开机

① 检查循环水开关是否开启，检查稳压电源是否开启，检查氮气阀门是否开启，检查总电源开关和真空系统开关是否处于开启状态。

② 点击开启操作台总开关。

③ 点击开启计算机主机电源。

④ 点击打开"SEM 工作站"。

(4) 进样观察

① 点击工作站中的"Home Position"或者点击交换室操作台中的"EXCHPOSN"按钮，确保样品交换台在交换位置。

② 点击工作站中的"VENT"键，开始破真空。点击后"VENT"键开始闪烁，至破真空完毕后转为常亮。

③ 右击舱门锁扣，打开舱门。

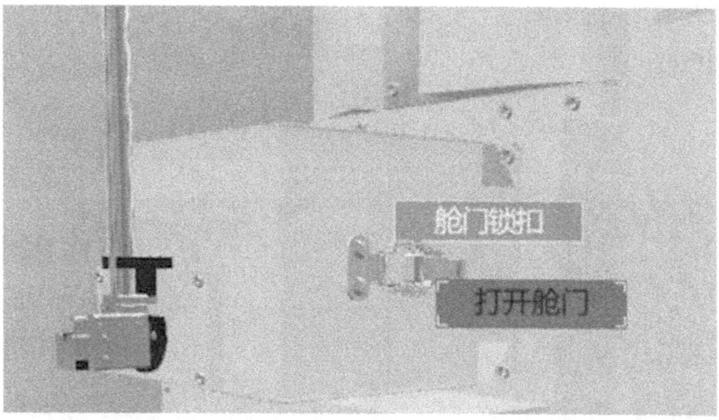

④ 右击交换室内铁盘，放入样品座。

⑤ 关闭舱门。

⑥ 点击工作站中的"EAVC"，该按钮开始闪烁；待闪烁停止后变为常亮，此时交换室抽真空完毕。

⑦ 载入样品。

(5) 观察形貌

① 点击工作站中的"Spec Surface Offset"，在窗口中选择实验中用到的样品座：26mm

holder。

② 检查菜单栏“Maintenance ⟶GUN”窗口中的 SIP-1、SIP-2 均小于“8.0E-7Pa”（8.0×10^{-7}Pa），“Water”“N_2 Gas”“RP”“Turbo Molecular Pump”“Ion Pump”“HT Ready”均处于绿色正常运行状态。

③ 点击 SEM 工作站主界面中的“Observation ON”按钮，加载高速电压。

④ 设置加速电压和加速电流。

⑤ 设置探针电流。

⑥ 设置工作距离为 8～10mm。

⑦ 点击“GUN”按钮，弹起该按钮；待加速电压和电流稳定后，方可进行下一步操作。

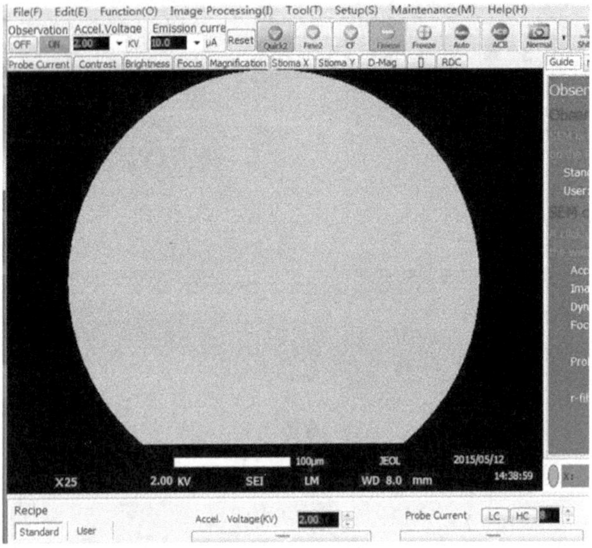

⑧ 点击工作站中的“Freeze”，首先在低倍模式下观察图像。滚动鼠标滑轮可放大、缩小窗口中的图像，按下鼠标左键并拖动鼠标，可在观察窗口中拖拽图像，观察试样的不同位置，滚动鼠标滑轮可放大图像。

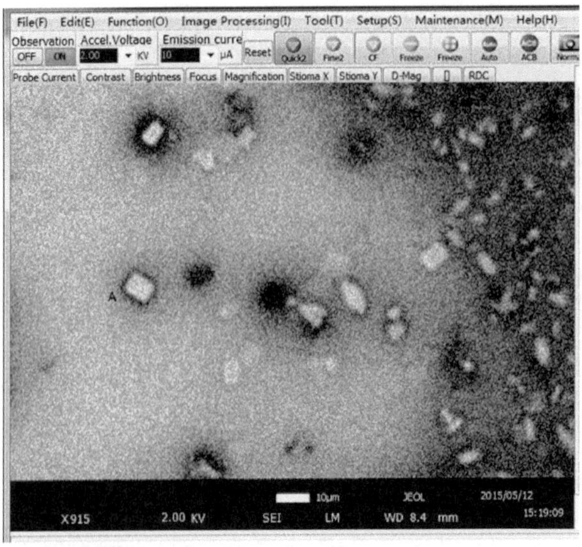

⑨ 点击操作台中的“Lowmag”使该按钮变灰，关闭低倍模式；开启 SEM 模式，滑动鼠标滑轮可放大图像，重复操作后得到一模糊图像。

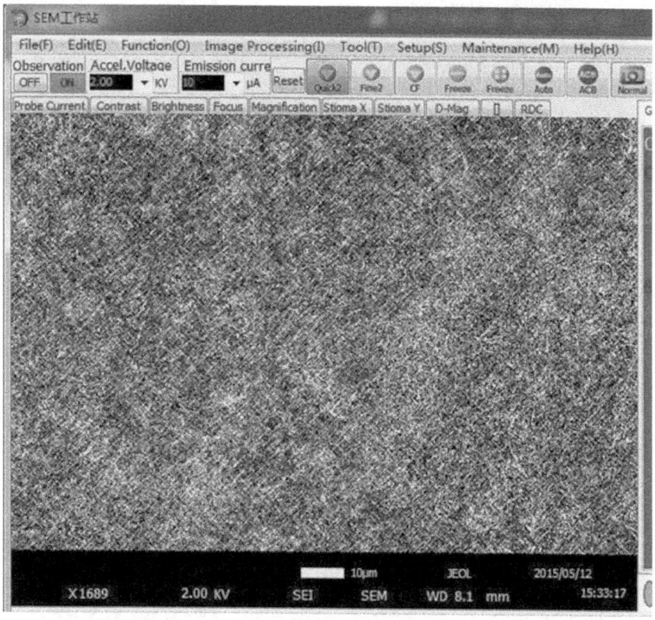

⑩ 点击工作站中的“AUTO”，开启自动聚焦，图像变清楚，然后关闭自动聚焦。

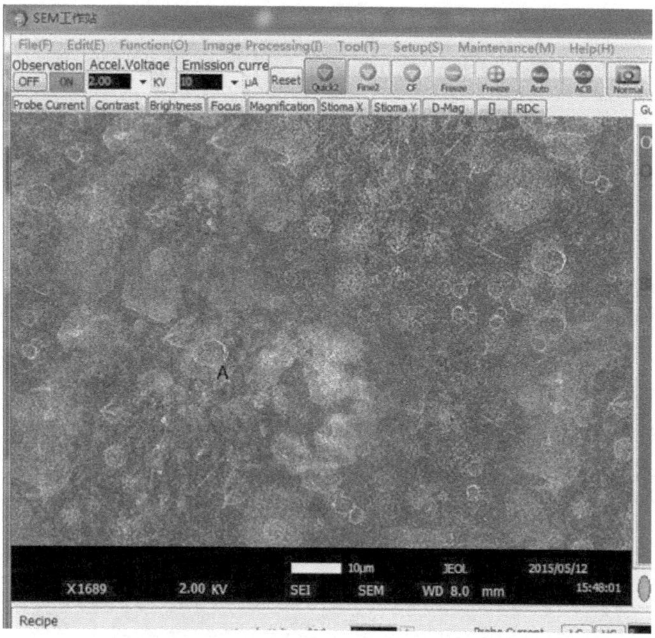

⑪ 旋转操作台上的“BRIGHTNESS”旋钮，调节图像亮度；旋转操作台上的“CONTRAST”旋钮，调节对比度，得到如下图像。

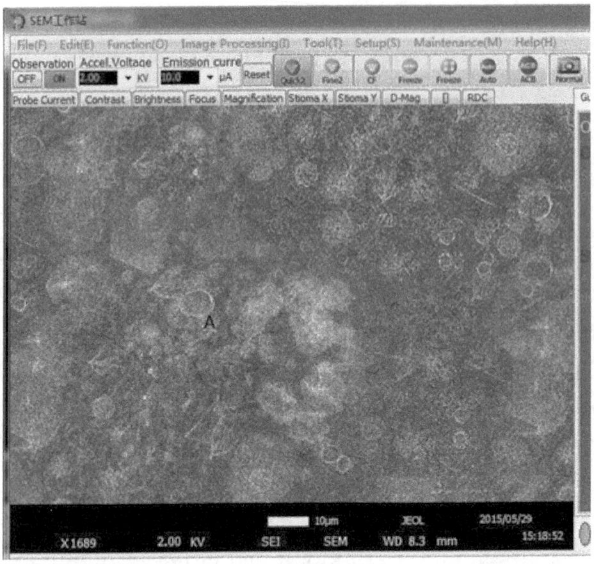

⑫ 继续放大、移动图像，直至得到如下图像。

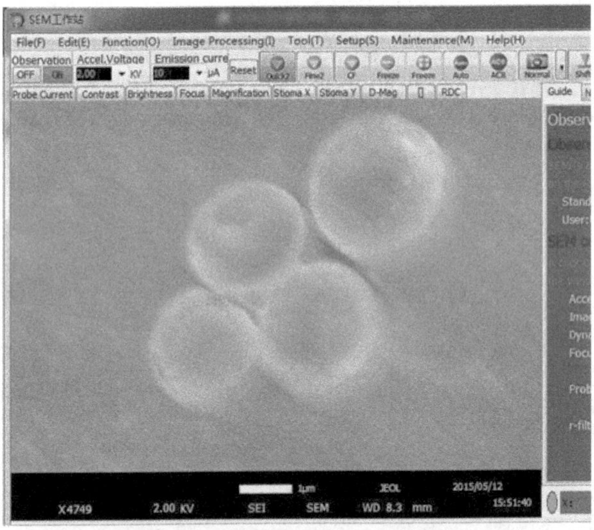

⑬ 点击操作台中“WOBB”键，若图像有晃动，则调节下方X、Y旋钮，使得图像在X、Y方向上均不再晃动；点击“WOBB”按钮关闭，调节后得到如下图像。

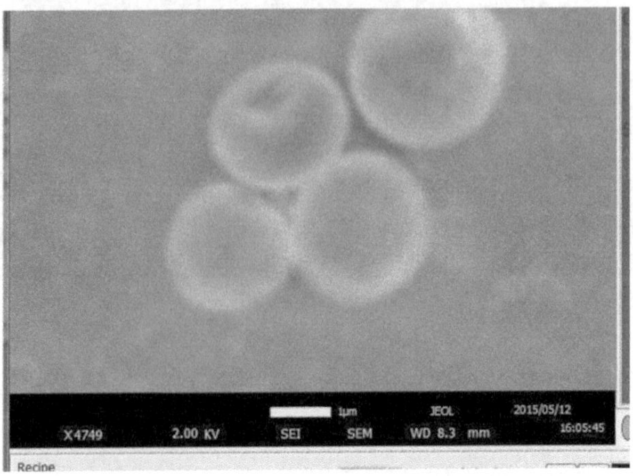

⑭ 点击“STIG”键调节像散，调节 X、Y 旋钮（可顺时针、逆时针调节），直至得到清晰图像。

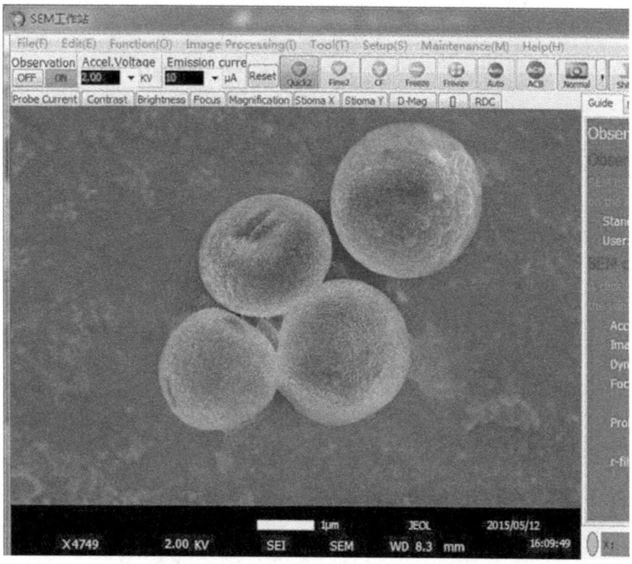

⑮ 点击“Normal”，开始扫描图像并拍照。

⑯ 扫描完成后，弹出保存图像窗口，填写保存路径。

（6）能谱测试

① 点击右侧电脑屏幕上的“EDS 工作站”。

② 点击导航器中的“项目”，在“项目名称”栏目中添加项目名称。

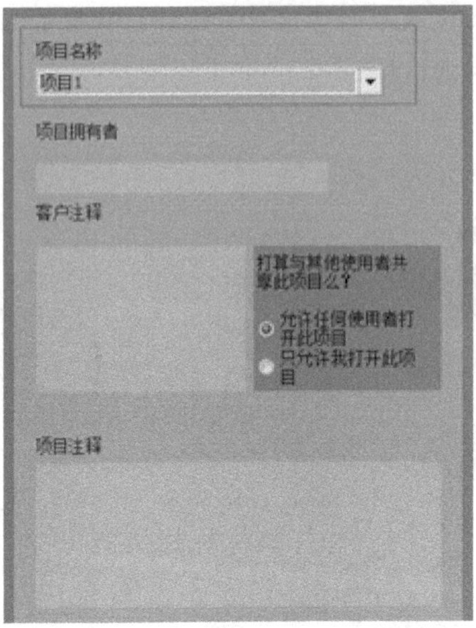

③ 点击“样品”，填写样品名称。

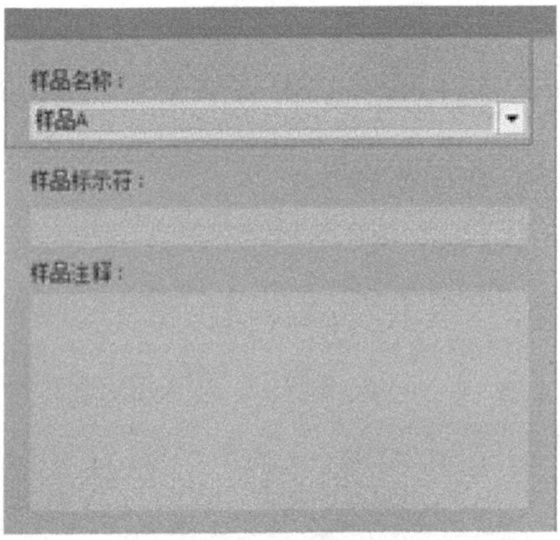

④ 切换至 SEM 工作站界面，将加速电压设置为 20kV 左右，WD 设置为 8mm。

⑤ 点击“图像设置”，出现图像设置界面，一般情况下，选择默认的图像设置。

⑥ 点击“感兴趣区”，此时先调出“SEM 工作站”窗口，然后在“感兴趣区”界面点击开始采集按钮，点击后将 SEM 工作站中清晰图像载入 EDS 工作站中。

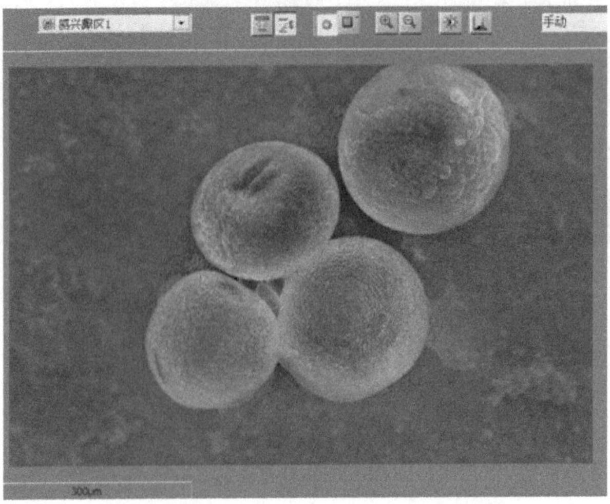

⑦ 点击“采集设置”并对置活时间、处理时间、谱图范围等参数进行设置。

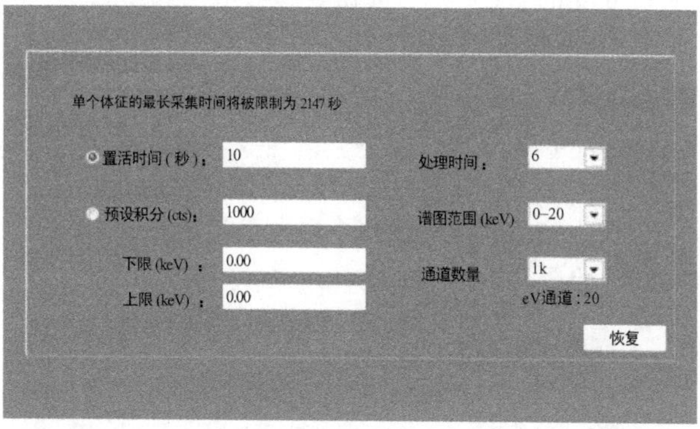

⑧ 点击“采集谱图”，选择点分析模式，鼠标在图像上左击需要分析的点，进行分析。

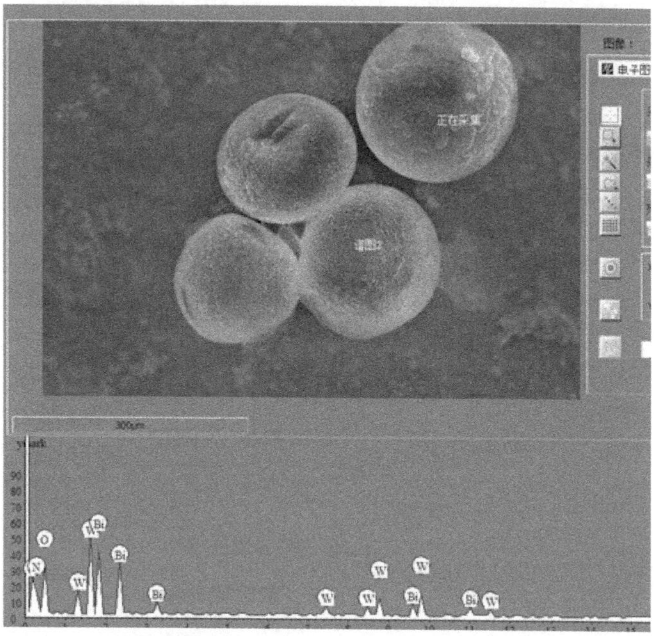

⑨ 点击“确定元素”，双击元素周期表中的元素（取消或者添加某元素），进一步手动定性；双击“C”，去除图谱中的 C 谱线。

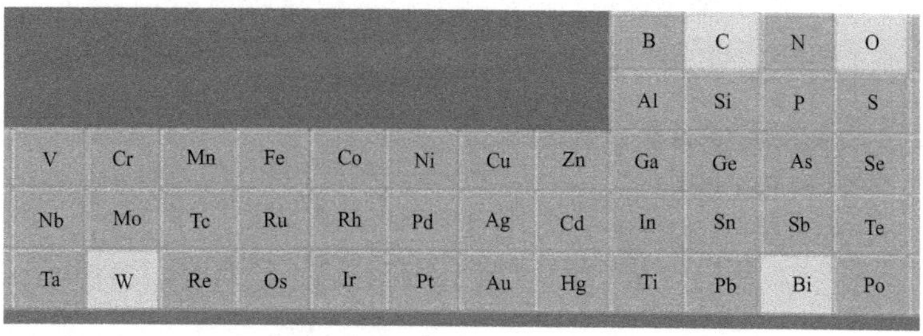

⑩ 点击“定量分析”，进行无标样的定量分析。

⑪ 点击“报告”，签名后，点击“保存”。

（7）卸载试样

① 如果“Freeze”按钮为按下状态，则点击“Freeze”关闭该功能；切换至 SEM 工作

站界面，滑动鼠标滚轮，将放大倍率还原为最低倍率。

② 点击真空系统控制台上的“GUN”按钮，该按钮变亮。

③ 点击操作主界面中的“OFF”按钮，关闭加速电压。

④ 点击工作站中的“Home Position”按钮，使样品台移动到交换位置。

⑤ 右击进样杆，卸载样品。

⑥ 点击工作站中的“VENT”，在弹出的提示窗口点击“OK”，开始破真空；点击后“VENT”键开始闪烁，至破真空完毕后转为常亮。

⑦ 右击舱门锁扣，打开舱门。

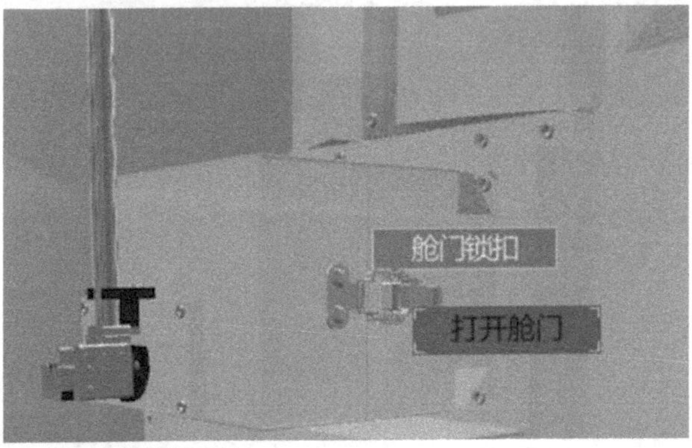

⑧ 右击交换室内铁盘，取回并拆卸。

⑨ 关闭舱门。

(8) 关机

① 关闭 INCA 软件。

② 关闭 JSM-7500F 扫描电镜软件（SEM 工作站）。

③ 关闭 EDS 和 SEM 电脑电源。

五、思考题

(1) 本次实验制备样品的方法是什么？

(2) 关机时有哪些注意事项？

实验 5 TEM-EDS 观察二氧化硅形貌及粒径测试仿真实验

一、实验目的

(1) 了解透射电镜的基本结构与原理。

(2) 掌握透射电镜粉末样品的制备方法。

(3) 通过仿真操作熟悉透射电镜的基本操作。

二、实验仪器

透射电子显微镜（TEM-JEM-2100F），EDS-Oxford 虚拟仿真软件。

三、实验原理

透射电子显微镜（透射电镜，TEM）是一种具有高分辨率、高放大倍数的电子光学仪器，被广泛应用于材料科学等研究领域。透射电镜以波长极短的电子束作为光源，聚光镜系统的电磁透镜将电子束聚焦成一束近似平行的光线穿透样品，再经成像系统的电磁透镜成像和放大，然后电子束被投射到主镜下方的荧光屏上形成可供观察的图像。在材料科学研究领域，透射电镜主要用于材料微区的形貌观察、晶体缺陷分析和晶体结构测定。

透射电子显微镜按加速电压分类，通常可分为常规电镜（100kV）、高压电镜（300kV）和超高压电镜（500kV 以上）。提高加速电压，可缩短入射电子的波长：一方面有利于提高电镜的分辨率；另一方面又可以提高对试样的穿透能力，不仅可以放宽对试样减薄的要求，而且厚试样与接近二维状态的薄试样相比，更接近三维的实际情况。就当前各研究领域使用的透射电镜来看，其主要的三项性能指标大致如下。

加速电压：80～300kV。

分辨率：点分辨率为 0.2～0.35nm，线分辨率为 0.1～0.2nm。

最高放大倍数：30 万～100 万倍。

尽管近年来商品电镜的型号繁多，高性能、多用途的透射电镜不断出现，但总体来说，透射电镜一般由电子光学系统、真空系统、电源及控制系统三大部分组成。此外，还包括一些辅助仪器和部件、软件系统等。

四、实验步骤

(1) 检查仪器状态

① 检查循环冷却水箱温度，一般处于 19℃以下。

② 检查空压机压力，压缩空气压力一般应达 0.5MPa。

③ 检查真空状态，确认电源柜上的 60L、20L 的 SIP 真空挡位选择器在 $*10^{-6}$Pa，并且指针一般是在左端基本到底的位置。

④ 检查高压箱的绝缘气体压力是否正常，绝缘气体压力约为 0.1MPa。

(2) 升高压

① 在中间的电脑上，左键双击“TEMCON”图标，打开 TEMCON 工作站。

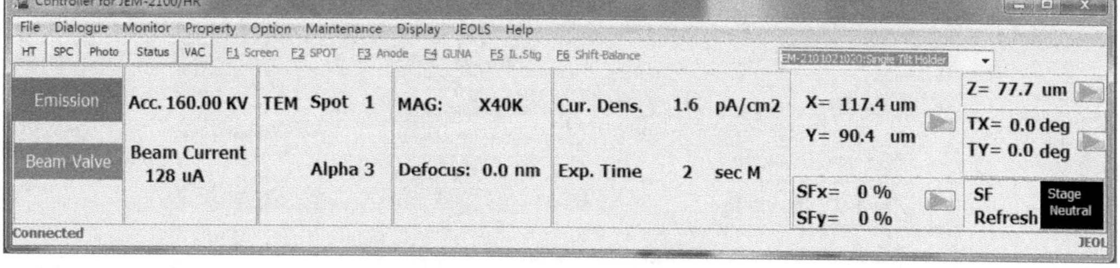

② 点击菜单栏“Dialogue”，下拉“High Voltage Control”或者点击菜单栏快捷方式 HT，打开高压控制窗口（注意：对于高压控制窗口只可最小化，禁止点击关闭窗口）。

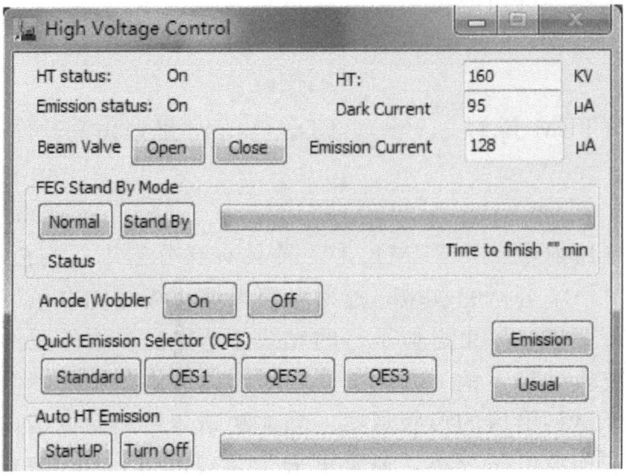

③ 点击菜单栏“Monitor”，下拉“Vacuum System”或者点击菜单栏快捷方式 VAC，打开真空状态窗口（注意：对于真空状态窗口只可最小化，禁止点击关闭窗口）。

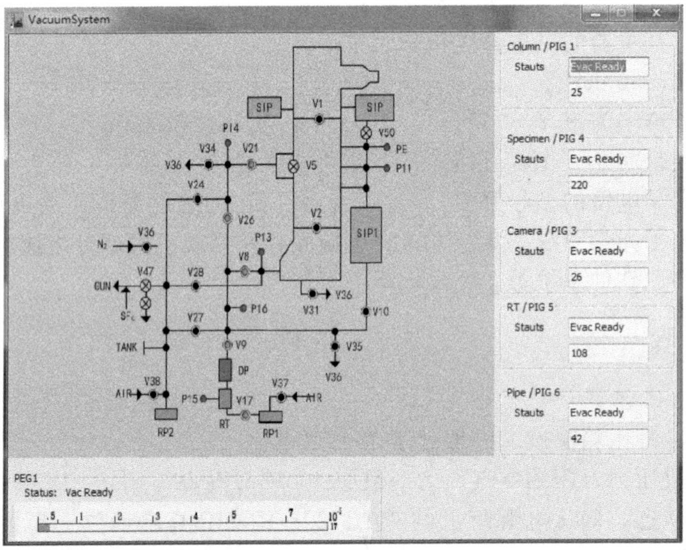

④ 在高压控制窗口界面，点击“Normal”按钮，电压将由 160kV 逐渐升至 200kV；同时，暗电流及发射电流都跟着发生变化。

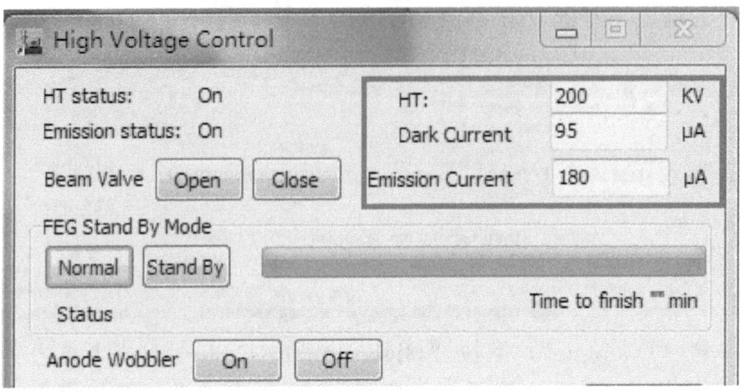

（3）冷阱加液氮

① 点击液氮罐，取液氮，液氮便由液氮罐中倾倒至小桶中，倾倒完毕后，液氮罐将自动归位。

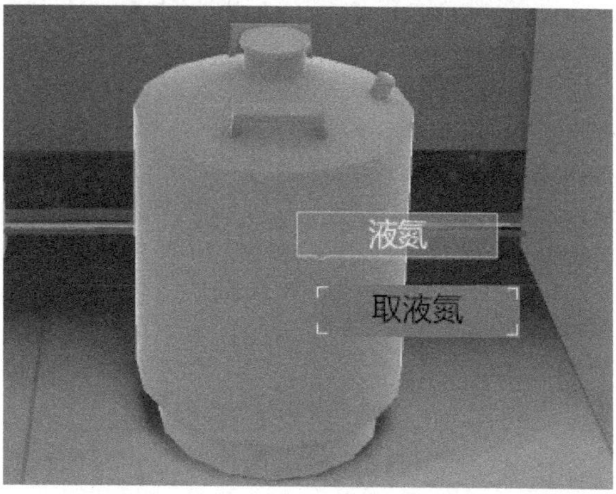

② 打开冷阱盖子。

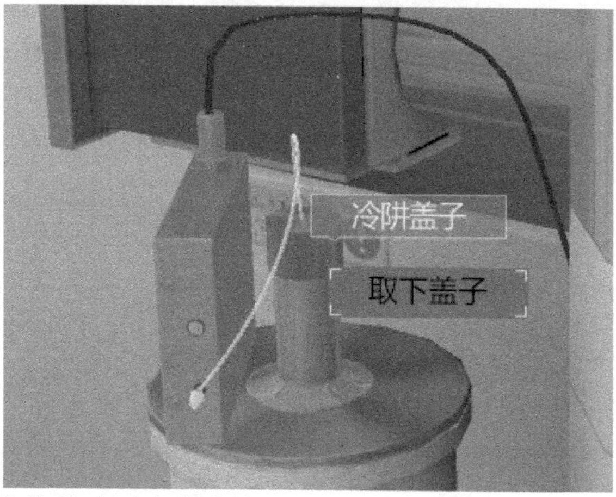

③ 放置漏斗，漏斗将移动至冷阱孔处。

④ 加液氮，铁桶将移动至冷阱漏斗处，缓慢倾倒液氮；倾倒完毕后，铁桶自动取下，放置于地面上。

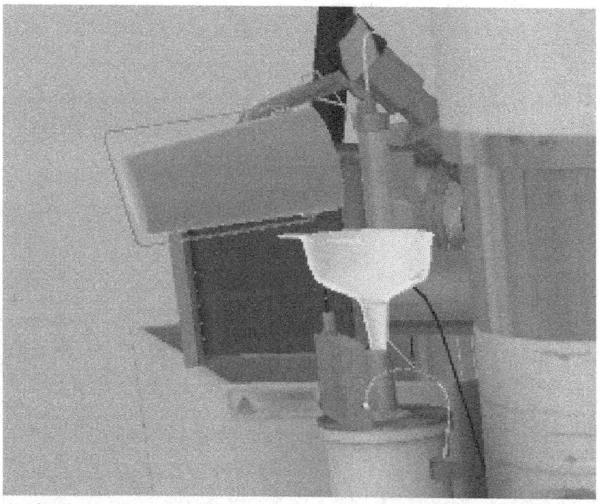

⑤ 取回漏斗，漏斗将从冷阱孔处取下，归置于铁桶上。

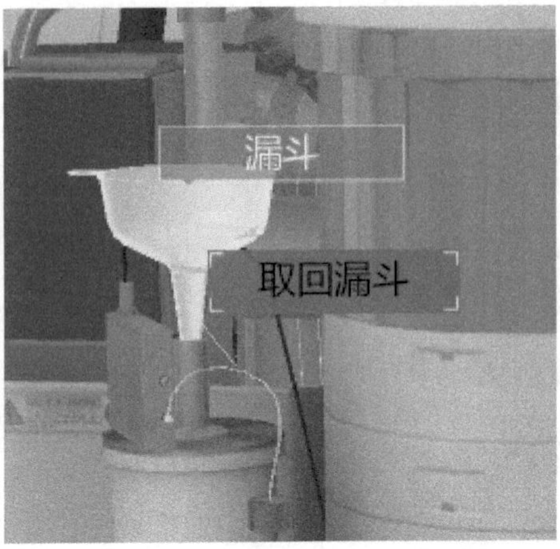

⑥ 将冷阱盖子盖上。

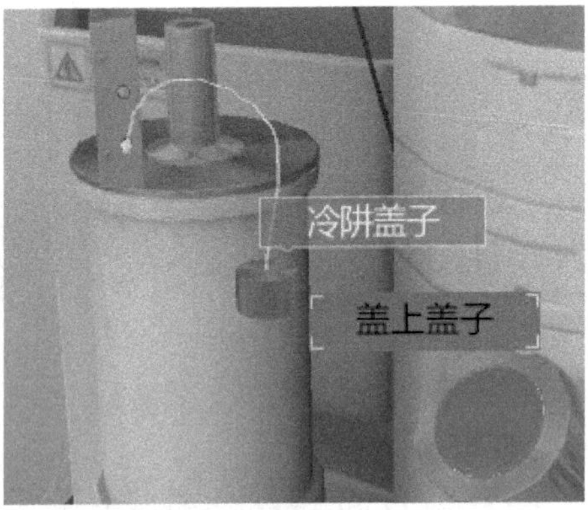

（4）样品制备

① 右键点击无水乙醇试剂瓶，装入试剂。试剂瓶盖子打开，倾倒乙醇至烧杯中后，试剂瓶盖子盖上。

② 装入试样。

③ 样品超声。右键点击小烧杯，弹出操作提示“放入超声仪”，左键点击，将小烧杯移动至超声仪中进行超声；超声完毕后，出现“超声完毕”的提示；超声结束，将小烧杯从超声仪中取出，放置到桌面上。

④ 取铜网，用镊子夹取铜网放至表面皿上。

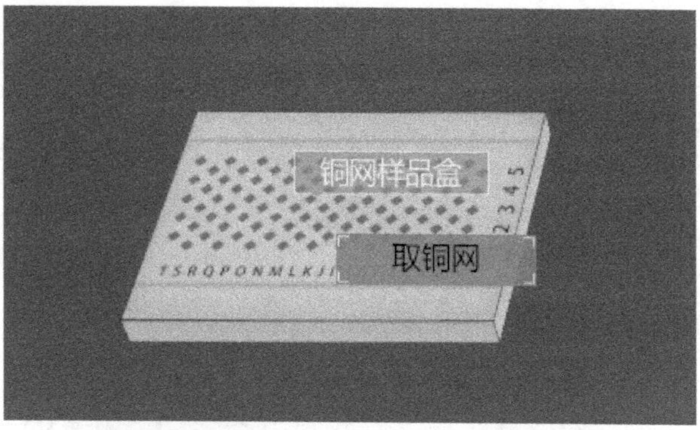

⑤ 滴入试样，用滴管吸取液体，并滴 1～2 滴液体于铜网上。

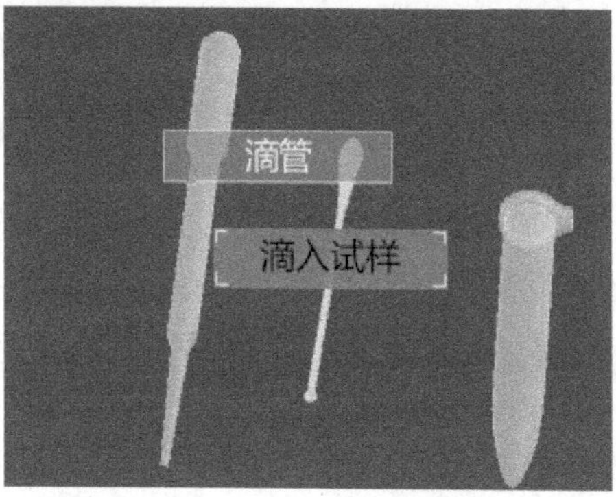

（5）装样品

① 拧松螺丝，用螺丝刀将样品头上的螺丝拧松，拧松后螺丝刀归位。

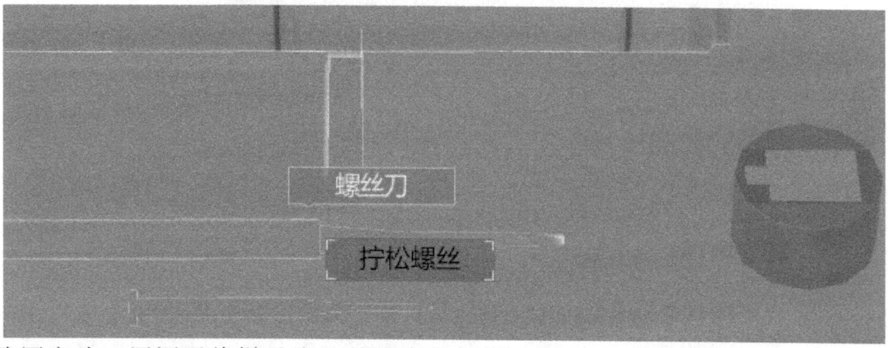

② 拨固定片，用镊子将样品头上的固定片拨至一边。

③ 放铜网，用镊子夹取表面皿上的铜网置于样品头上的 O 形圈处。

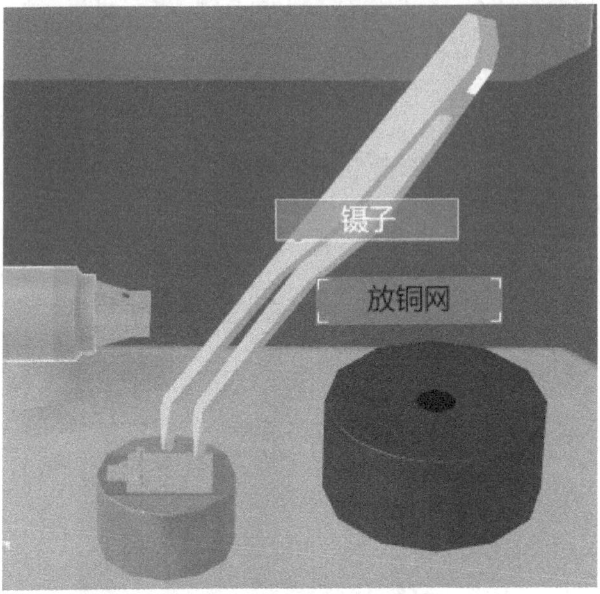

④ 拨回固定片，用镊子将样品头上的固定片重新拨回至原位置。

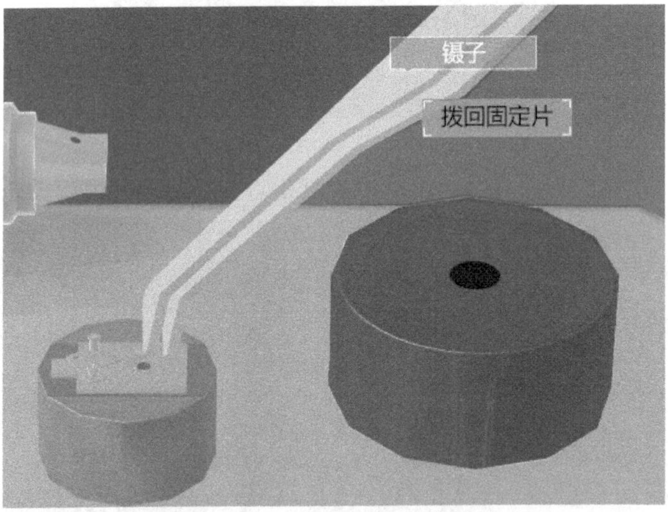

⑤ 拧紧螺丝，用螺丝刀将样品头上的螺丝拧紧后放置在桌面上。

⑥ 放样品头，样品针插入样品杆的小孔处，稍微用力向后撬开，镊子夹取样品头移动于样品杆首端；放置完毕后，样品针取下，放置在桌面上；安装完毕后，可用手稍微轻轻磕一下样品杆，确保样品头、样品固定牢固。

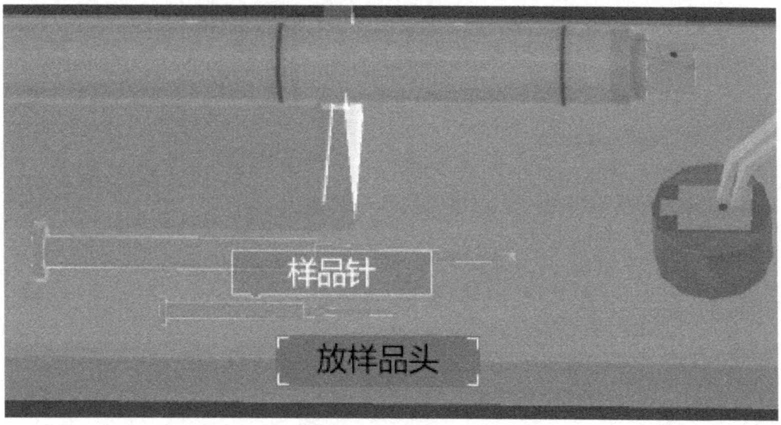

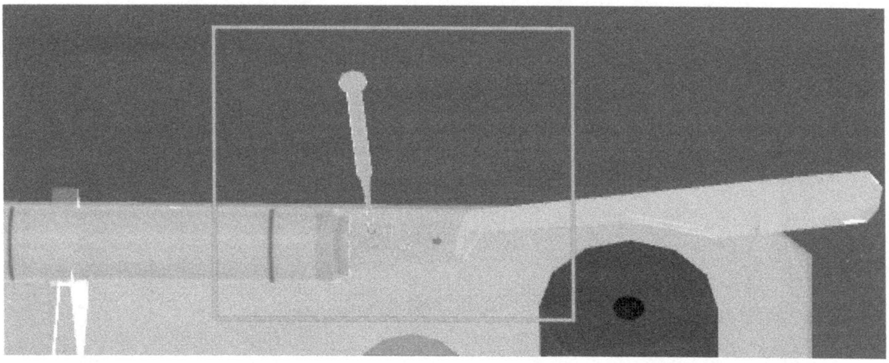

(6) 装样品杆

① 插入样品杆，样品杆将移动到测角台处，短圆柱状铜销钉在水平面，水平插入导槽。

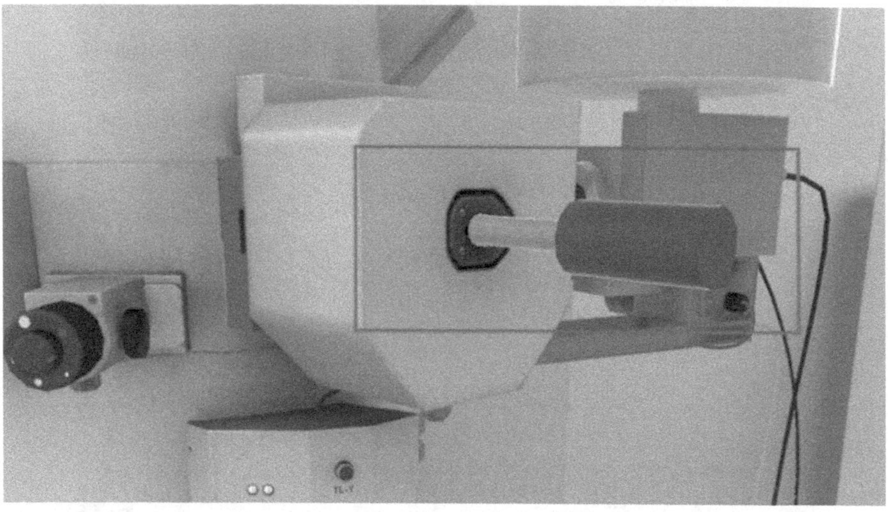

② 将“PUMP/AIR”开关拨向“PUMP”，抽真空。

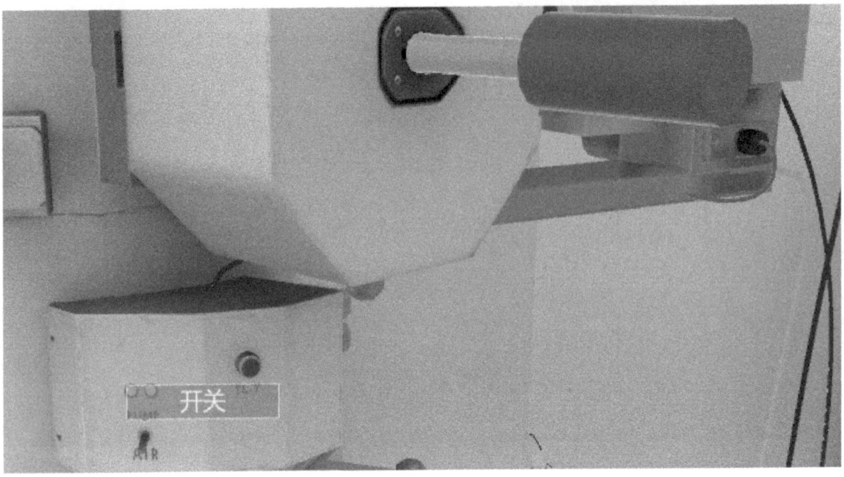

③ 当“Specimen/PIG4”真空状态值降至 32 以下时，验证抽真空状态。左键单击电源真空柜上的“METER RANGE”旋钮，弹出“顺逆时针调节框”，顺时针旋转旋钮；将旋钮从最左端旋至 1mA 处后，仪表示数指向 1.3mA，表示抽真空完成，真空状态良好，可以插入样品杆。

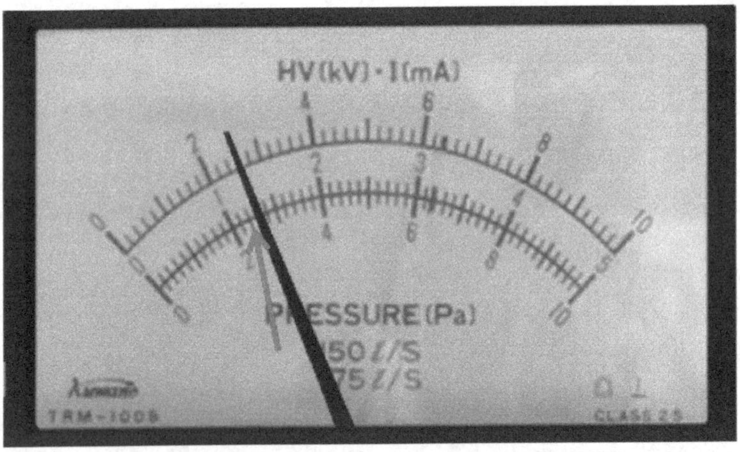

④ 推入样品杆。

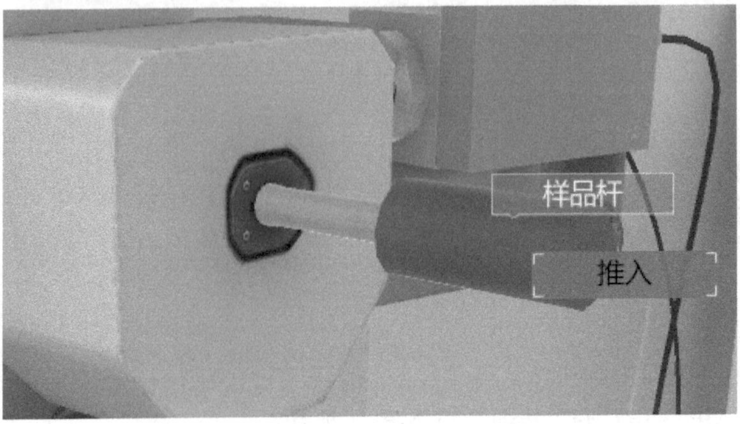

（7）调光

① 在左控制面板下，按下“BEAM”按钮。

② 取下观察窗盖子，放置在桌面上。

③ 按下“LOWMAG”键，可看到“LOWMAG”按钮变成绿色，在观察窗内可看到绿色光斑变成很多绿色的网格。

④ 按下“MAG1”键，“MAG1”按钮变成绿色，“MAG1”键与“LOWMAG”在单个网格与多个网格间进行切换。

⑤ 逆时针拧“BRIGHTNESS”旋钮至不能旋转，将光斑缩小至最小，可看到光斑周围有光晕。

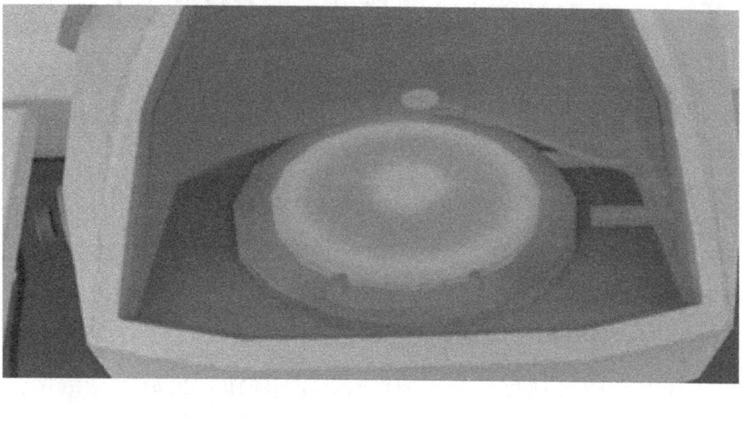

⑥ 按“Z UP”消光晕，光圈最后变成一个小的光斑。

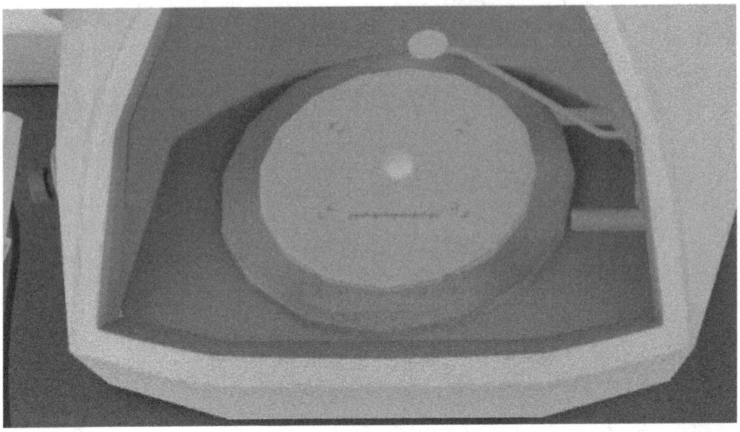

⑦ 顺时针拧“BRIGHTNESS”旋钮，将光斑放大，观察窗内的小光斑变成大光斑，发现光斑并不处于荧光屏的中心位置，用聚光镜光阑的外圈旋钮和内圈旋钮调至中间位置（套出荧光屏的4个角）。

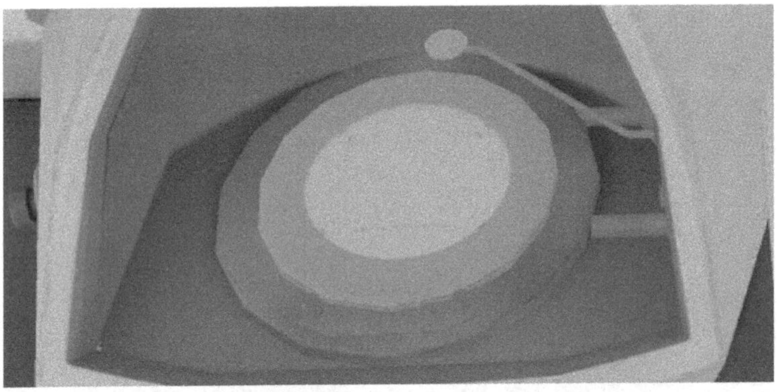

⑧ 顺时针拧“MAG/CAM L”旋钮调节放大倍数，将放大倍数调至80k（TEMCON工作站上），进行枪对中调节；同时，按下F3键和F4键，在观察窗内可看到闪动的光斑，通过调整将光斑及亮斑调至中心位置。

⑨ 将放大倍数调至200k，调节电压；在右控制面板上按下“HT WOBB”键，在荧光板上可看到同心缩放的光斑。

⑩ 在右控制面板上，顺时针拧“MAG/CAM L”旋钮，将放大倍数调至400k。

⑪ 按下“COND STIG”键（左控制面板上），观察窗内出现模糊的“奔驰”车标图形，通过调整“DEF/STIG X”和“DEF/STIG Y”旋钮，将图形调节清楚。

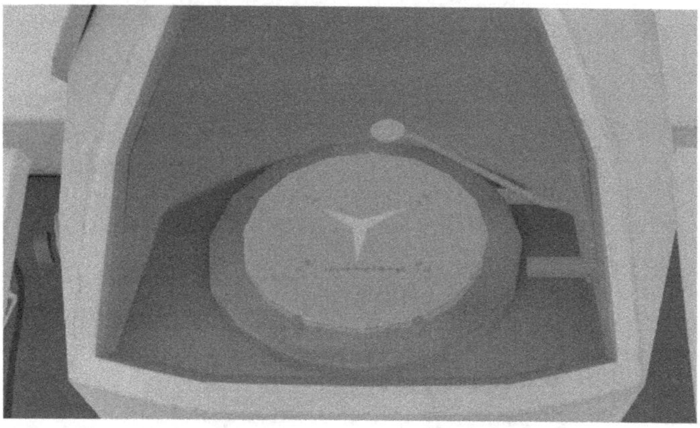

⑫ 按下“COND STIG”键，“COND STIG”键由绿色变为灰色；逆时针拧“MAG/CAM L”旋钮，将放大倍数调至 40k，开始寻找样品。

（8）测样

① 双击 ITEM 工作站，打开工作站界面。

② 点击轨迹球向左箭头，样品逐渐向左移动；再点击轨迹球向下箭头，样品逐渐向下移动。

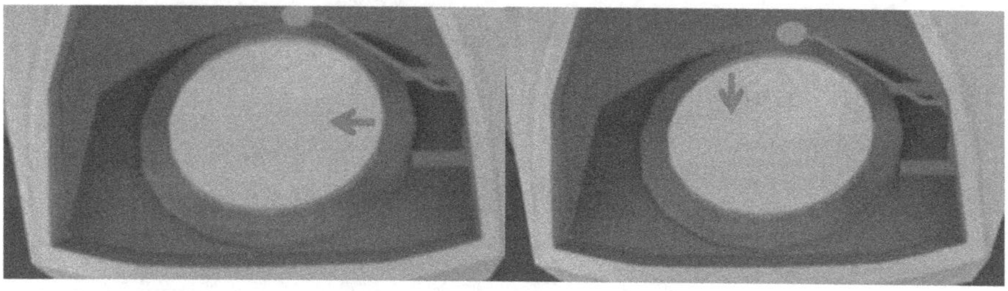

③ 点击物镜光阑外圈旋钮，弹出外圈旋钮，旋转调节框；顺时针旋转旋钮，增加 2 个物镜光阑，加物镜光阑的目的是提高图像衬度。

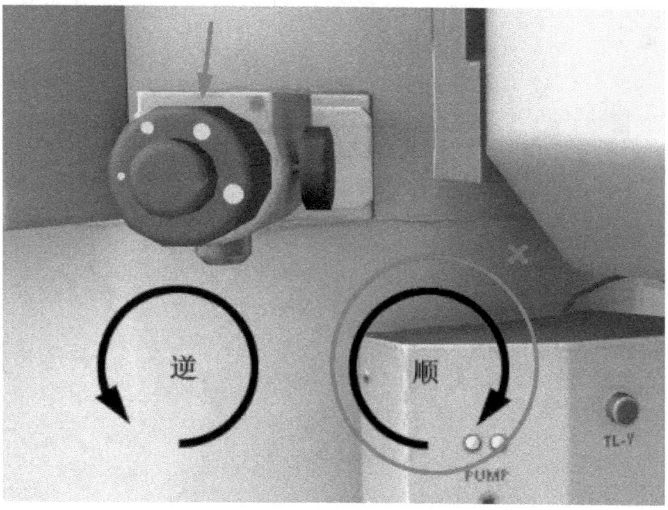

④ 先点击动态采集图标 1 以预览样品图，可看到荧光板由水平状态变为竖直状态，点

击冻结图像图标 1，将图像冻结。

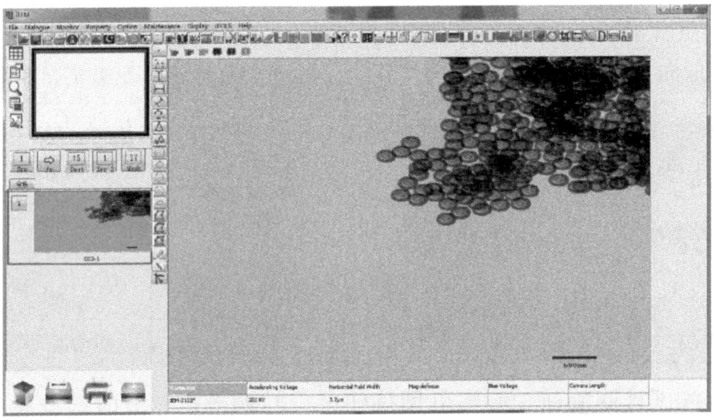

⑤ 拍图完毕后，将物镜光阑退出。类似地，每次点拍图之前增加 2 个物镜光阑，拍图完毕后将物镜光阑退出。

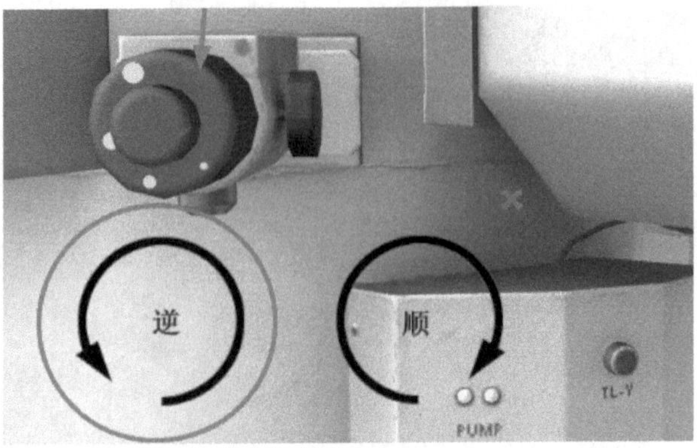

⑥ 拧“MAG/CAM L”旋钮，将放大倍数调至 50k，点击轨迹球向上箭头，点击动态

采集图标 1 以预览样品图；点击冻结图像图标 1，将图像冻结，依次调整放大倍数 60k、100k 进行拍摄。

⑦ 拍图完毕后，将放大倍数降至 40k。

⑧ 在 ITEM 工作站的界面上，点击全选按钮，将所有图片都选中，点击保存图标，选好要保存图片的位置。

(9) 能谱测试

① 在左控制面板上，按下“EDS”按钮，将模式由 TEM 切换为 EDS。

② 点击图标“Genesis R TEM”，打开探头控制软件工作站。

③ 点击能谱图标“Genesis”，打开能谱工作站。

④ 点击探头控制软件工作站上的“IN”，进探头。

⑤ 点击“Clear”按钮，将清除之前的数据，工作站界面的所有元素被清除。

⑥ 点击“Collect”按钮，开始采集元素，出现样品中所可能含有的各种元素。

⑦ 点击“Peak ID”图标，将样品中可能存在的元素显示出来。

⑧ 等所有元素都采集完成后，再次点击“Collect”图标，停止采集。

⑨ 选中样品中不可能存在的元素，比如 Au 元素，点击 Delete 按钮，则将 Au 元素删除。

⑩ 点击工作站界面的“Quant”按钮，弹出定量窗口，此窗口中的内容可根据需要，复制到 word 文档中。

⑪ 点击菜单栏中的“W”图标，弹出 word 版实验报告，可根据需要另存为适当位置。

(10) 实验结束

① 拔样品杆，点击“OUT”，将能谱探头退出；同时，能谱杜瓦瓶向右滑出，恢复到原来的状态。

② 按下“EDS”按钮，将模式由 EDS 切换为 TEM。

③ 在 TEMCON 工作站页面，双击“Stage Neutral”按钮使样品杆状态归零。

④ 按下“BEAM”按钮，颜色由绿色变为灰色状态，关闭灯丝电流。

⑤ 抽出样品杆。

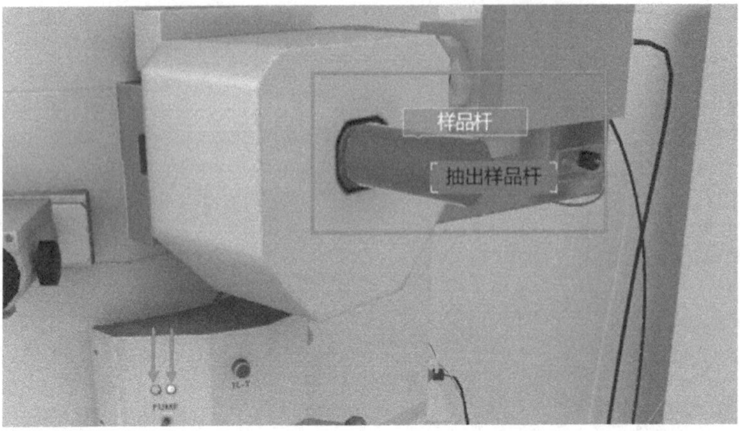

⑥ 点击开关按钮，将“PUMP/AIR”开关拨向“AIR”，测角台上的黄灯和绿灯均熄灭。

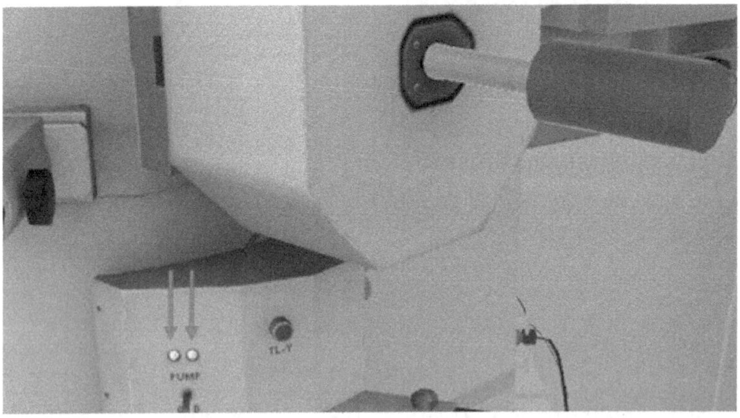

⑦ 在真空监控工作站页面，等待“Specimen/PIG4”真空值大于 200μA 时，取下样品杆，将样品杆完全取下放置于样品架上。

⑧ 降高压。

⑨ 冷阱烘烤。

⑩ 关闭 Genesis 工作站。

⑪ 关闭 Genesis RTEM 工作站。

⑫ 关闭 ITEM 工作站。

五、思考题

（1）实验前需要检查哪些仪器状态？
（2）关机时有哪些注意事项？

实验 6　扫描探针显微镜轻敲模式成像仿真实验

一、实验目的

（1）了解扫描探针显微镜的结构及成像模式。
（2）掌握扫描探针显微镜的工作原理。
（3）掌握 Tapping 模式扫描探针显微镜的操作方法。
（4）利用 Tapping 模式扫描探针显微镜测量、观察样品的表面形貌。

二、实验仪器

扫描探针显微镜（Veeco MultiMode PicoForce）虚拟仿真软件。

三、实验原理

原子力显微镜（AFM）的原理较为简单，它是用微小探针“摸索”样品表面来获得相关信息。如下图所示，当针尖接近样品时，针尖受到力的作用使悬臂发生偏转或振幅改变。悬臂的这种变化经检测系统检测后转换成电信号传递给反馈系统和成像系统，记录扫描过程中一系列探针变化就可以获得样品表面信息图像。

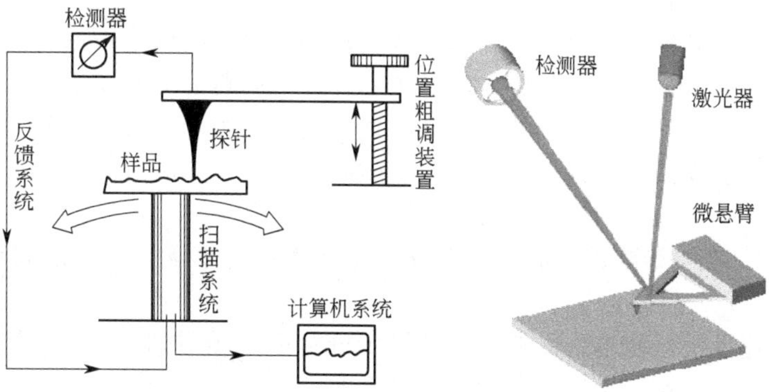

（1）检测系统

悬臂的偏转或振幅改变可以通过多种方法检测，包括光反射法、光干涉法、隧道电流法、电容检测法等。目前 AFM 系统中常用的是激光反射检测系统，它具有简便、灵敏的特点。激光反射检测系统由探针、激光发生器和光检测器组成。

（2）探针

探针是 AFM 检测系统的关键部分，是由悬臂和悬臂末端的针尖组成的。随着精细加工技术的发展，人们已经能制造出各种形状和特殊要求的探针。悬臂是由 Si 或 Si_3N_4 经光刻技术加工而成的，悬臂的背面镀有一层金属以满足激光的镜面反射要求。在接触式 AFM 中常用 V 形悬臂，轻敲（tapping）模式常用长悬臂，如下图所示。商品化的悬臂一般长为 100～200μm、宽为 10～40μm、厚为 0.3～2μm，其弹性系数一般在百分之几牛顿至几十牛顿每米（N/m）之间，共振频率一般大于 10kHz。探针末端的针尖一般呈金字塔形或圆锥形，针尖的曲率半径与 AFM 分辨率有直接关系。一般商品针尖的曲率半径在几纳米到几十纳米之间。

(3) 光电检测器

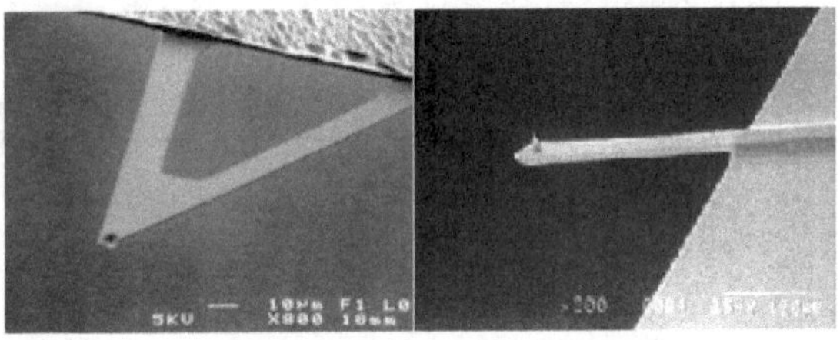

AFM 光信号检测是通过光电检测器来完成的。激光由光源发出照在金属包覆的悬臂上，经反射后进入光电二极管检测系统，然后通过电子线路把照在两个光电二极管上的光量差转换成电压信号，从而指示光点位置。

(4) 扫描系统

AFM 对样品扫描的精确控制是依靠扫描器来实现的。扫描器中装有压电转换器，压电装置在 X、Y、Z 三个方向上精确控制样品或探针位置。目前构成扫描器的基质材料主要是钛锆酸铅[$Pb(Ti,Zr)O_3$]制成的压电陶瓷材料。压电陶瓷有压电效应，即在加电压时有形变特性，并且形变程度与所加电压成正比。压电陶瓷能将 1mV～1000V 的电压信号转换成十几分之一纳米到几微米的位移。

(5) 反馈控制系统

AFM 反馈控制是由电子线路和计算机系统共同完成的。AFM 的运行是在高速、功能强大的计算机控制下来实现的。控制系统主要有两个功能：提供控制压电转换器 X-Y 方向扫描的驱动电压；在恒力模式下，维持来自显微镜检测环路输入模拟信号在一恒定数值。计算机通过 A/D 转换读取比较环路电压（即设定值与实际测量值之差），根据电压值的不同，控制系统不断地输出相应电压来调节 Z 方向压电传感器的伸缩，以纠正读入 A/D 转换器的偏差，从而维持比较环路的输出电压恒定。

电子线路系统起到连接计算机与扫描系统的作用。电子线路为压电陶瓷管提供电压，接收位置敏感器件传来的信号，并构成控制针尖和样品之间距离的反馈系统。

原子力显微镜的工作模式是以针尖与样品之间的作用力形式来进行分类的，主要有以下 3 种操作模式：接触模式（contact mode）、非接触模式（non-contact mode）和轻敲模式（tapping mode）。

① 接触模式。针尖始终同样品接触并简单地在表面上滑动，相互之间表现为非常弱的库仑排斥力。

优点：扫描速度快，是唯一能够获得“原子分辨率”图像的 AFM，垂直方向上有明显变化的质硬样品，有时更适于用接触模式扫描成像。

缺点：横向力会影响空气中的图像质量，因为样品表面吸附液层的毛细作用使针尖与样品之间的黏着力很大，横向力与黏着力的合力导致图像空间分辨率降低，而且针尖刮擦样品会损坏软质样品（如生物样品、聚合物等）。

② 非接触模式。控制探针始终在样品上方 5～20nm 处扫描并且始终不和样品表面接触，因而针尖不会对样品造成污染和破坏，避免了接触模式中遇到的一些问题。然而实际测试过程中，针尖容易因样品表面吸附气体所产生的压力而被吸附到样品表面，造成图像数据不稳定和对样品的破坏。该模式在实际使用过程中控制比较困难，分辨率较低，而且不适合在液体中成像。

优点：没有力作用于样品表面。

缺点：由于针尖与样品分离，横向分辨率低。为了避免接触吸附层而导致针尖发生黏附，其扫描速度低于轻敲模式 AFM 和接触模式 AFM。通常仅用于非常怕水的样品，吸附液层必须薄；如果太厚，针尖会陷入液层，引起反馈不稳，刮擦样品。由于上述缺点，非接触模式的使用受到了限制。

③ 轻敲模式。轻敲模式介于接触模式和非接触模式之间，是一个杂化的概念。悬臂在试样表面上方以其共振频率振荡，针尖仅仅是周期性、短暂地接触/敲击样品表面，这就意味着针尖接触样品时所产生的侧向力被明显地减小。因此，当检测柔嫩的样品时，AFM 的轻敲模式是最好的选择之一。该模式避免了针尖附着样品以及在扫描过程中对样品的破坏。针尖在接触样品时有足够的振幅来克服针尖和样品间的黏着力。同时，作用力是垂直的，材料表面受横向摩擦力、压缩力和剪切力影响较小。另外，其垂直反馈系统高度稳定，重复测试精度高。

优点：很好地消除了横向力的影响，降低了由吸附液层引起的力，图像分辨率高，适于观测柔软、易碎或黏性样品，不会损伤其表面。

缺点：比接触模式 AFM 的扫描速度慢。

四、实验步骤

① 打开电脑。

② 打开图像显示器。

③ 打开控制器开关。

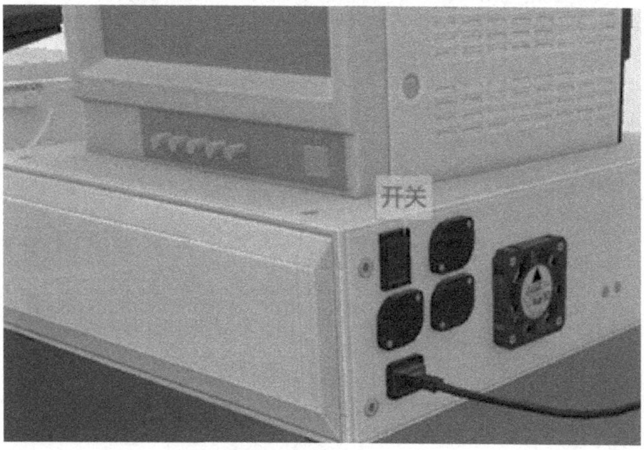

④ 打开数字信号器开关，开启控制器和数字信号器时，必须保证电脑开机。

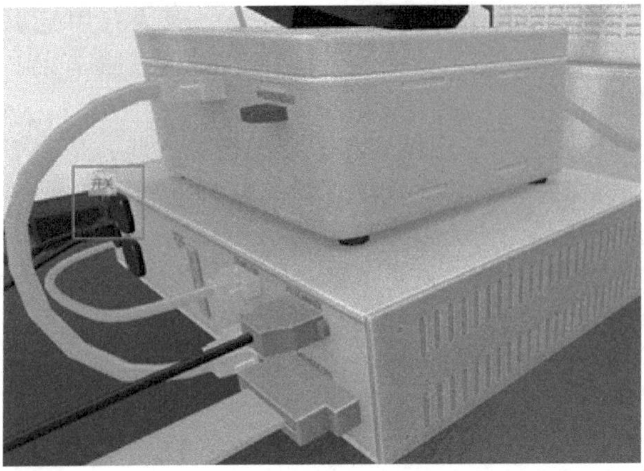

⑤ 打开电脑光源开关。

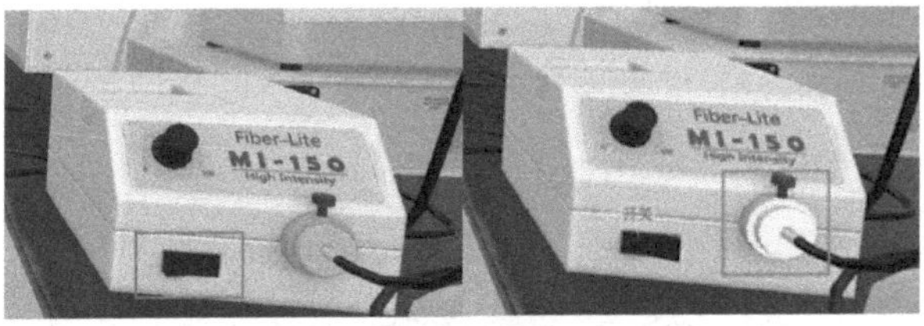

⑥ 调节摄像头焦距，直至出现清晰图像。调节图像时可以尝试开关光源，以便清楚地看到光斑，后续图像调节中也可以灵活使用该操作。

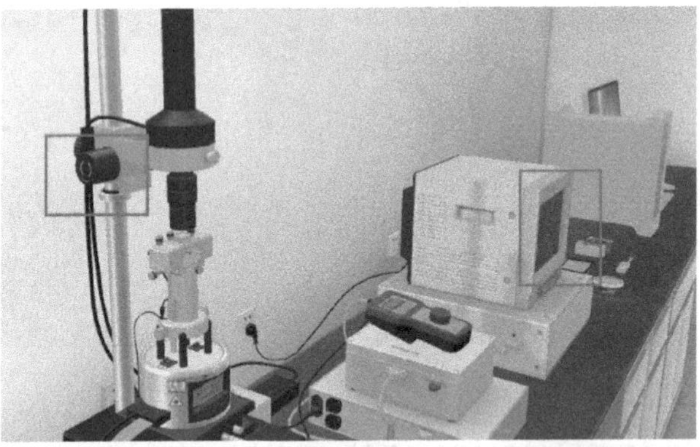

⑦ 找到“Holder”，右键点击准备，将其翻转。

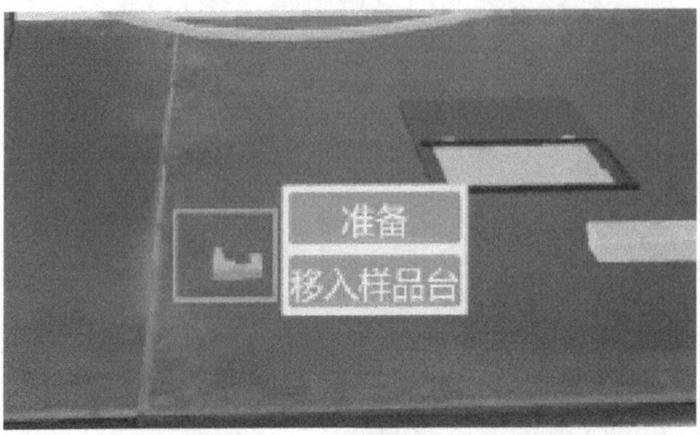

⑧ 用镊子将探针安放在“Holder”上，注意用完后要放回，养成良好的实验习惯。

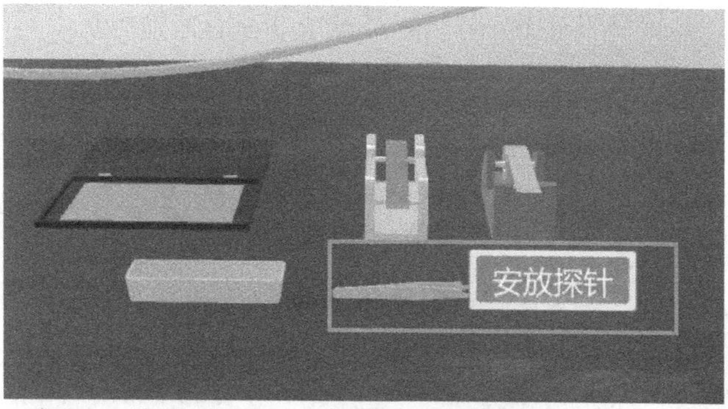

⑨ 将“Holder”复原，找到云母片，将其移入样品台。

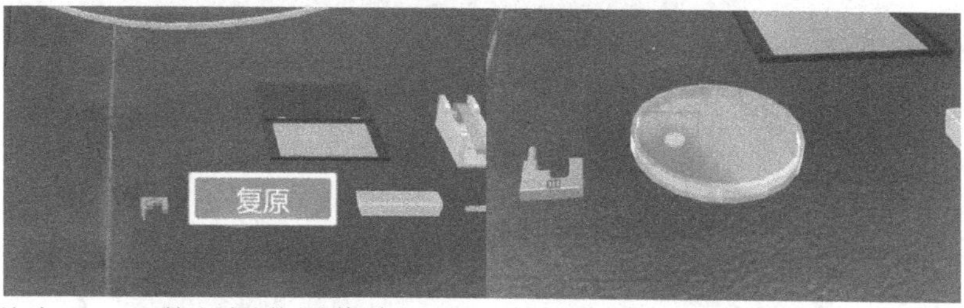

⑩ 通过基座 X、Y 按钮调节图像位置，观察其清洁度。调节时，一定要使云母片的视野充满整个屏幕。

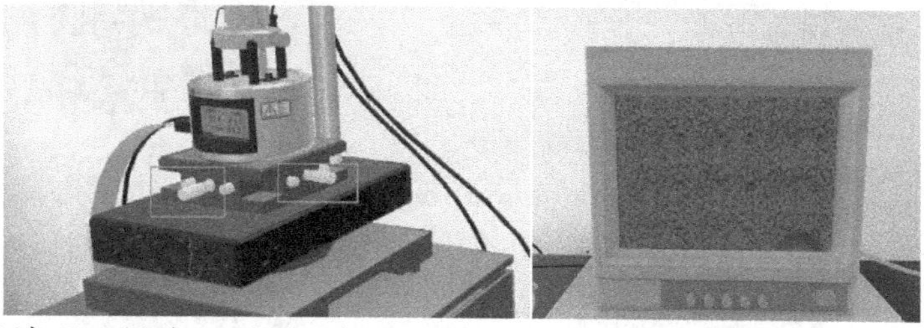

⑪ 用透明胶清理云母片，不要选择双面胶。有时也用双面胶粘贴固定样品，但本实验不使用。

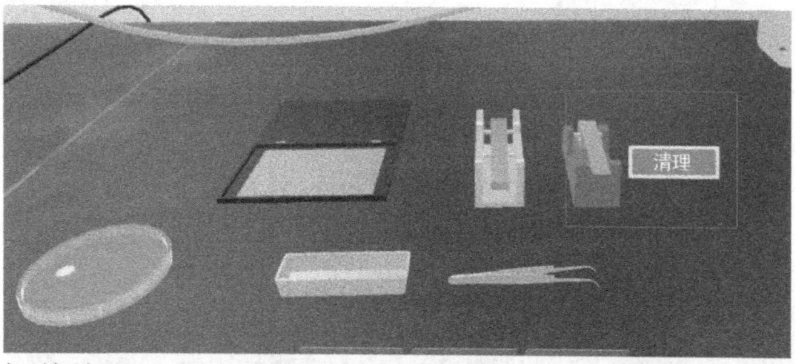

⑫ 找到样品，把其放在云母片上，然后把载有样品的云母片放在样品台上。

⑬ 通过基座 X、Y 按钮调节图像位置，尽量使样品表面铺满整个图像显示器屏幕。

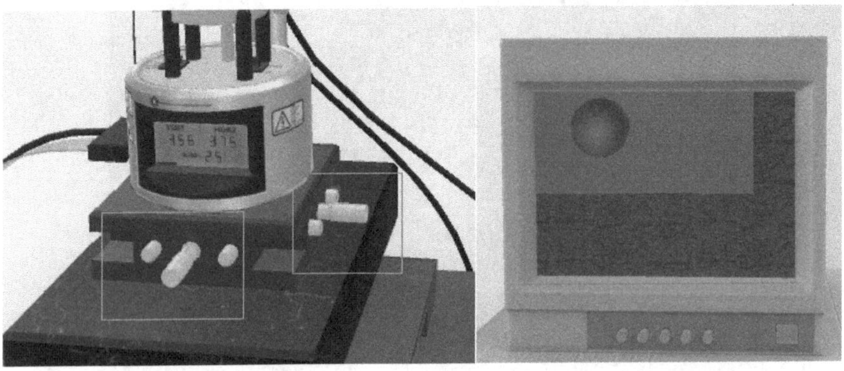

⑭ 将“Holder”放在样品台上，尝试调节探针和光斑位置，尽量使探针针尖处于中间位置，使光斑中心和针尖重合。

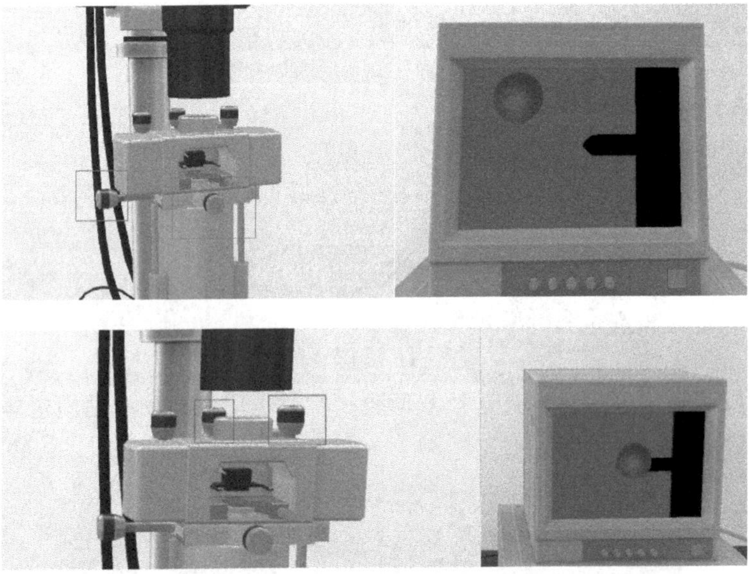

⑮ 将探针粗调开关拨向“DOWN”，让探针靠近样品表面。

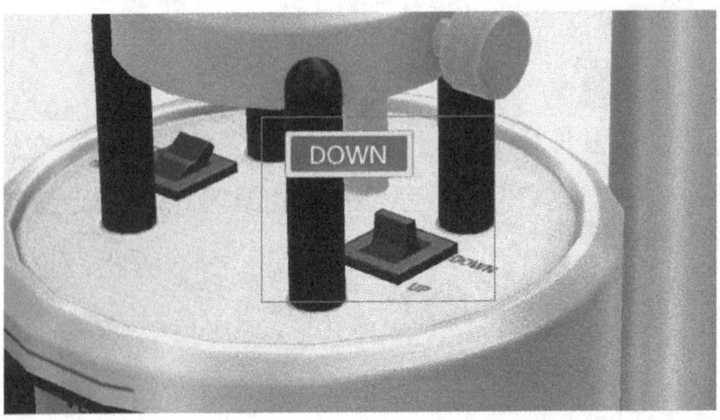

⑯ 在载物台上部找到“VERT”旋钮，调节 Vertical（垂直方向）值，使其接近 0。

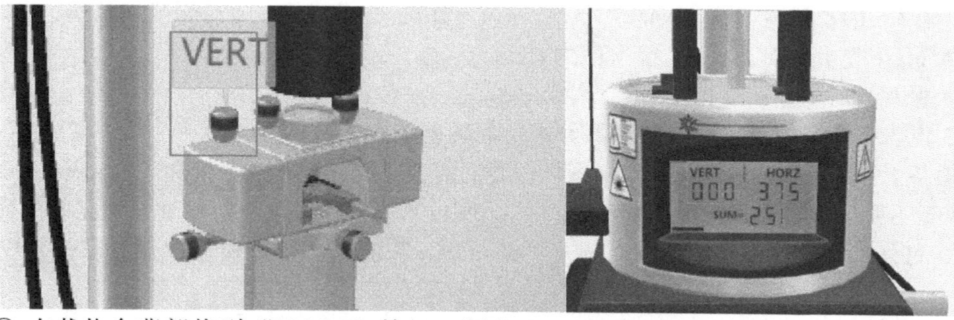

⑰ 在载物台背部找到“HORZ”旋钮，调节 horizontal（水平方向）值，使其接近 0。

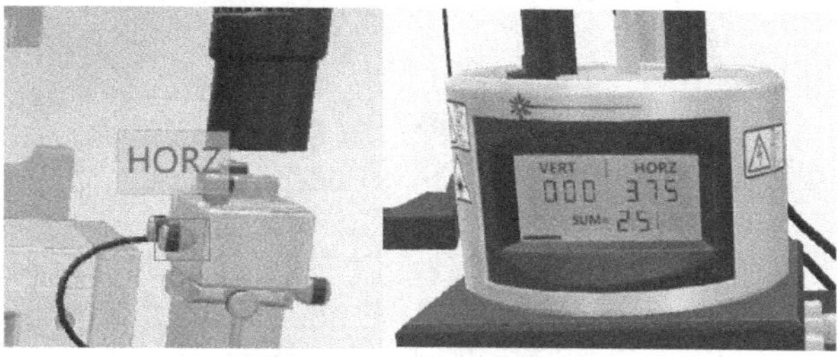

⑱ 把模式选择开关拨到下边，选择 TM/AFM 模式。

⑲ 打开工作站，进行仪器通信连接。

⑳ 在弹出窗口中选择“Scan-Dual”，并点击 OK：

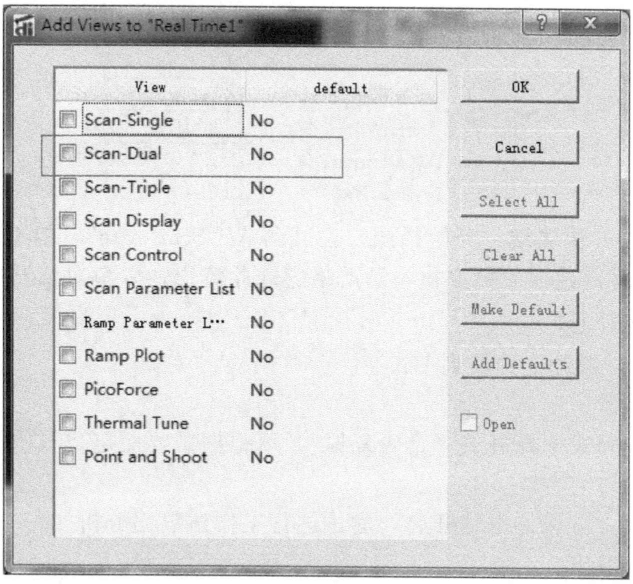

㉑ 通过“File-New Workspace”或快捷键新建一个工作区；打开文件地址及名称设置窗口；选择相应地址并输入待保存文件名称。

㉒ 点击 Tapping 快捷键，开始进行探针的频率测定，一般此频率会标注在探针的盒子表面；输入“Start Frequency”值，在 200 左右；输入“END Frequency”值，在 300 左右；点击“Auto Tune”，开始测试频率；点击“Zero Phase”，开始调整。

㉓ 左侧“Data type”尝试切换到不同模式，并最终选定“Height”；左侧“Data scale”输入 360；右侧“Data type”尝试切换到不同模式，并最终选定“Phase”；右侧“Data scale”输入 360；输入“Scan size”值为 5μm，并把“Microscope mode”确定在轻敲模式上。“X offset”和“Y offset”输入值为 0。

㉔ 保存当前工作区参数。

㉕ 点击下针快捷键，此处是对探针进行的精确调整。

㉖ 待下针结束后，点击向下扫描图标，尝试调节“Integral gain”值和“Proportional gain”值，注意不要超过 0.5；调节“Amplitude setpoint”值（此值越小，探针与样品间的作用力越大）。另外，在扫描过程中，可以调节“Scan rate”值，进行扫描速度调整，但调整值不要过大。

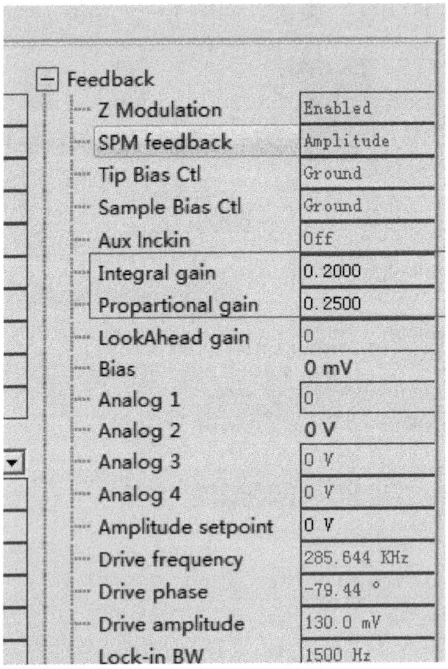

㉗ 点击 Photo All 快捷键，开始拍照，尝试调节“Scan rate”，但不要调节过大。

㉘ 待拍照完成后，进入关机流程，请严格遵守此流程，以免对仪器造成损坏。

- 通过工作站起针 。
- 对于 3D 界面，探针粗调拨到 Up 上。
- 关闭数字信号器。
- 关闭控制器，模式选择开关“是否复原”，可根据需要而定。
- 关闭显示器。
- 关闭光源开关，可保持电脑开启，尝试进行工作站数据分析。
- 把“Holder”取出。
- 把探针取出。
- 把“Holder”复位。
- 把样品复原。

五、思考题

（1）扫描探针显微镜有哪些成像模式？

（2）轻敲模式的成像方式有何优点？

第二章

光谱分析仿真实验

实验 7　苯甲酸红外光谱测定仿真实验

一、实验目的

（1）了解傅里叶变换红外光谱仪的基本原理、构造和使用方法，并熟悉其基本操作。

（2）掌握常规样品的制样方法，练习 KBr 压片制样。

（3）掌握傅里叶变换红外光谱仪的测试方法及谱图解析方法。

二、实验仪器

赛默飞傅里叶变换红外光谱仪（Nicolet is5）仿真软件。

三、实验原理

波数在 4000～400cm^{-1} 的红外光所具有的能量不足以使样品产生分子电子能级的跃迁，但足以导致振动能级与转动能级的跃迁。由于每个振动能级的变化都伴随许多转动能级的变化，因此红外光谱也是带状光谱。分子在振动和转动过程中只有伴随净的偶极矩变化的键才有红外活性。因为分子振动伴随偶极矩改变时，分子内电荷分布变化会产生交变电场，当其频率与入射辐射电磁波频率相等时才会产生红外吸收。

分子振动有伸缩振动和弯曲振动两种基本类型。伸缩振动指原子间的距离沿键轴方向的周期性变化，一般出现在高波数区；弯曲振动指具有一个共有原子的两个化学键键角的变化，或与某一原子团内各原子间的相互运动无关、原子团整体相对分子内其他部分的运动。弯曲振动一般出现在低波数区。

四、实验步骤

（1）*启动仪器*

① 打开除湿机：鼠标移至除湿机开关位置，当鼠标变为手形后，点击开关，打开除湿机，仪器的显示屏上有红色数值显示。

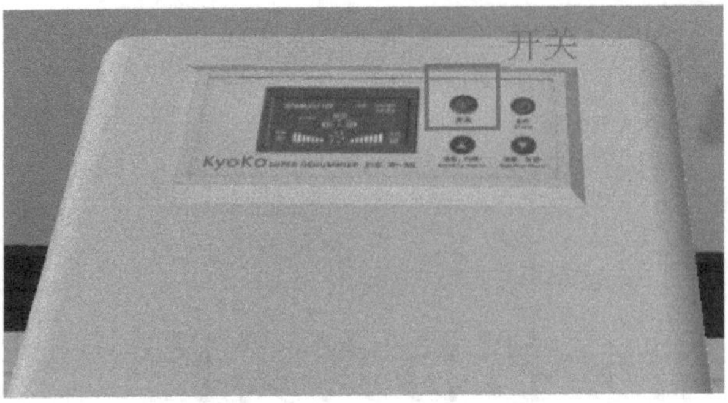

② 打开稳压源：鼠标转到稳压源背面开关位置，当鼠标变为手形后，点击开关，打开稳压源，仪器正面表盘有指针示数显示。

③ 打开红外仪器电源：鼠标旋转视角至红外光谱仪侧面，当鼠标变为手形后，点击仪器开关，打开红外光谱仪，仪器的开机指示灯开始闪烁。

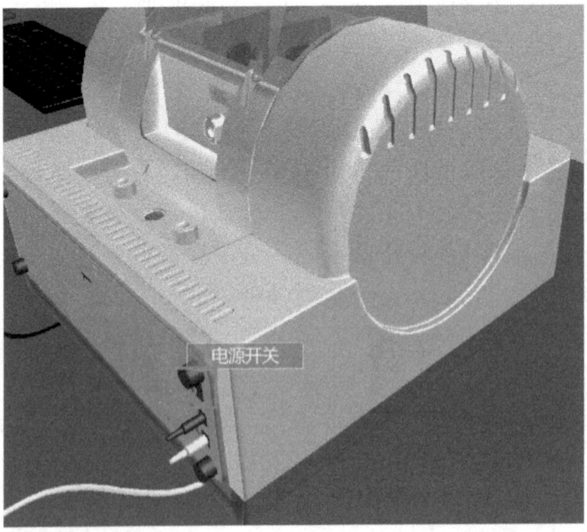

④ 打开电脑开关：单击主机电源，打开电脑。

(2) 背景样制备及测试

背景样制备过程如下，所需实验器材如下图所示。

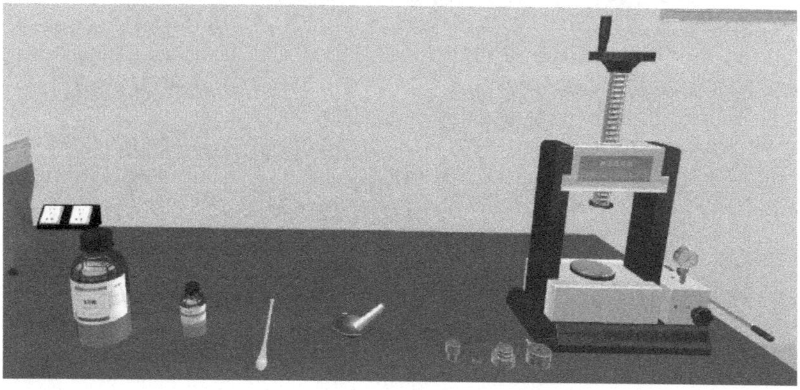

① 研磨溴化钾（KBr）背景样：右键点击桌面上的溴化钾样品瓶，弹出操作提示“取样至研钵”，左键点击，溴化钾便由药匙装入研钵中进行研磨。

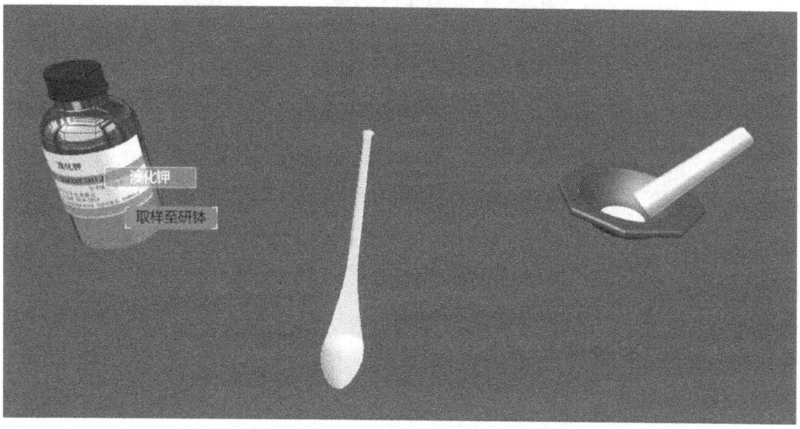

② 组装模具：鼠标指向桌面上的模具，鼠标变为手形后，右键点击，弹出操作提示“组装模具”，单击该命令后，模具自动组装。

③ 压片：鼠标点到已组装好的模具上，变手形后右键点击，弹出操作提示“装溴化钾”，单击该命令后，溴化钾从研钵装入模具中。

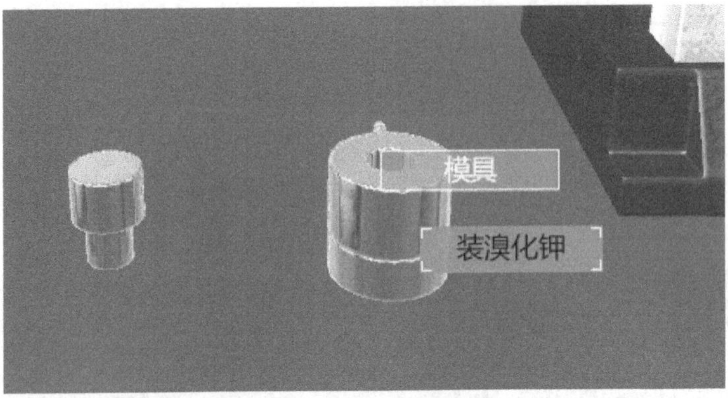

鼠标再次指向模具，变手形后右键点击，弹出操作提示“移至压片机”，单击该命令后，模具放在压片机上。

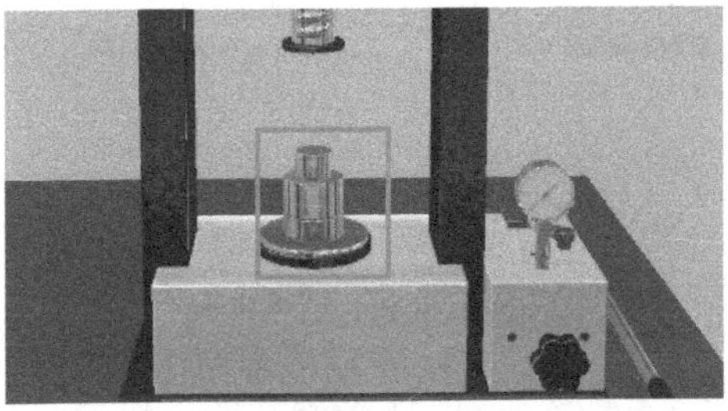

鼠标指向压片机手轮，变手形后右键点击，弹出操作提示“旋紧手轮”，单击该命令后手轮自动旋紧；鼠标指向压片机手阀，变手形后右键点击，弹出操作提示“旋紧手阀”，单击该命令后手阀自动旋紧；鼠标指向压杆，变手形后，左键点击压杆一次，压杆向下按压一次，压力表示数增加 5MPa；多次点击压杆直至压力达到 10MPa 左右。

最后，鼠标依次指向手阀和手轮，右键点击，按操作提示“旋开手阀”和“旋开手轮”，单击命令即可。

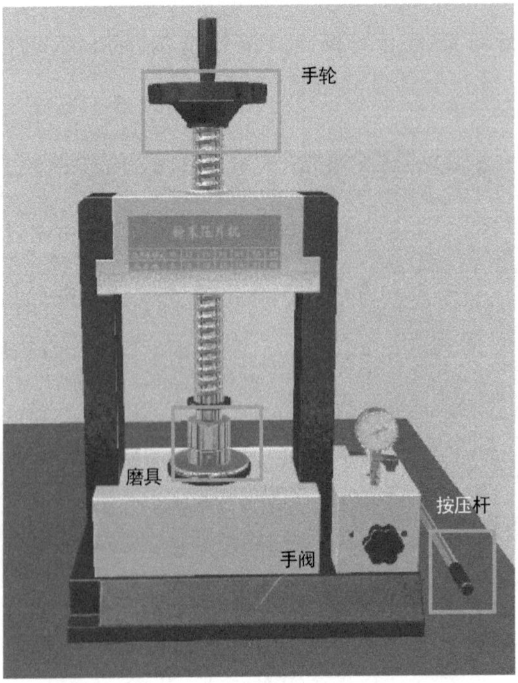

④ 取片并放入红外仪样品室：鼠标指向压片机上的模具，变为手形后，右键点击模具，弹出操作提示“移出压片机”，单击该命令后，模具放到桌面上；右键点击桌面上的模具，弹出操作提示“取出背景片”，单击该命令，背景片从模具中取出，同时红外仪样品室门打开，背景片装在压片夹上进入样品室待测。

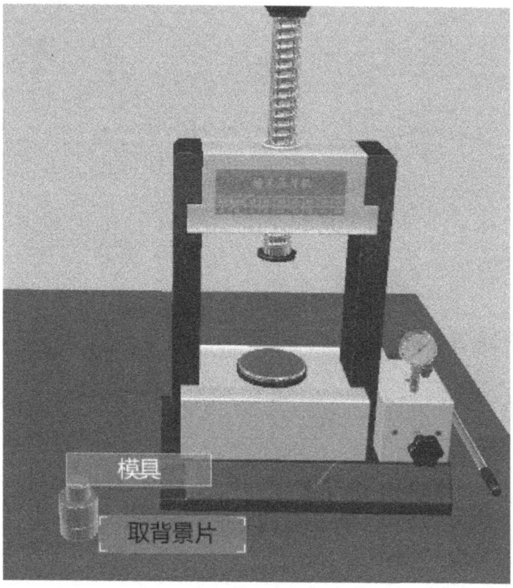

背景样测试过程如下。

① 打开红外仪工作站。

② 实验设置：单击工具栏窗口命令“实验设置”，弹出实验设置窗口；在“采集”目录下，设置扫描次数，输入“16”，分辨率选择“4”，最终格式选择“%透过率”，背景处理选择“采集样品前采集背景”；单击确定，关闭设置窗口。

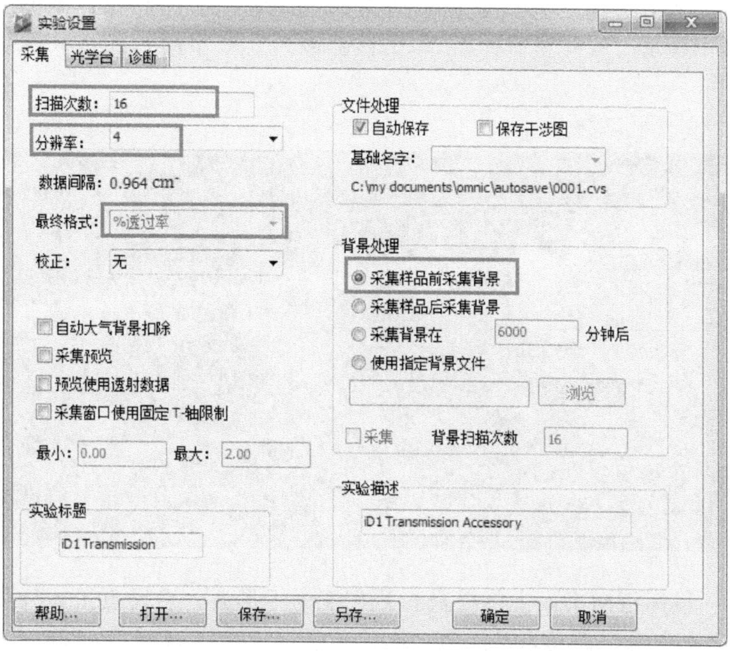

③ 采集背景，单击工具栏窗口命令“采集样品”，输入谱图标题，如“苯甲酸测定”。

单击确定，弹出准备背景采集提示窗口。

单击确定，弹出背景采集窗口，开始背景采集；背景采集完毕，弹出准备样品采集提示窗口。

单击确定，弹出进样提示窗口。

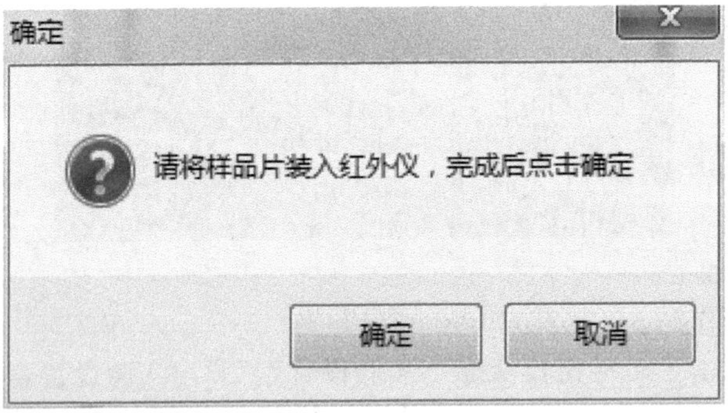

（3）苯甲酸-溴化钾混合样制备及测试

① 苯甲酸-溴化钾混合样制备

● 研磨苯甲酸-溴化钾混合样：鼠标指向桌面上的苯甲酸样品瓶；鼠标变成手形后，右键点击，弹出操作提示“取样至研钵”；单击该命令后，苯甲酸样品由药匙装入研钵中进行研磨。

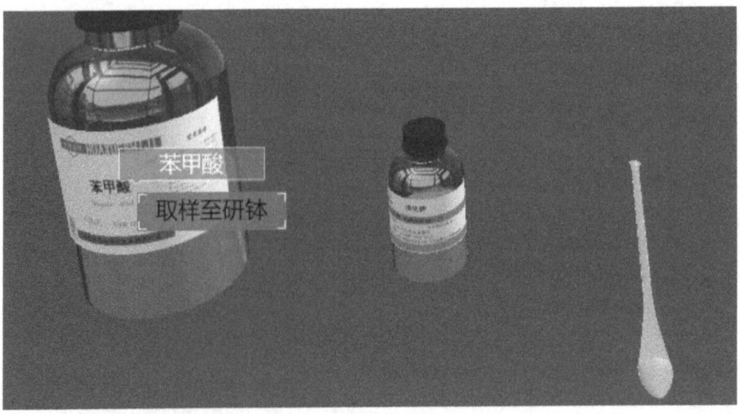

● 组装模具：鼠标指向桌面上的模具，鼠标变为手形后，右键点击，弹出操作提示“组装模具”，单击该命令后，模具自动组装。

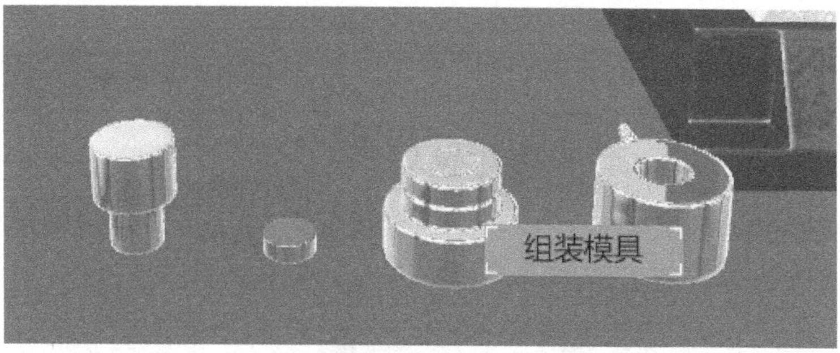

● 压片：鼠标点到已组装好的模具上，变手形后右键点击，弹出操作提示“装混合样”，单击该命令后，混合样从研钵装入模具中。

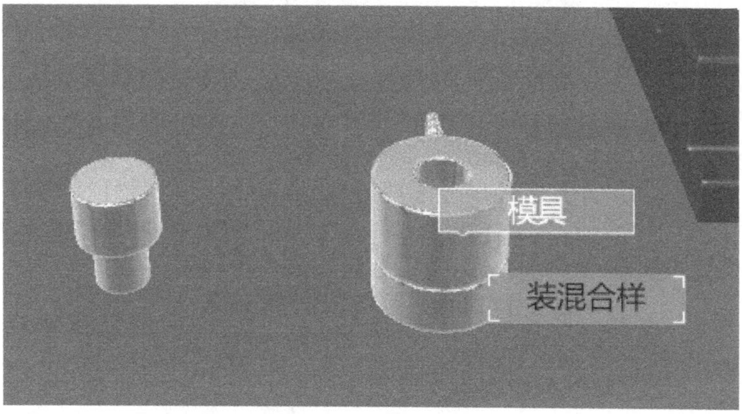

鼠标再次指向模具，变手形后右键点击，弹出操作提示“移至压片机”，单击该命令后，模具放在压片机上。

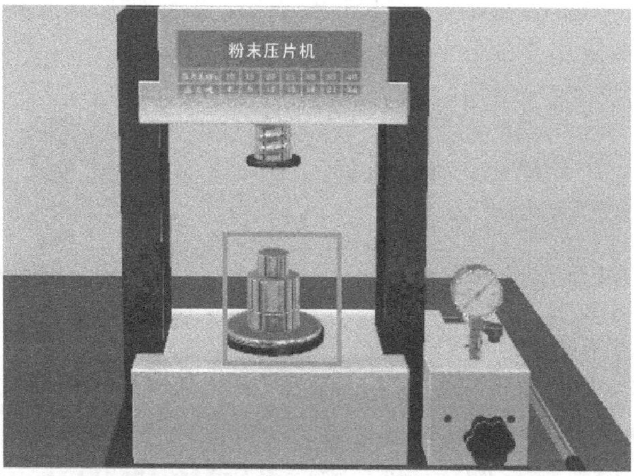

鼠标指向压片机手轮，变手形右键点击，弹出操作提示“旋紧手轮”，单击该命令后手轮自动旋紧。鼠标指向压片机手阀，变手形右键点击，弹出操作提示“旋紧手阀”，单击该命令后手阀自动旋紧。鼠标指向压杆，变手形后，左键点击压杆一次，压杆向下按压一次，压力表示数增加 5MPa；多次点击压杆直至压力达到 10MPa 左右。

最后，鼠标依次指向手阀和手轮，右键点击，按操作提示“旋开手阀”和“旋开手轮”，单击命令即可。

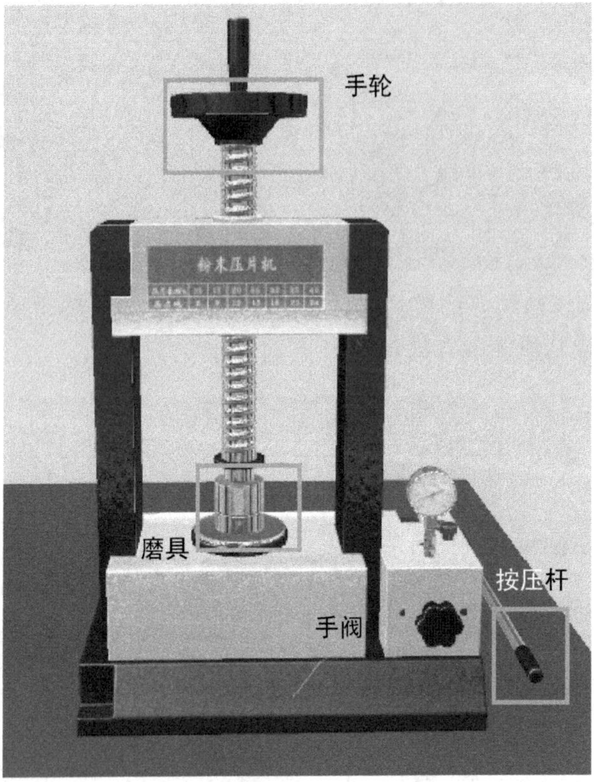

• 取片并放入红外仪器样品室：鼠标指向压片机上的模具，变为手形后，右键点击模具，弹出操作，提示“移出压片机”，单击该命令后，模具放到桌面上；右键点击桌面上的模具，弹出操作提示“取出混合样片”，单击该命令，混合样片从磨具中取出；同时，红外仪样品室门打开，混合样片装在压片夹上进入样品室待测。

② 苯甲酸-溴化钾混合样测试

• 样品测试：回到工作站窗口，在准备样品采集提示窗口中单击“确定”，弹出样品采集窗口，开始采集样品。

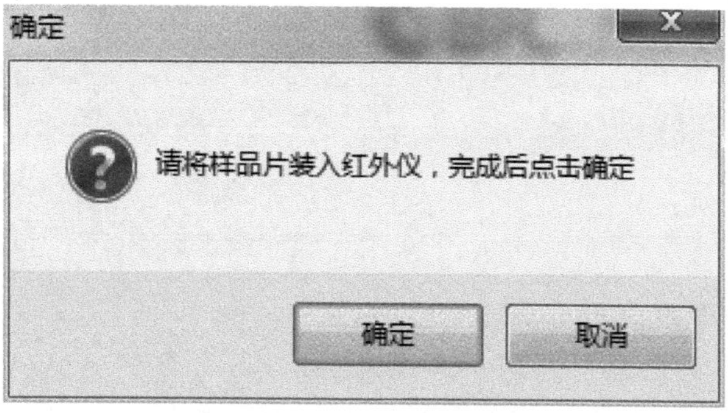

待样品采集完毕，弹出是否加载到“windows1”窗口的提示，单击“是”，弹出样品红外图谱。

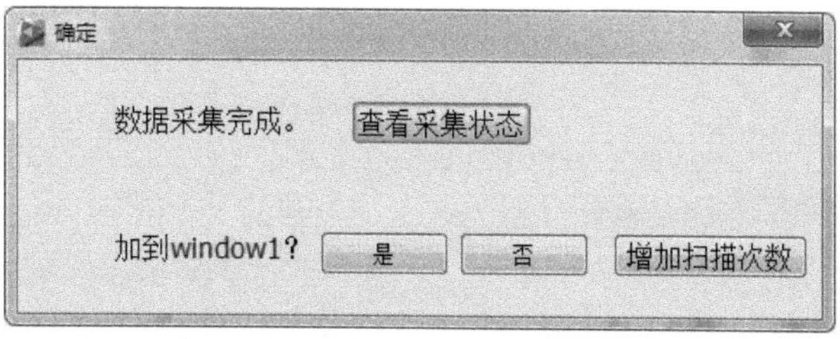

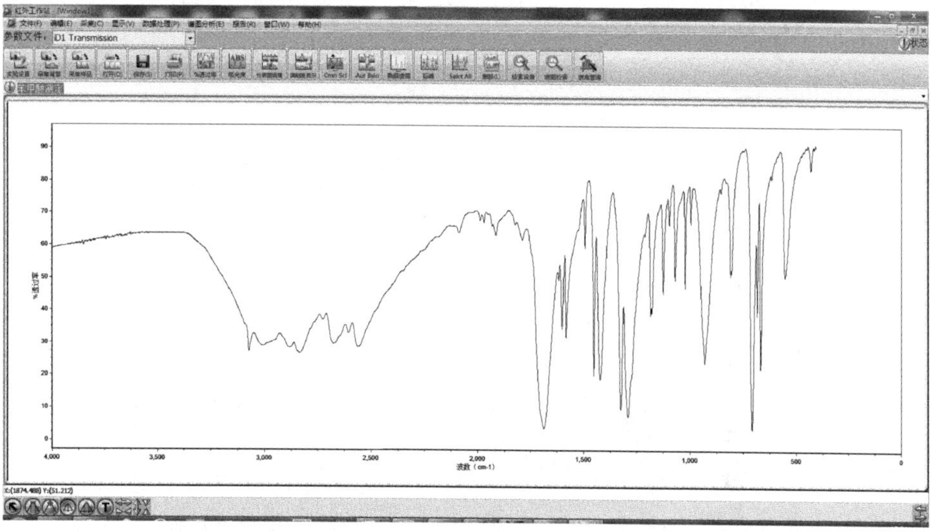

● 标峰：单击工具栏窗口命令“标峰”，出现如下标出峰值的样品图谱。

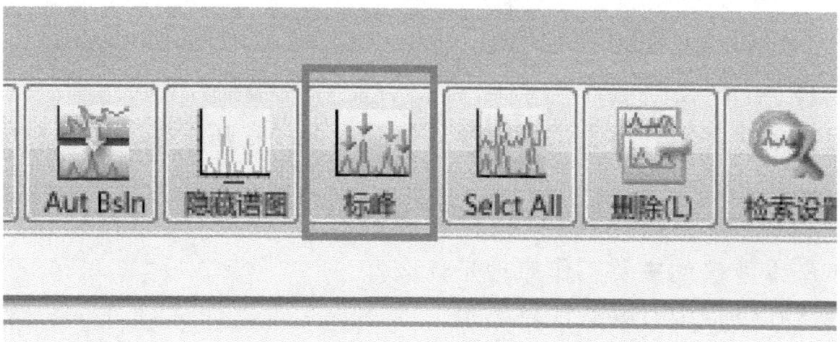

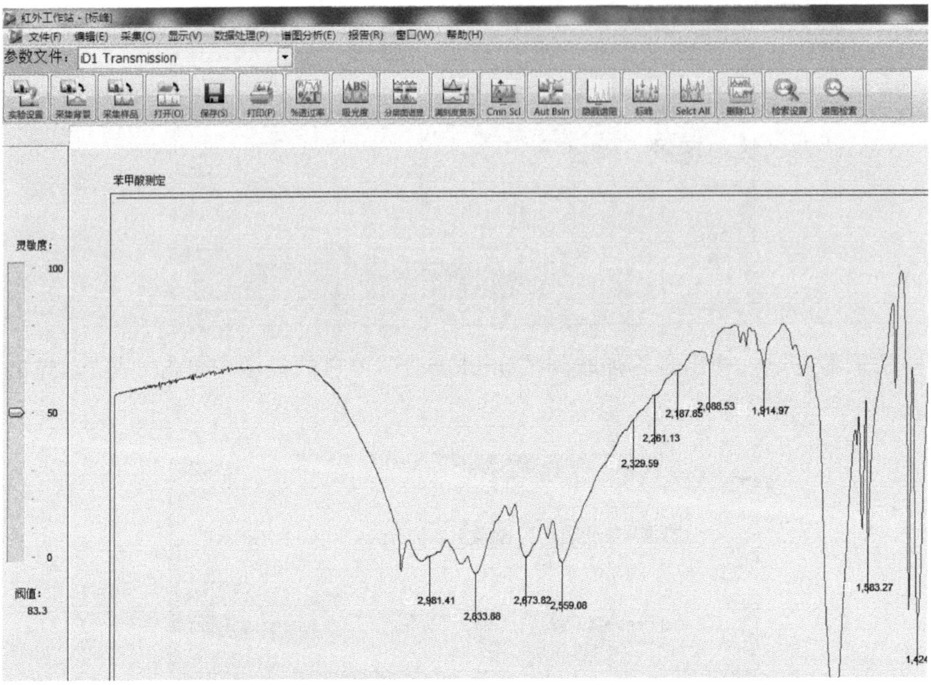

• 保存图谱，单击工具栏命令“保存”，弹出保存窗口，可选保存类型为“*.spa”“*.CSV”“*.BMP”的数据文件。

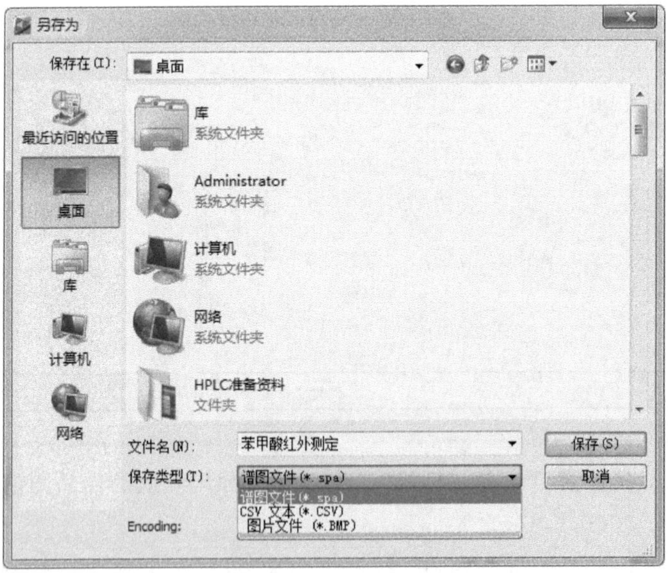

（4）关闭仪器

实验完成后，依次关闭红外光谱仪电源、电脑电源、稳压电源、除湿机电源。

五、思考题

（1）迈克尔逊干涉仪的主要工作原理是什么？

（2）溴化钾压片过程中有哪些注意事项？

（3）红外光谱分析样品的分子振动形式有哪些？各有何特点？

实验 8　紫外-可见分光光度计测定化合物浓度仿真实验

一、实验目的

（1）了解紫外-可见吸收光谱法的原理。

（2）掌握紫外-可见分光光度计测定肌酸激酶的浓度仿真实验的操作过程。

二、实验仪器

紫外-可见分光光度计（GBC Cintra40）虚拟仿真软件。

三、实验原理

紫外-可见吸收光谱法是利用某些物质的分子吸收 200～800nm 光谱区的辐射来进行分析测定的方法。这种分子吸收光谱产生于价电子和分子轨道上的电子在电子能级间的跃迁，广泛用于有机物和无机物的定性和定量测定，有如下特点。

① 紫外吸收光谱所对应的电磁波长较短，能量大，它反映了分子中价电子能级的跃迁情况，主要应用于共轭体系（共轭烯烃和不饱和羰基化合物）及芳香族化合物的分析。

② 由于电子能级改变的同时，往往伴随有振动能级的跃迁，所以电子光谱图比较简单，但峰形较宽。一般来说，利用紫外吸收光谱进行定性分析的信号较少。

③ 紫外吸收光谱常用于共轭体系的定量分析，灵敏度高，检出限低。

其基本原理如下。

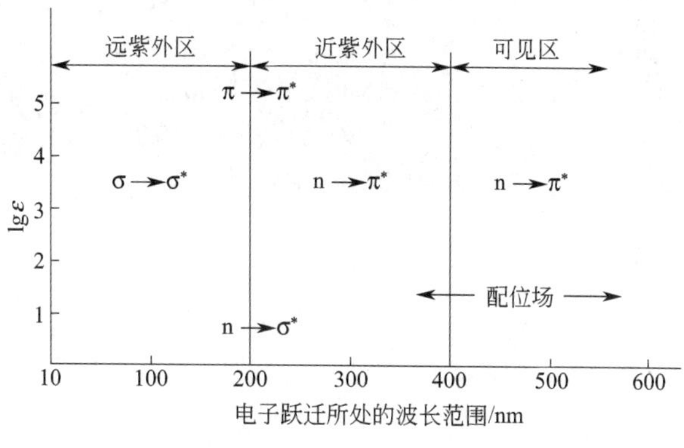

电子跃迁类型如下。

① $\sigma \longrightarrow \sigma^*$ 跃迁：指处于成键轨道上的 σ 电子吸收光子后被激发跃迁到 σ^* 反键轨道。

② $n \longrightarrow \sigma^*$ 跃迁：指分子中处于非键轨道上的 n 电子吸收能量后向 σ^* 反键轨道的跃迁。

③ $\pi \longrightarrow \pi^*$ 跃迁：指不饱和键中的 π 电子吸收光波能量后跃迁到 π^* 反键轨道。

④ $n \longrightarrow \pi^*$ 跃迁：指分子中处于非键轨道上的 n 电子吸收能量后向 π^* 反键轨道的跃迁。

电子跃迁类型不同，实际跃迁需要的能量不同。吸收能量的次序如下：

$$\sigma \longrightarrow \sigma^* > n \longrightarrow \sigma^* \geqslant \pi \longrightarrow \pi^* > n \longrightarrow \pi^*$$

四、实验步骤

① 打开仿真教学软件程序，找到紫外-可见分光光度计模块。

② 进入程序后，首先在校园卡刷卡机上读取校园卡。

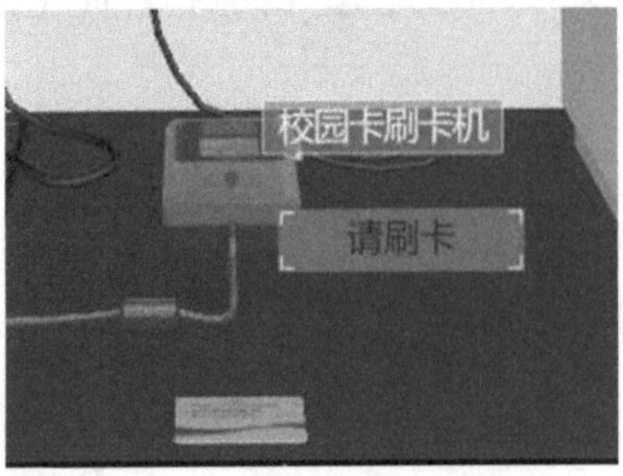

③ 接着打开紫外-可见光谱仪开关和电脑主机开关：

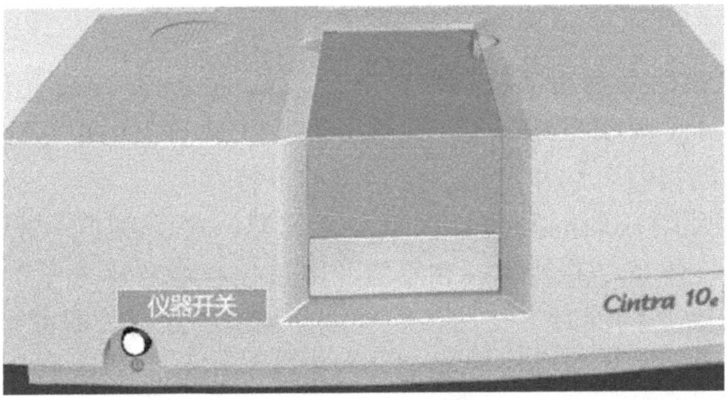

④ 打开桌面上的工作界面。

⑤ 配制标准样品。

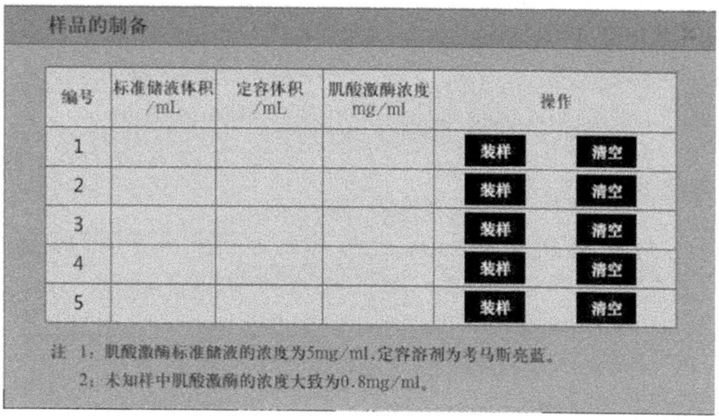

⑥ 打开紫外-可见光谱仪的盖板。

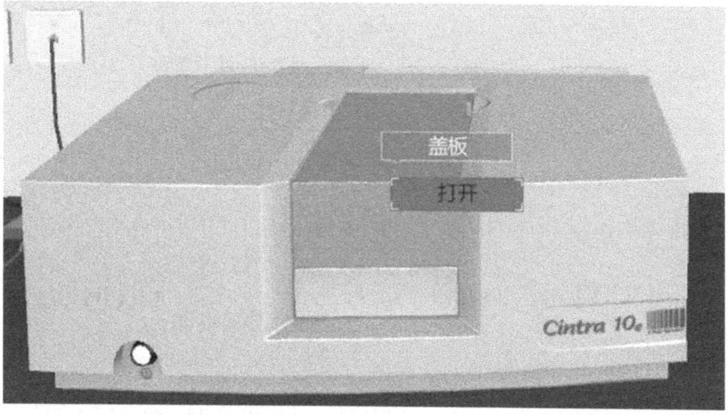

⑦ 将两个空白参比样品放入紫外-可见光谱仪。

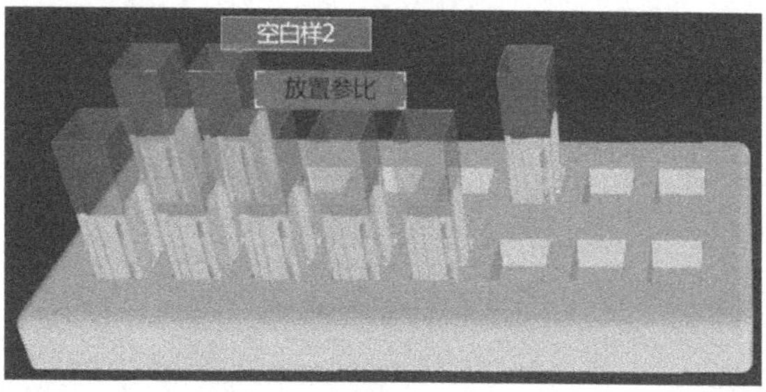

⑧ 在工作站界面打开实验扫描窗口，在窗口中输入起始波长、终止波长、扫描速度、间隔、模式等信息，进行空白扫描。

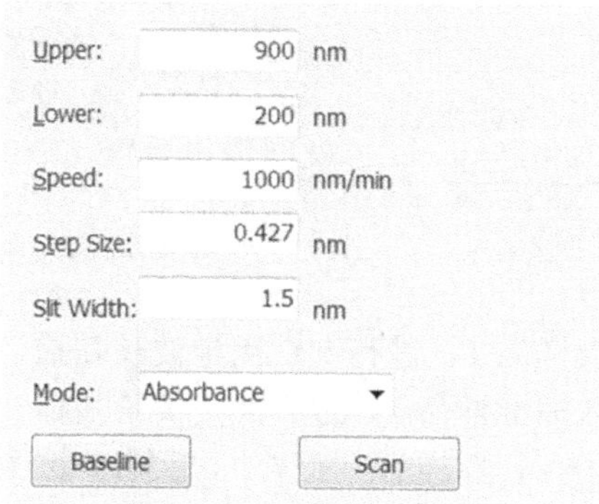

⑨ 打开紫外-可见光谱仪的盖板，取出参比样品 1，将标准样品 1 装入，关闭盖板，进行标样扫描。

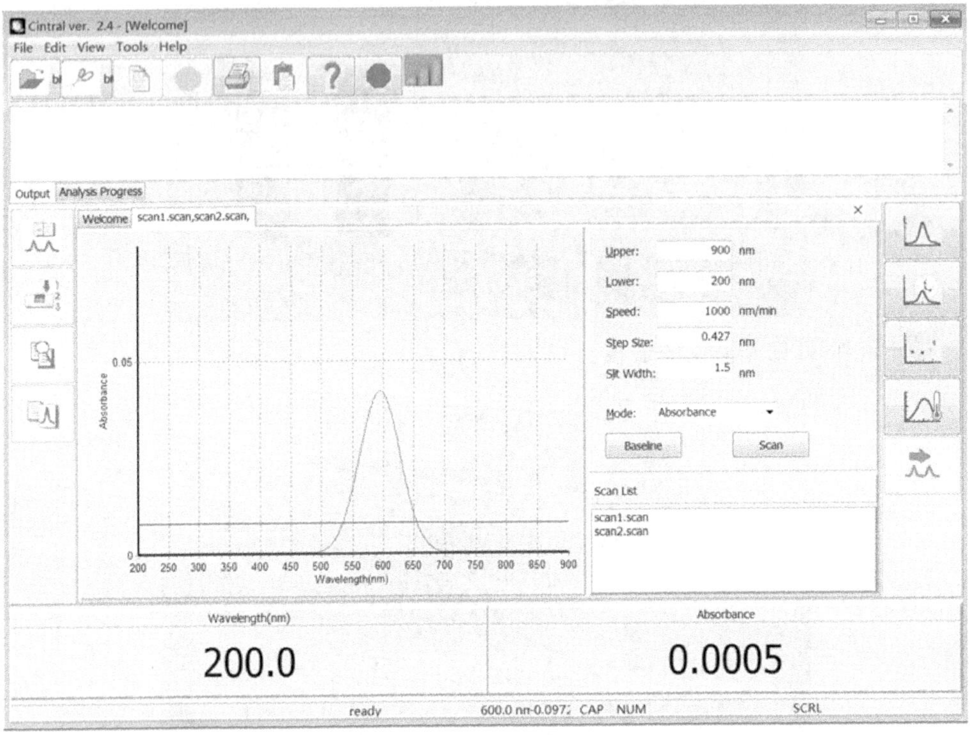

⑩ 在工作站中，单击时间固定波长扫描图标，设置固定波长、间隔时间、循环时间等参数。

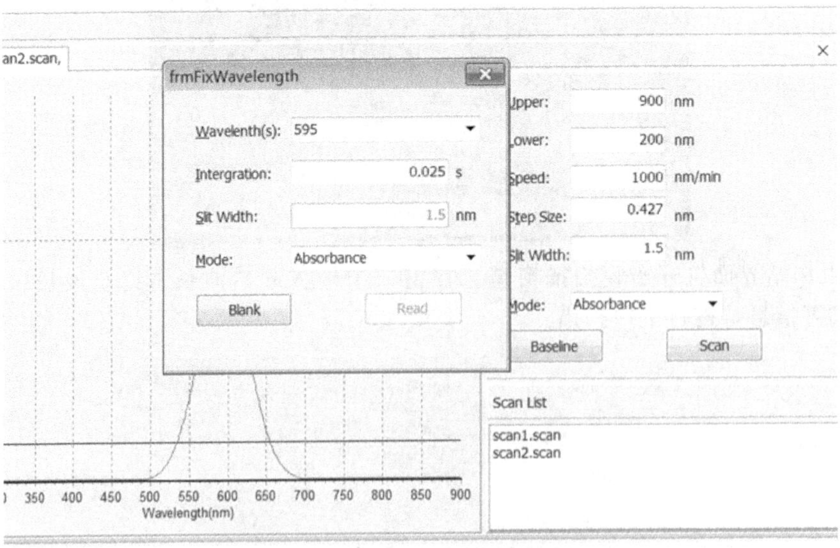

⑪ 取出标样 1，放入空白样品 1，进行空白固定波长扫描，得到吸光度。

⑫ 取出空白样品 1，放入标准样品 1，进行固定波长扫描，得到吸光度。

⑬ 按照同样方法，对标样 2、标样 3、标样 4、标样 5 以及未知样品进行扫描。

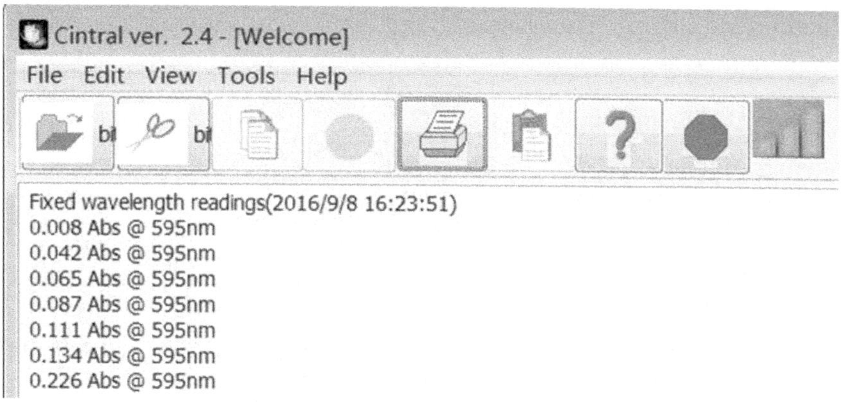

⑭ 打开分析设置窗口，在工作站标样表格中，填上所配制标样的浓度及对应的吸光度值，点击线性拟合，绘制样品浓度与吸光度关系曲线。

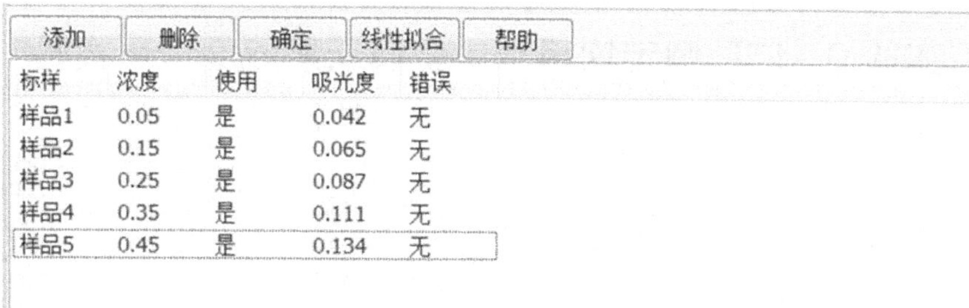

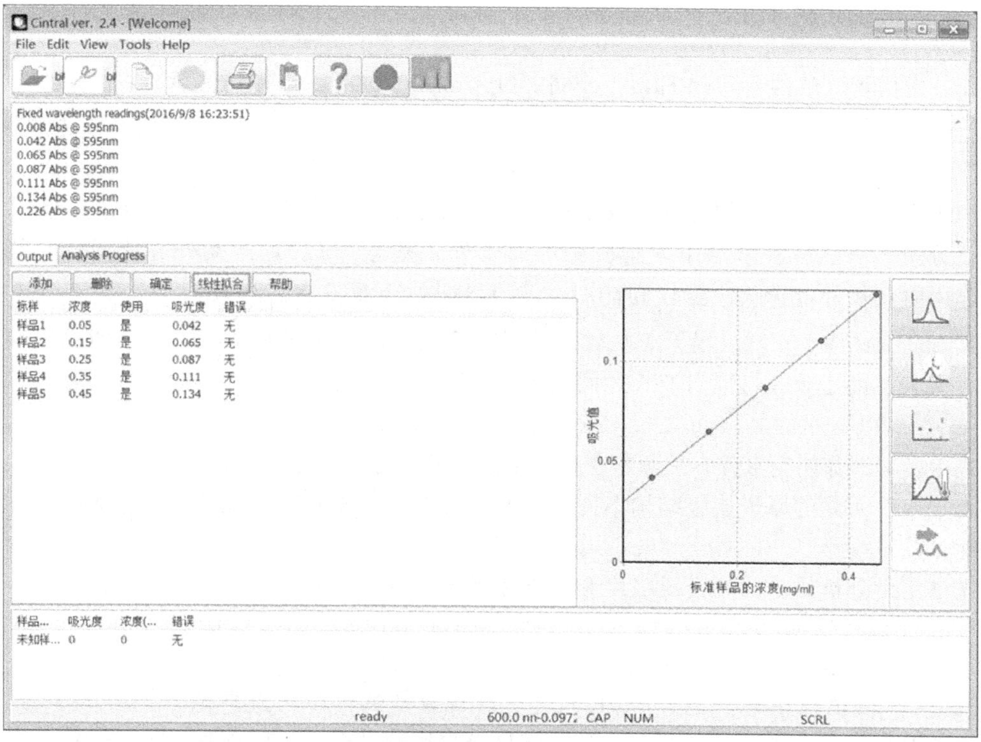

⑮ 填写未知样品吸光度，读取浓度值。

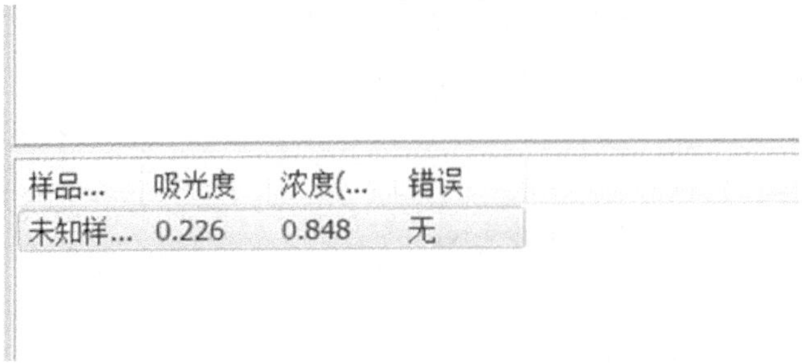

⑯ 实验完成后，关闭工作站软件，关闭紫外-可见光谱仪，关闭电脑主机电源，从校园卡刷卡机上取下校园卡，实验结束。

五、思考题

本实验中配制标准溶液时注意事项有哪些？

实验 9 ICP 测定饮用水中金属元素浓度仿真实验

一、实验目的

（1）学习电感耦合等离子体发射光谱分析的基本原理。
（2）掌握电感耦合等离子体发射光谱仪的结构及操作方法。
（3）掌握使用电感耦合等离子体光谱仪测定水中金属元素含量的方法。

二、实验仪器

ICP 光谱仪（美国 Perkin Elmer 公司，Optima 7000DV）虚拟仿真软件。

三、实验原理

原子发射光谱法是根据处于激发态的待测元素原子回到基态时发射的特征谱线对待测元素进行分析的方法。在室温下，物质中的原子处于基态（E_0），当受外界能量（热能、电能）作用时，核外电子跃迁至较高能级（E_n），即处于激发态。激发态原子是十分不稳定的，其寿命大约为 10^{-8}s。当原子从较高能级跃迁至较低能级或基态时，多余能量以辐射形式释放出来。其能量差与辐射波长之间的关系符合普朗克公式：

$$\Delta E = E_2 - E_1 = hc/\lambda$$

式中，h 为普朗克常数；c 为光在真空中的传播速度；λ 为光的波长。

由于各种元素的原子能级结构不同，因此受激发后只能发射特征谱线，据此可对样品进行定性分析。

光谱定量分析的基础是谱线强度和元素浓度符合罗马金公式：

$$I = Ac^b$$

式中，I 为谱线强度；c 为元素浓度；b 为自吸系数；A 为发射系数，与试样的蒸发、激发和发射的整个过程有关。在经典光源中自吸收比较显著，一般用其对数形式绘制校正曲线；而在等离子体光源中，在很宽的浓度范围内 $b=1$，所以谱线强度与浓度成正比。

四、实验步骤

（1）开机过程

① 开氩气，总流量压力控制在 4.5～5.5MPa，分流量压力控制在 0.6～0.7MPa。

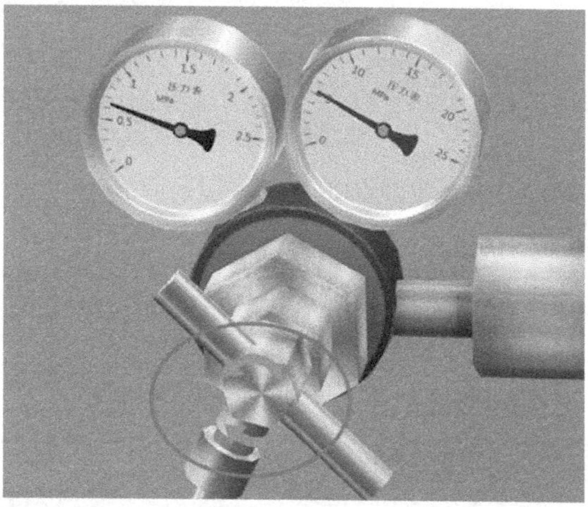

② 打开循环冷却水，检查水温（约 20℃）和水压（约 50psi，1psi=6895Pa）。

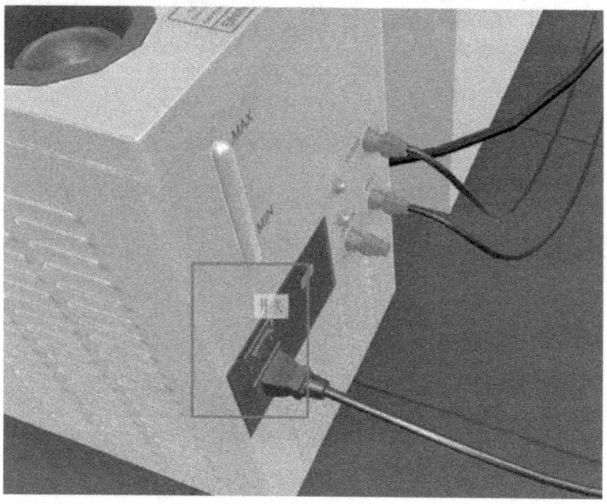

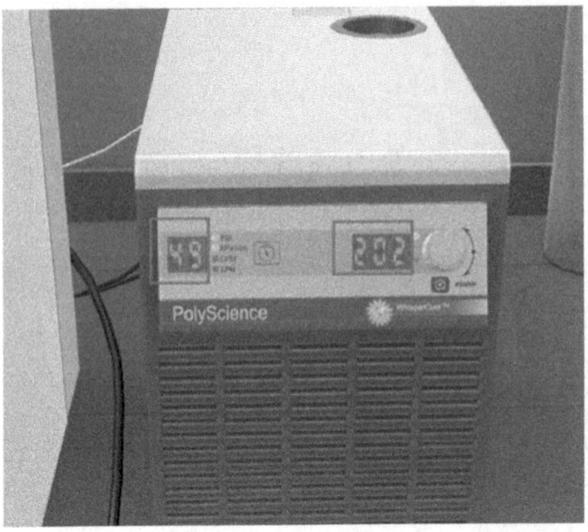

③ 打开空气压缩机，检查油水分离器仪表范围为 80～120psi。

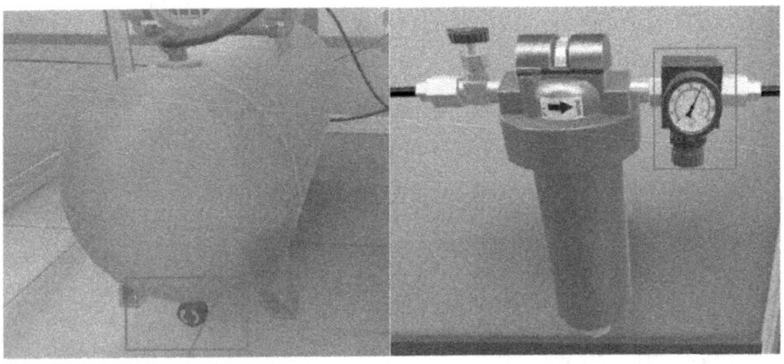

④ 打开仪器开关。

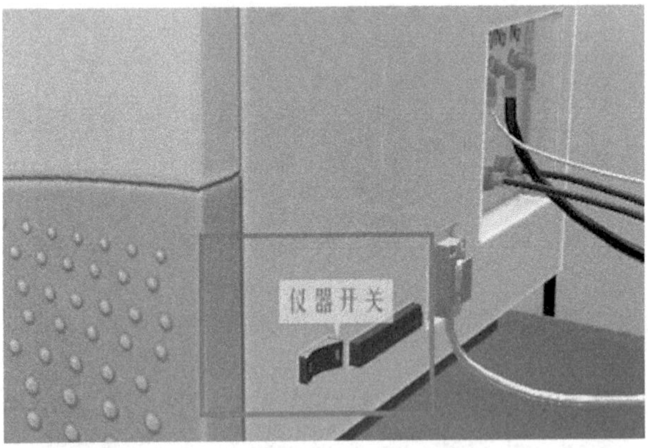

⑤ 打开电脑、工作站。

（2）配样过程

① 配制标样 1。鼠标指向标样 1 样品瓶，右键点击，弹出操作提示“装样”；左键单击，弹出配样窗口，在配样窗口输入移取混标溶液体积、定容体积，点击“装样”命令。

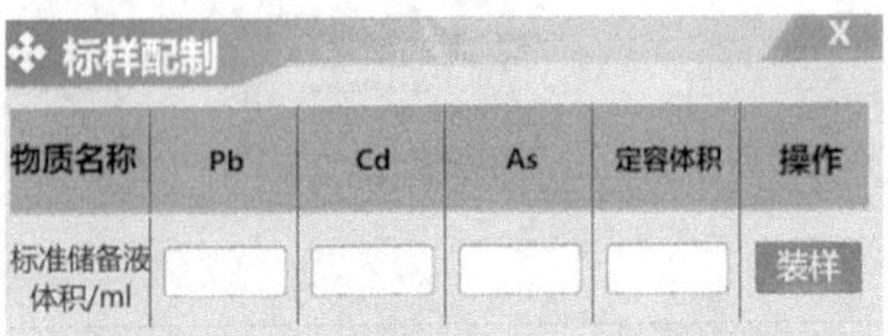
标样配制

物质名称	Pb	Cd	As	定容体积	操作
标准储备液体积/ml					装样

② 配制其他标样 2～5。

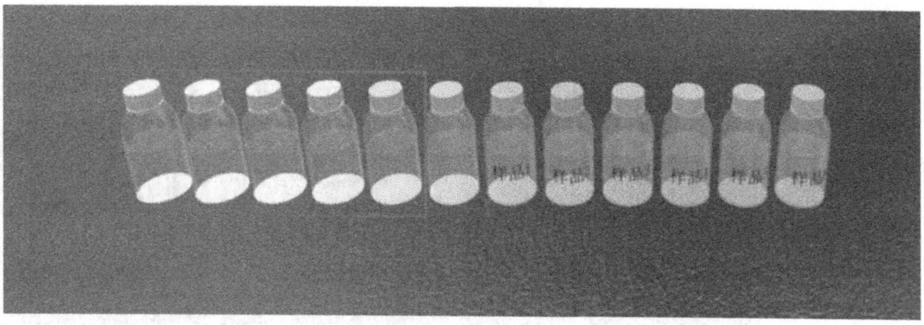

(3) 实验过程

① 固定进样毛细管于蠕动滚轴上。

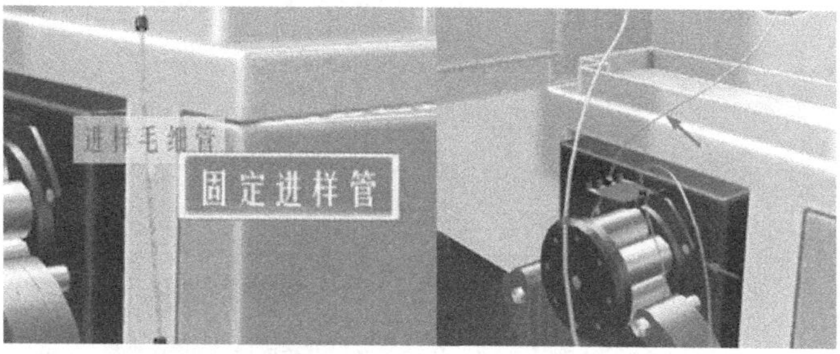

② 固定废液管于蠕动滚轴上。

③ 扣上锁定钳。

④ 点击 Plasma 图标，打开等离子控制窗口。

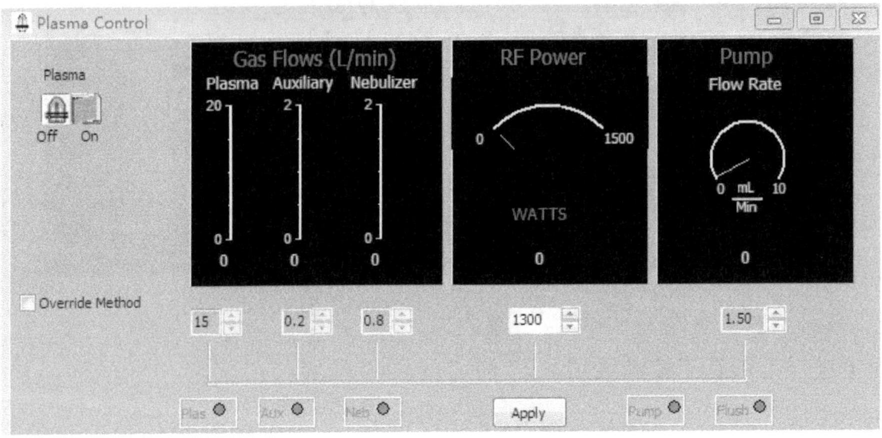

⑤ 将超纯水移至进样处。

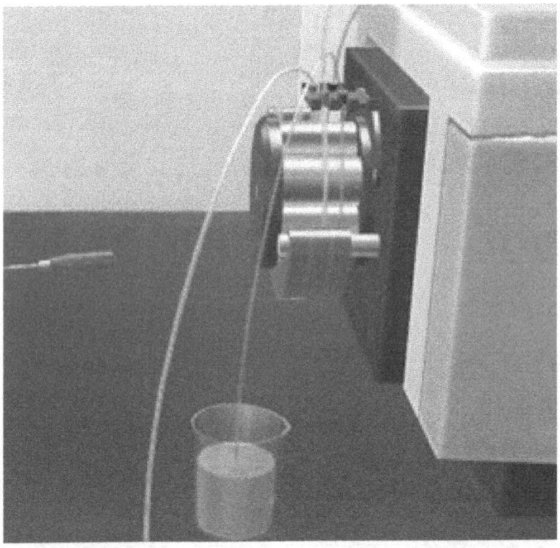

⑥ 点击“Pump”，启动蠕动泵，确定进出样是否正常。

⑦ 点击“Plas”，打开冷却气；点击“Aux”，打开辅助气；点击“Neb”，打开雾化气；检查气体流量（“Plas”约 15L/min，“Aux”约 0.2L/min，“Neb”约 0.80L/min）。

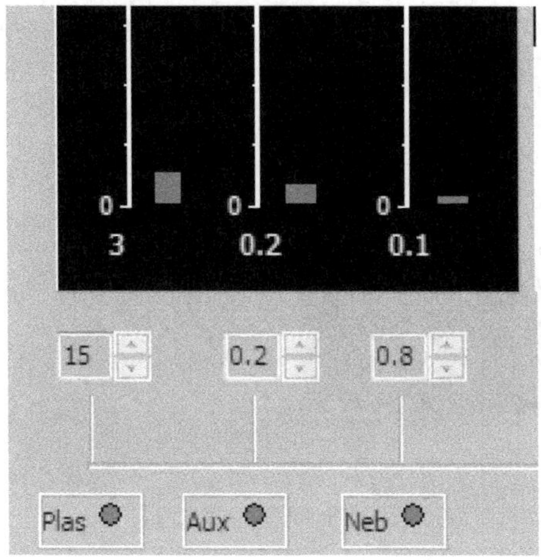

⑧ 点击“On”，点火炬。

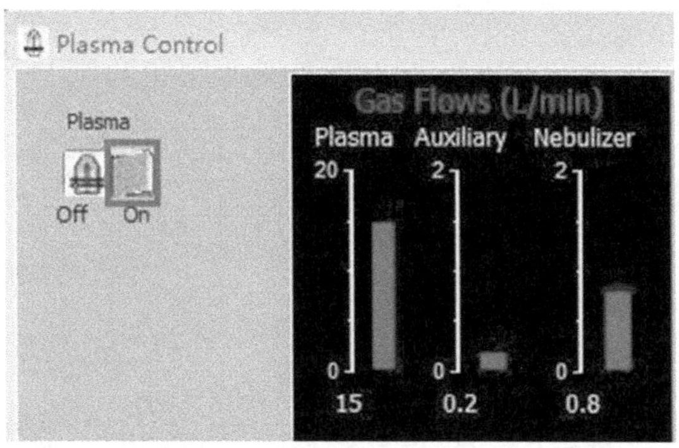

⑨ 点击“Tools”，下拉“Spectrometer Control”，打开光学初始化窗口。

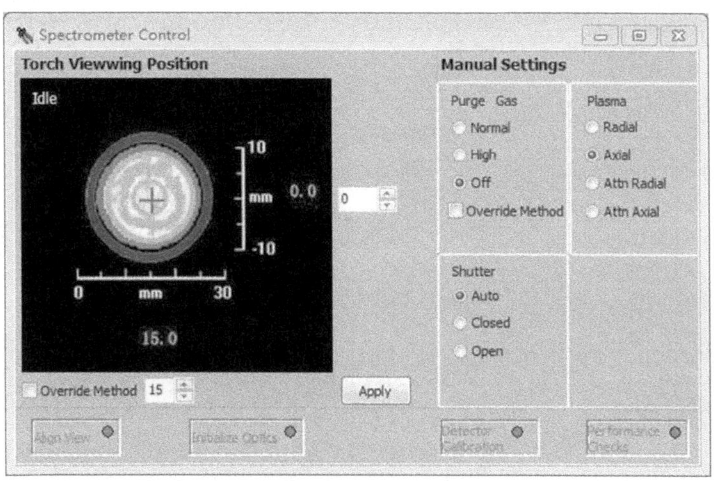

⑩ 点击“Normal”，切换气流模式为正常。

⑪ 点击“Initializing optics”，开始初始化光学系统。

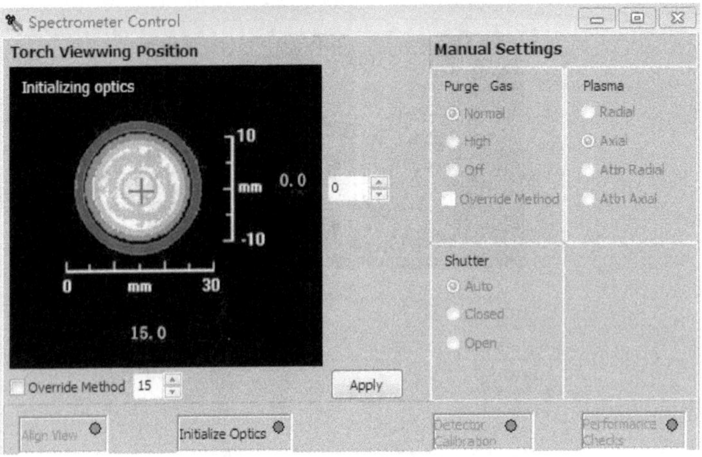

⑫ 点击“Method”，选择相应测试方法。

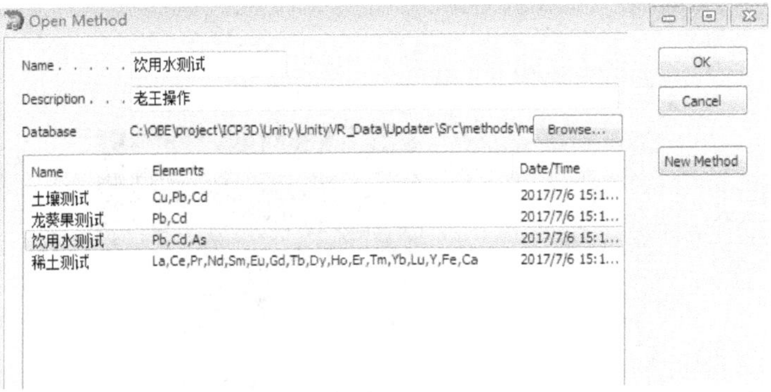

⑬ 点击“Analysis”下拉选择“Enable/Disable Elements”，对需要测试的金属元素打钩选择。

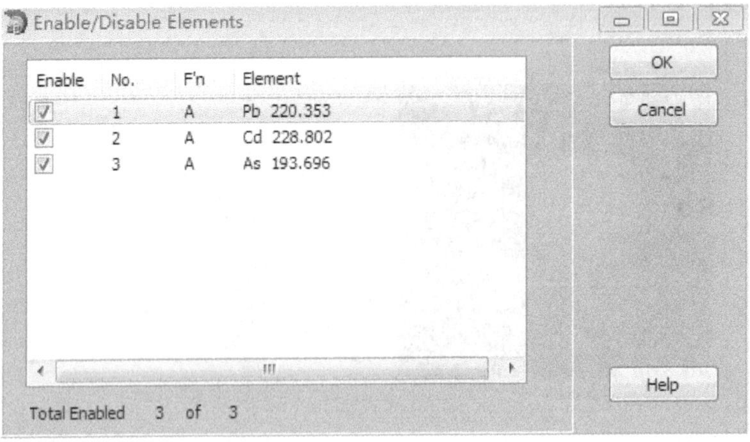

⑭ 点击“Results”，打开结果窗口。

⑮ 点击“Manual”，打开手工分析控制窗口。

⑯ 测试空白样，5%硝酸瓶移至进样位，点击“Analyze Blank”分析空白样信号，上侧进度条显示测试状态与进度百分比，等待进度为100%；分析完毕后，在结果显示窗口查看分析测试结果。

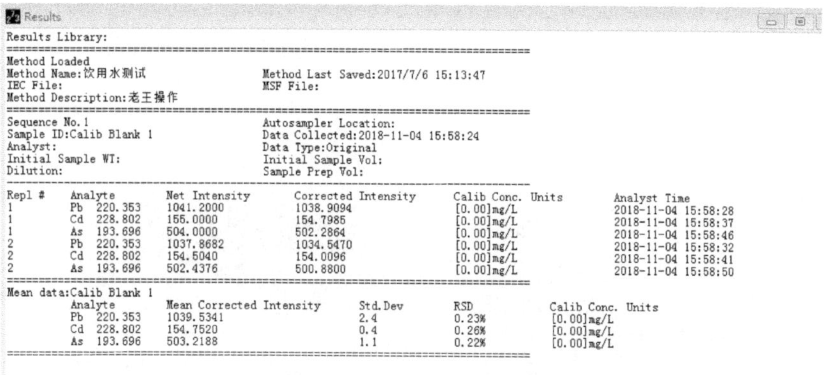

⑰ 测试标准样，标样 1 移至进样位，点击“Analyze Standard”分析信号，查看分析测试结果。

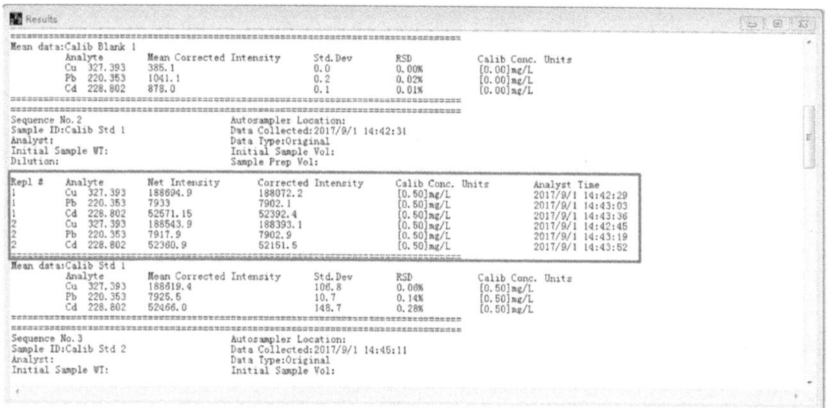

按照上述步骤重复如下。

- 标样 1 瓶归位，进 2 号标准样品瓶，点击“Analyze Standard”分析 2 号标准样品浓度。
- 标样 2 瓶归位，进 3 号标准样品瓶，点击“Analyze Standard”分析 3 号标准样品浓度。
- 标样 3 瓶归位，进 4 号标准样品瓶，点击“Analyze Standard”分析 4 号标准样品浓度。
- 标样 4 瓶归位，进 5 号标准样品瓶，点击“Analyze Standard”分析 5 号标准样品浓度。

测试完毕后，查看标准曲线的校正系数，至少为 99.9%。

⑱ 测试样品，样品 1 移至进样位，点击“Analyze Sample”分析信号，查看分析测试结果。

按照上述步骤重复如下。

- 样品瓶 1 归位，进 2 号未知样品瓶，点击“Analyze Sample”分析 2 号未知样品浓度，查看结果。
- 样品瓶 2 归位，进 3 号未知样品瓶，点击“Analyze Sample”分析 3 号未知样品浓度，查看结果。
- 样品瓶 3 归位，进 4 号未知样品瓶，点击“Analyze Sample”分析 4 号未知样品浓度，查看结果。
- 样品瓶 4 归位，进 5 号未知样品瓶，点击“Analyze Sample”分析 5 号未知样品浓度，查看结果。

（4）实验结束

① 冲洗管路（硝酸+超纯水），5%硝酸瓶移至进样处，点击“flus”冲洗 5min；然后

用超纯水冲洗 3min。

② 熄灭火炬。

③ 关闭各气路按钮。

④ 关闭工作站。

⑤ 松开管路。

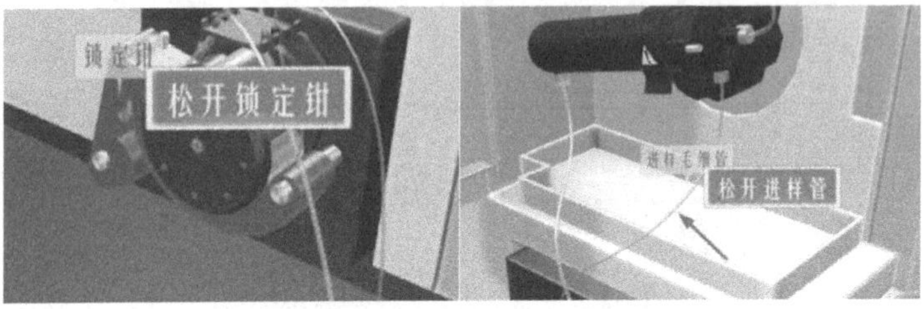

⑥ 关闭仪器主机。

⑦ 关闭仪器。

⑧ 关闭循环冷却水。

⑨ 旋松空气压缩机漏气阀。

五、思考题

（1）ICP 激发光源分为几个部分？各部分的作用是什么？

（2）原子发射光谱法定性分析的依据是什么？定量分析的依据是什么？

（3）如何选择最佳实验条件？实验时若条件发生变化，对测定结果有何影响？

实验 10　原子荧光光谱仪仿真实验

一、实验目的

（1）了解原子荧光光谱仪的基本结构及使用方法。

（2）掌握原子荧光光谱仪分析测量条件的选择方法和测量条件的相互关系及影响。

（3）掌握原子荧光光谱仪分析、测定水样中总砷含量的方法。

二、实验仪器

原子荧光光谱仪仿真软件（吉天 AFS-8220）。

三、实验原理

原子荧光光谱（atomic fluorescence spectroscopy，AFS）是一种痕量分析技术，是原子光谱法中的一个重要分支，也是介于原子发射光谱和原子吸收光谱之间的光谱分析技术。

它的基本原理是气态自由原子吸收特征波长辐射后，原子的外层电子从基态或低能级跃迁到高能级，经过约 10^{-8}s，又跃迁至基态或低能级；同时，发射出与原激发波长相同或不同的辐射，称为原子荧光。原子荧光光谱法是通过测量待测元素的原子蒸气在辐射能激发下产生的荧光发射强度，来确定待测元素含量的方法。在一定工作条件下，荧光强度 I_F 与被测元素的浓度 c 成正比，其关系如下：$I_F=Kc$（K 为常数）。

原子荧光光谱仪利用惰性气体氩气作为载气，将气态氢化物和过量氢气与载气混合后，导入加热的原子化装置，氢气和氩气在特制火焰装置中燃烧加热，氢化物受热以后迅速分解，被测元素离解为基态原子蒸气。该方法产生的基态原子数量比单纯加热砷、锑、铋、锡、硒、碲、铅、锗等元素生成的基态原子高几个数量级。

原子荧光光谱仪主要由激发光源、原子化系统、光学系统、气路系统、检测器、信号处理、数据处理和计算机控制系统等组成。

四、实验步骤

(1) 实验准备

① 打开元素灯室门。

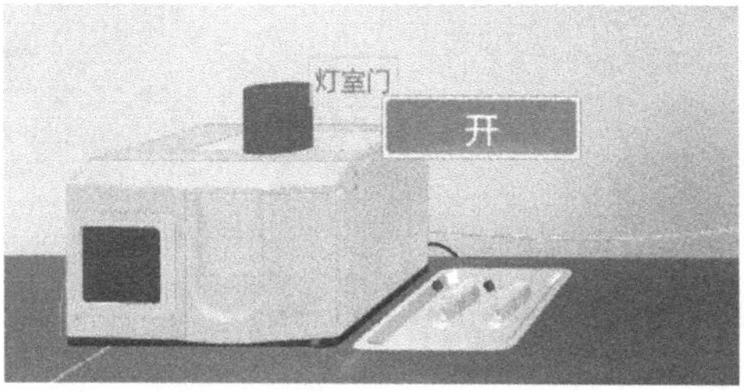

② 打开“LAMP A”和“LAMP B”的固定门。

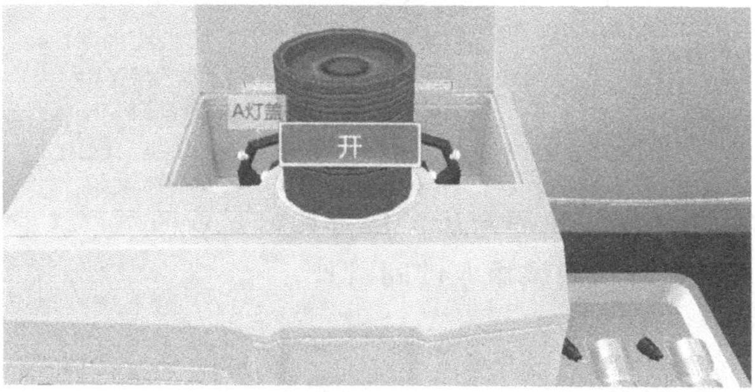

③ 把两个元素灯安装在灯室内，关闭相应的灯盖和灯室门，然后关闭元素灯室门（注意：打开电源以后，不要再打开灯室门，以免误伤眼睛）。

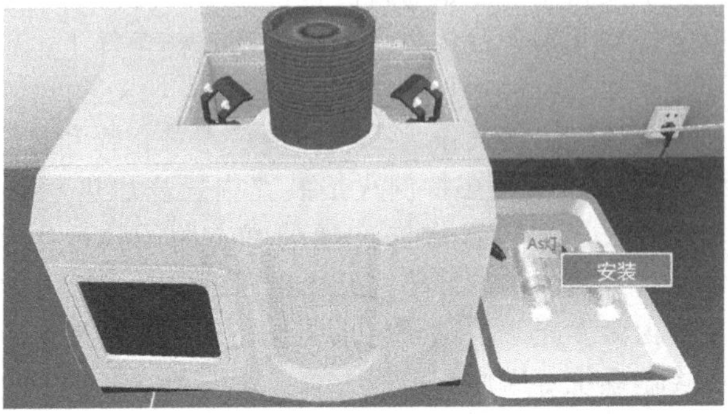

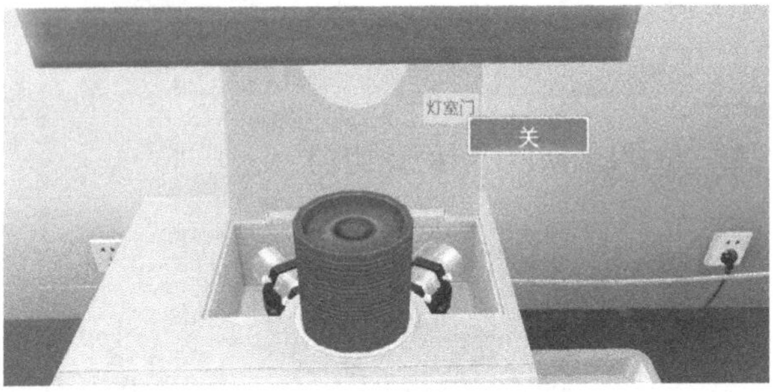

④ 打开蠕动泵门，然后把压块固定上，保持泵门开着即可（注意：若关上门，则后面需要重新打开，手动进样过程中要留意泵的间歇）。

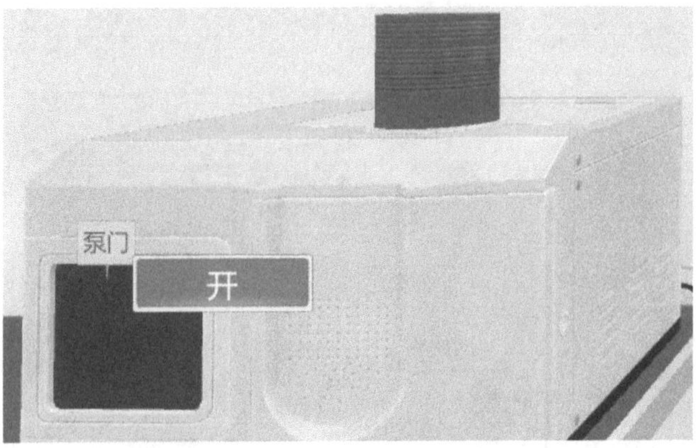

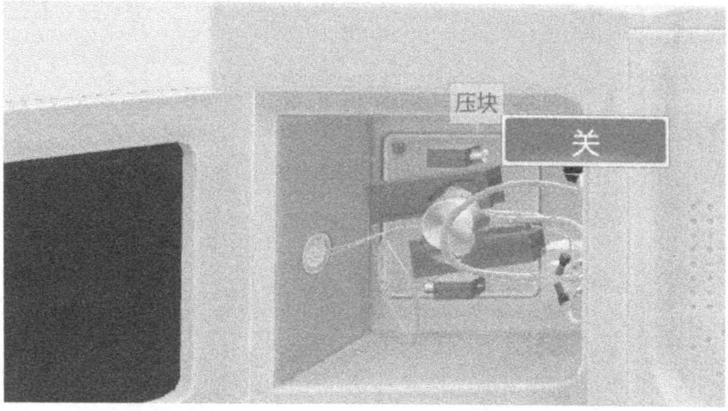

⑤ 依次配制标准空白、标准样品 1～5、样品空白、管理样 1 和管理样 2。其中，缓冲液可以空着，也可以输入；缓冲液不作为检测项，主要是为了雾化和原子化的时候更加充分（注意：管理样的浓度尽量和目标待测样品一致，这样测出的结果会更准确，具体待测物质的大致含量范围由实际情况决定）。

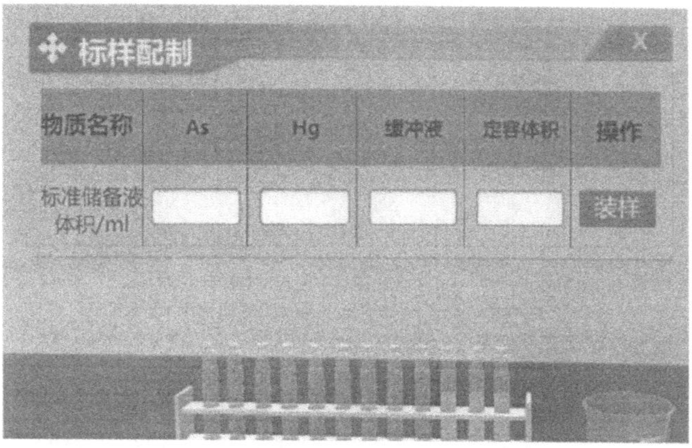

（2）打开载气

打开氩气总阀和分压阀，分压阀的流量调节压力在 0.3MPa 左右。

（3）打开相关设备

打开电脑，打开仪器电源，打开工作站。

（4）参数设置

① 点击运行⟶自检测；点击检测；待检测完成，点击返回（注意：若没有开启电源，则检测完毕后，工作站自动关闭；若没有开启氩气，则检测不到载气流量）。

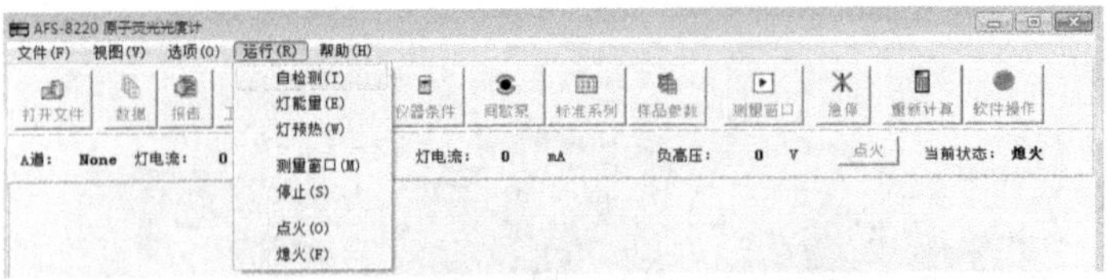

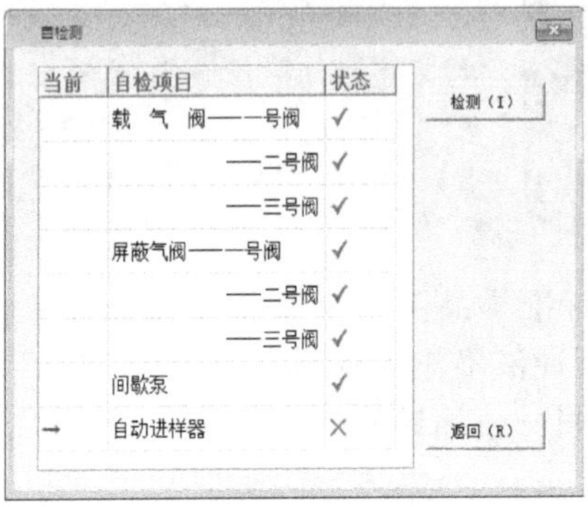

② 在工作站中，点击“元素表”快捷键，进入元素表设置；在自动识别条件下，可以点击“重测”，进行元素的自动识别，也可以手动选择（注意：进样方式一定要选择手动进样，否则元素表设置视为不成功）。

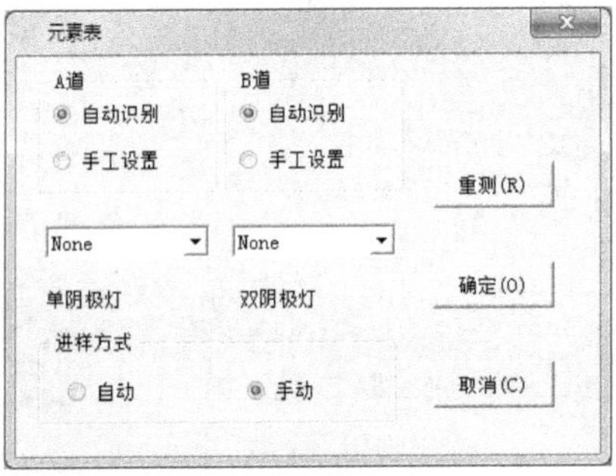

③ 点击“仪器条件”快捷键，参数设置如下所示。该部分参数尽量不要改动，厂家一般在安装的时候会调试到最佳状态。若结果不理想，可适当改变负高压的值，原子化器高度和屏蔽气流量切记勿动。

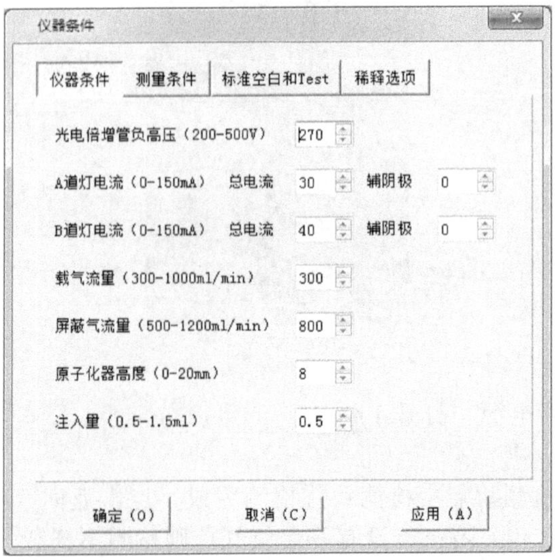

④ 点击“点火”按钮。

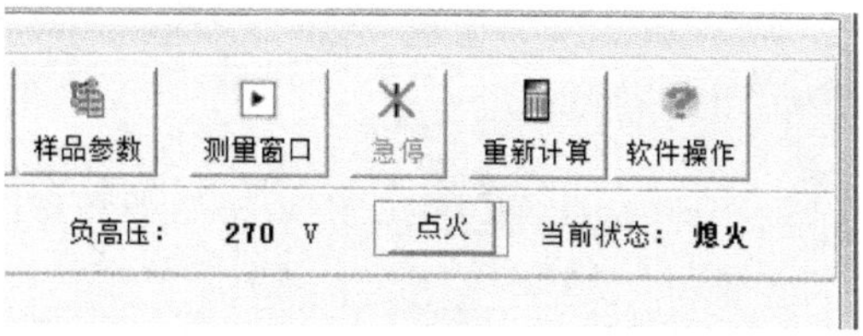

⑤ 点击“测量窗口”按钮，点击“预热”按钮，开始预热状态，一般预热 5～20min；预热完成后，返回即可。

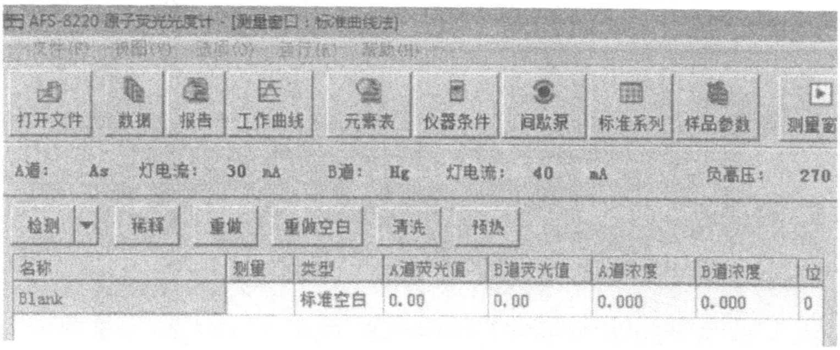

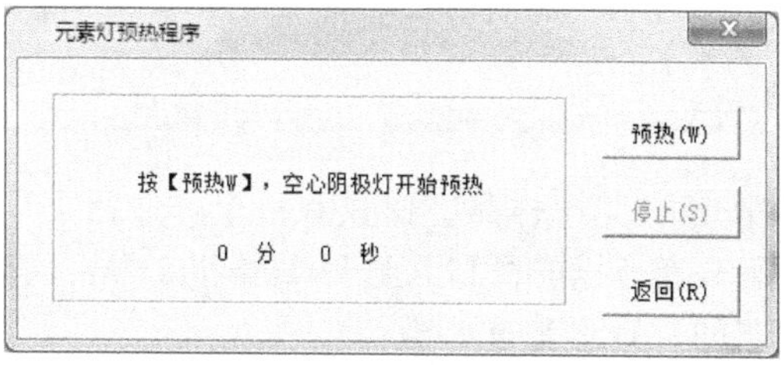

⑥ 点击“间歇泵”按钮，编辑间歇泵中的相关信息，其中提示信息可不输入，可通过观察泵的转速来自行判断，只要保证初始清洗时间和读数时间充裕即可。

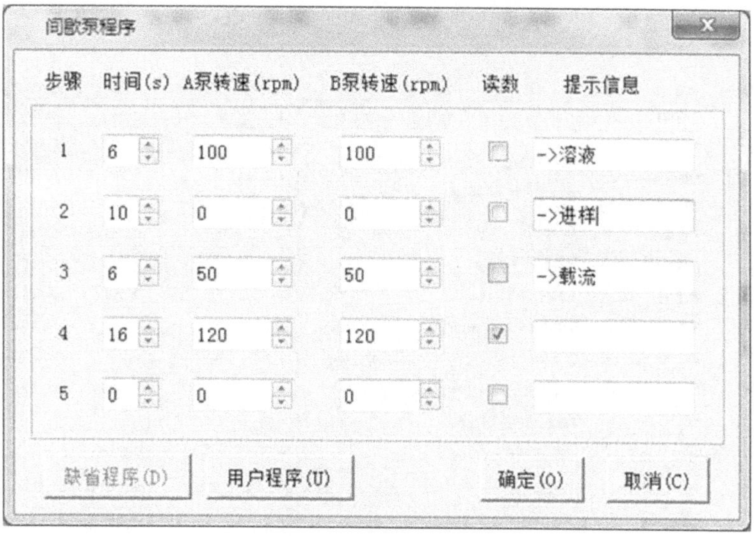

⑦ 点击“标准系列”快捷键。在弹出窗口中，输入标准系列浓度，输入的浓度要和配样浓度一致。

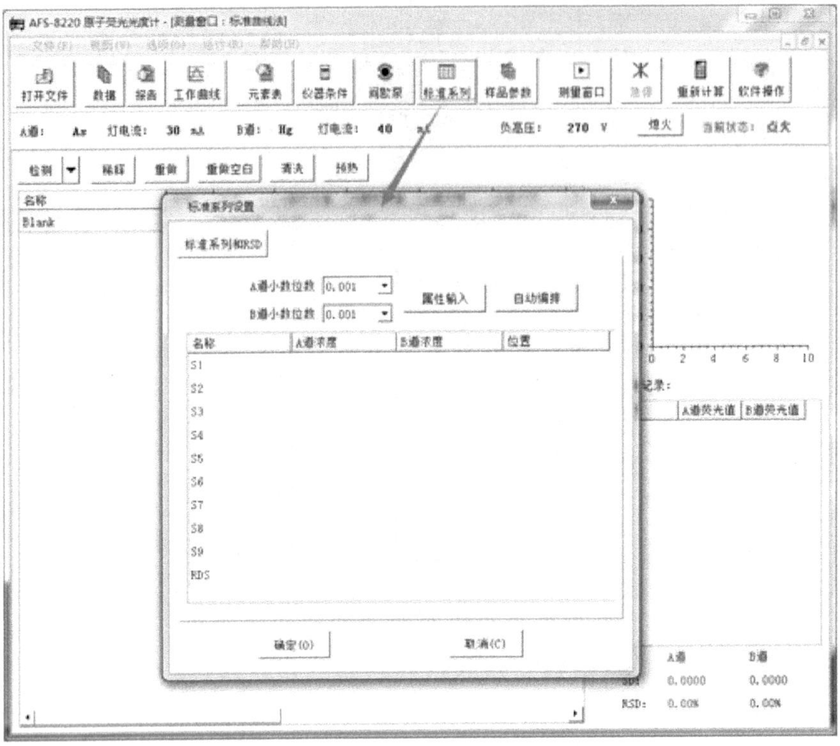

⑧ 点击“样品参数”按钮，其中样品空白只有一个，选择 1 号即可。

⑨ 点击“管理样”，弹出管理样的窗口，选择 1 号和 2 号，同时点击属性修改，修改管理样的浓度，要确保与配制的管理样浓度一致。

管理样仅在浓度上做偏差调整，对结果的影响很大；若无必要，一般不选择管理样。因为管理样一般为标样或者已知样品配制而成的，与待测样品之间可能存在理化差异。本实验主要介绍完整的实验流程，操作实际仪器时可根据需求而定。

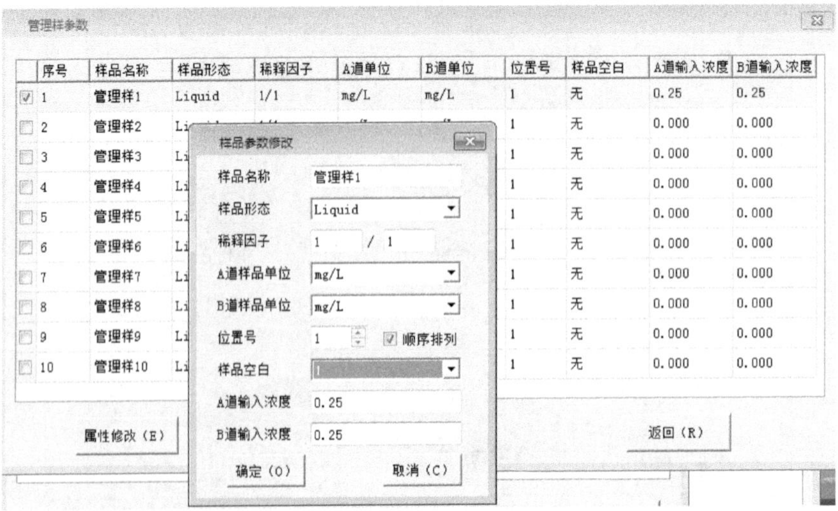

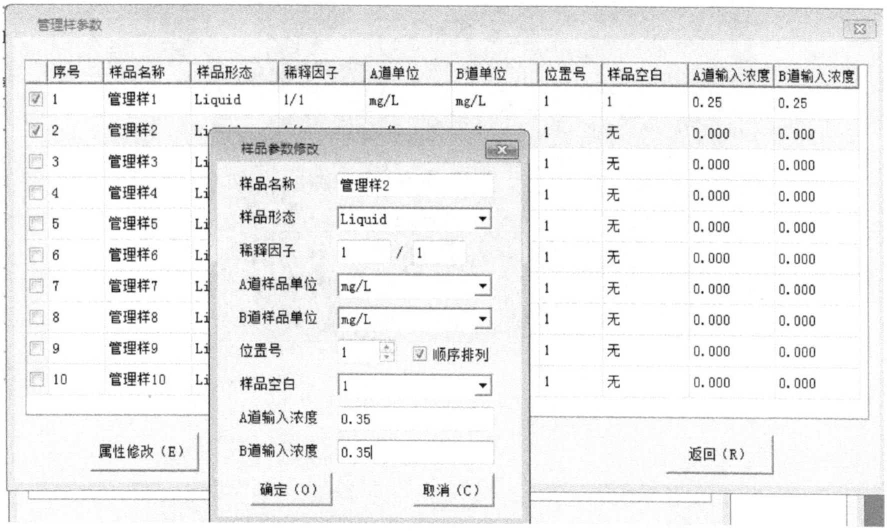

⑩ 点击“添加样品”，添加 3 个未知样品。

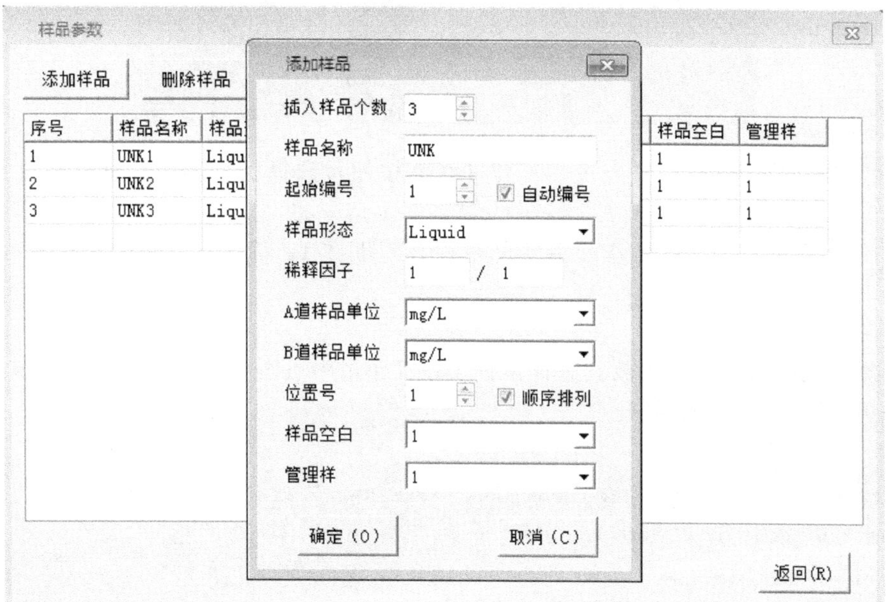

（5）测试和曲线绘制

① 依次把载流液和还原剂放到进样位置，在工作站中点击“检测”，开始检测；当间歇泵中间停止时，把载流液放回，用标准空白进样。按照此方式，依次进样标准样品 1～5。

注意：在检测过程中，要在工作站中选中检测样品对应的参数行，否则会产生错误的数据；每次只要把样品放到进样口即视为该步骤完成，可以选择检测，也可以选择不检测；若不检测，在工作曲线拟合的时候会少一个数据点；若放错了样品进行检测，工作曲线的偏离度会很大。

② 标准样品检测完毕后，点击“工作曲线”按钮，选择所检测的标准样品进行曲线绘制，选择二次拟合。

③ 曲线拟合完成以后，依次检测样品空白、管理样 1、管理样 2、未知样 1、未知样 2 和未知样 3 即可。

（6）清洗管路

待检测完成以后，把清水放到进样位置，在工作站中点击“清洗”按钮，开始清洗，在清洗过程中，请勿点击停止按钮。

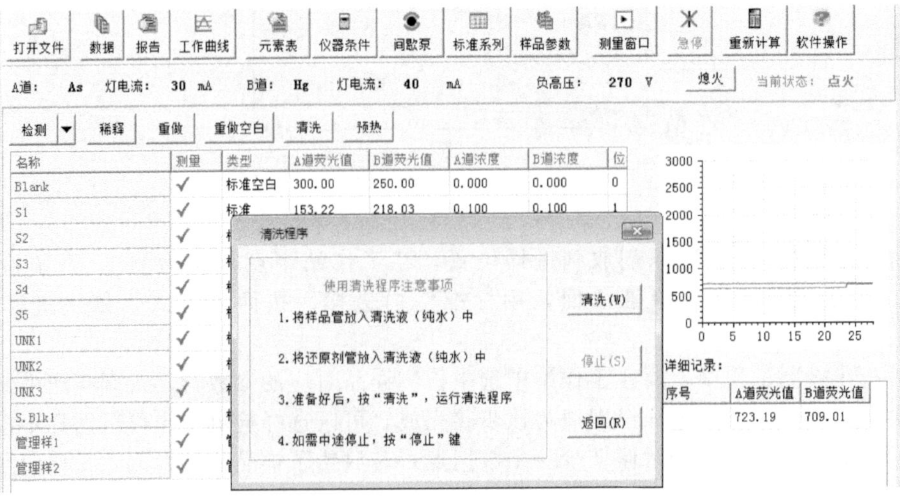

（7）关机

① 关闭工作站。

② 关闭电脑电源。

③ 关闭仪器电源。

④ 关闭氩气总阀、分压阀。

⑤ 把元素灯放回原位。

⑥ 将盛放清水的烧杯放回原处，移除样品。

五、思考题

（1）简述原子荧光光谱法的工作原理。

（2）简述影响原子荧光光谱测定的主要因素。

实验 11　原子吸收光谱法分析茶叶中 Pb 含量仿真实验

一、实验目的

（1）熟悉和掌握采用原子吸收光谱法进行定量分析的方法。

（2）掌握原子吸收分光光度计的基本结构、工作原理及其使用方法。

（3）学习食品试样的处理方法。

二、实验仪器

TAS-990 型原子吸收分光光度计虚拟仿真软件。

三、实验原理

（1）方法原理

原子吸收光谱法（AAS）是一种根据基态原子对特征波长光的吸收，测定试样中元素含量的分析方法。

由光源发出待测元素的特征波长光，待测元素被原子化后对特征波长光产生吸收，通过测定此吸收的大小，即可计算出待测元素的含量。在一定浓度范围内，吸光度与试液中被测元素的含量成正比，其定量关系可用朗伯-比尔定律表示：

$$A=KLc$$

式中，A 为吸光度；K 为比例常数；L 为光通过原子化器的光程；c 为试样中被测元素的浓度。

原子吸收光谱法是测量试样中金属元素含量的首选方法，广泛应用于环保、医药卫生、冶金、地质、食品、石油化工等领域的微量和痕量元素分析。

原子吸收光谱法的特点如下：

① 适用范围广，目前可以测定七十余种元素。

② 选择性好，抗干扰能力强。

③ 灵敏度高，火焰法灵敏度为微克每毫升（μg/mL），石墨炉法灵敏度为纳克每毫升（ng/mL）。

④ 分析速度快，化学处理和测定操作简便，易于掌握。

（2）仪器构造

原子吸收分光光度计结构如下图所示。

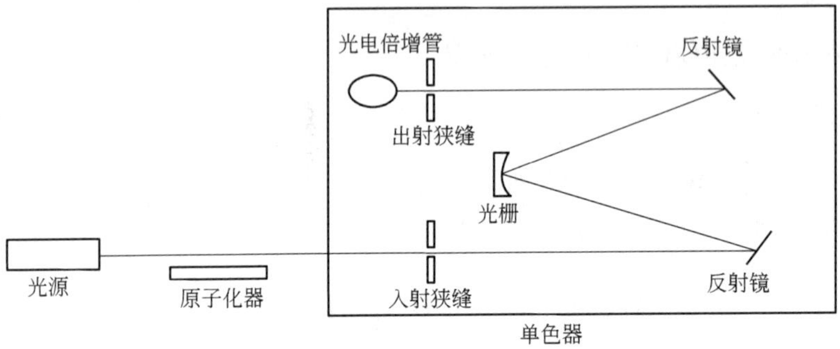

由光源发出的光，通过原子化器产生的被测元素的基态原子层，经单色器分光进入检测器，检测器将光强度变化转变为电信号变化，并经信号处理系统计算出测量结果。

① 光源

作用：提供待测元素的特征波长光。

要求：光强应足够大，有良好的稳定性，使用寿命长。空心阴极灯是符合上述要求的理想光源，应用最广。

若阴极物质只含一种元素则为单元素灯；若阴极物质含有多种元素则为多元素灯，但多元素灯的发光强度一般都低于单元素灯。所以，在通常情况下一般使用单元素灯，测量不同元素则应使用对应的元素灯。

② 原子化器

作用：将待测试样转变成基态原子（原子蒸气）。

要求：具有足够高的原子化效率；具有良好的稳定性和重现性；操作简单。

常见的原子化器：火焰原子化器和非火焰原子化器。

• 火焰原子化器　火焰原子化器由雾化器、雾化室和燃烧器构成，是利用火焰使试样中的元素变成原子蒸气的装置。

液体试样经喷雾器形成雾粒，这些雾粒在雾化室中与气体（燃气与助燃气）均匀混合，除去大液滴后，再进入燃烧器形成火焰。此时，试液在火焰中产生原子蒸气。

喷雾器是火焰原子化器中最重要的部件，它的作用是将试液变成细雾，雾粒越细、数量越多，在火焰中产生的基态自由原子也就越多，仪器的灵敏度则越高。雾化器的雾化效率在10%左右。

• 非火焰原子化器　非火焰原子化器常用的是石墨炉原子化器，它由炉体、石墨管和电源三部分构成。石墨炉原子化的过程是将试样注入石墨管中间位置，利用大电流通过石墨管时产生的高温使试样干燥、灰化和原子化的过程。

四、实验步骤

（1）配制标样

① 点击主界面菜单栏中的样品配制标签，弹出样品配制窗口；在样品配制窗口中输入标准储备液的体积和定容体积，配制不同浓度的标准样品（具体配制的标样浓度以教师教

案为准)。

② 标样1的制备：在标样1一栏中输入铅标准储备液的体积1，定容体积100，列表自动计算出标样中铅离子的浓度并显示在表中；点击“装样”命令后，实验台上编号为标样1的容量瓶中装入标样；点击“清空”命令可取消该标样的配制，桌面上1号容量瓶中的标样以及列表中的数据都被清空。

标样的制备

编号	铅标准储备液体积/mL	定容体积/mL	铅离子浓度/mg/L	操作	
1	1	100	1.000	装样	清空
2	0	0		装样	清空
3	0	0		装样	清空
4	0	0		装样	清空
5				装样	清空
6				装样	清空

③ 同样的方法配制其余标样（标样的浓度及标样个数根据实际情况灵活选择）。

注意：标准储备液中铅离子的浓度为100mg/L；待测未知样中铅含量约为2.2mg/L。

(2) 安装元素灯

① 鼠标指向火焰原子吸收分光光度计元素灯室的门，指针变为手形，右键单击，选择“打开”，打开元素灯室的门。

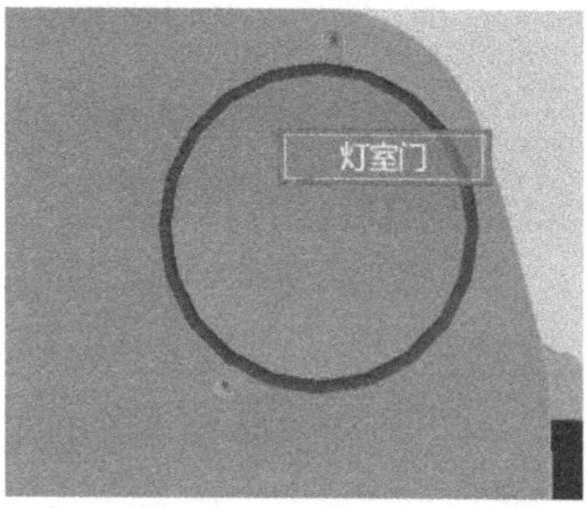

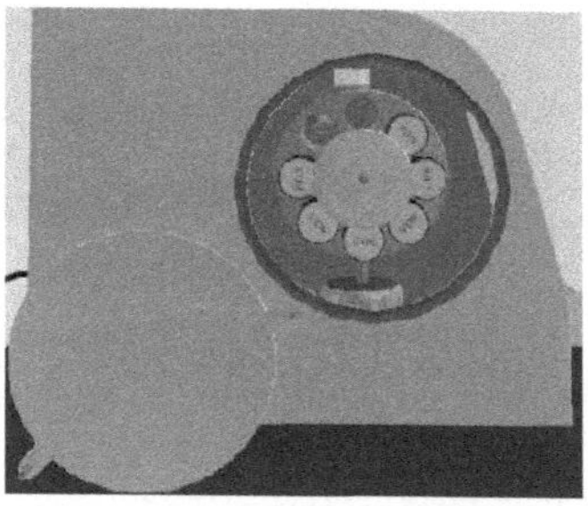

② 鼠标指向元素灯室内的固定板，指针变为手形，右键单击，选择“卸下”，固定板被卸下。

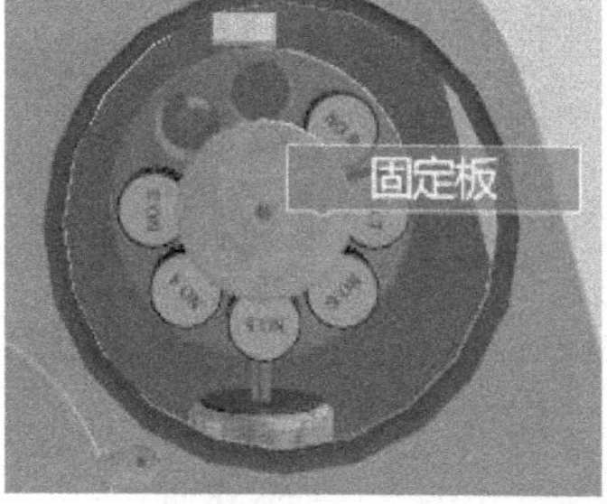

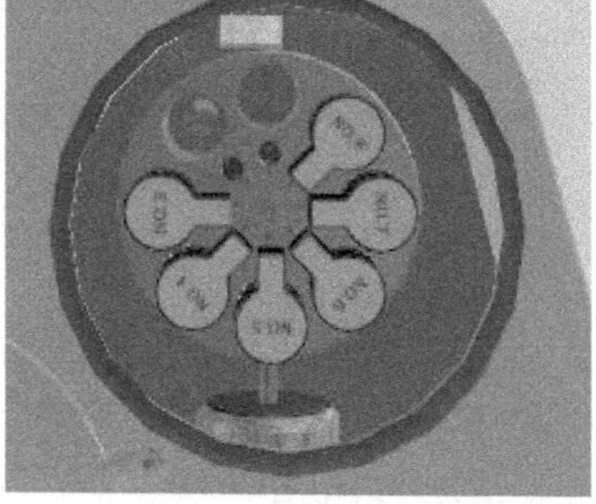

③ 鼠标指向桌面上放置的元素灯盒，指针变为手形，右键单击，选择“安装元素灯”命令，单击该命令后，元素灯盒被移至桌面前，盒盖打开。

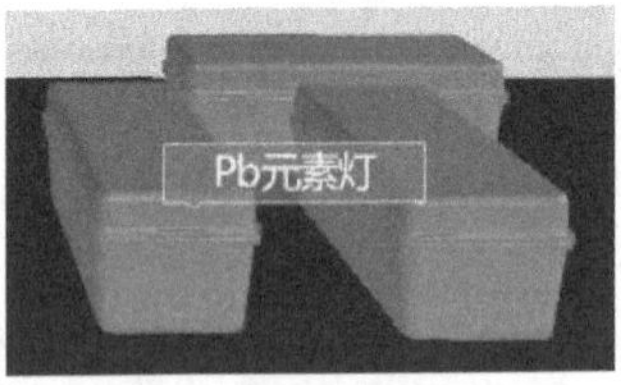

④ 右键单击放置在桌面前端的元素灯盒，弹出“1 号灯位、2 号灯位”的命令，选择相应的灯位将元素灯安装到对应位置。例如，选择 1 号灯，则将元素灯安装到灯室内的 1 号位置。

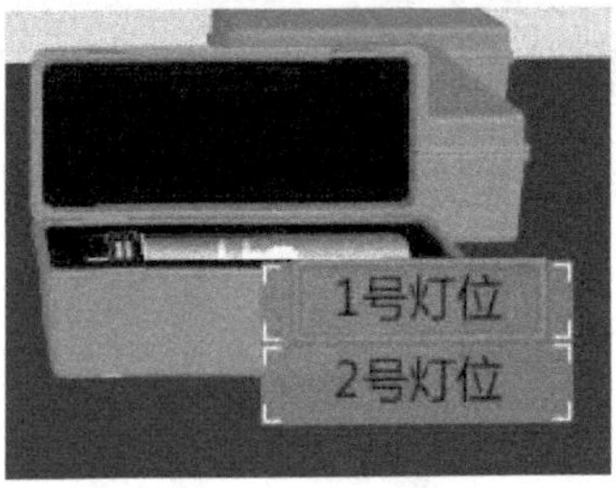

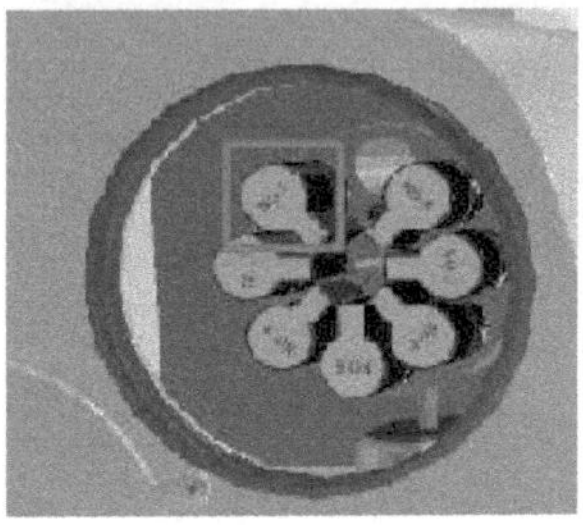

⑤ 安装完元素灯后，装上固定板，关闭灯室门。

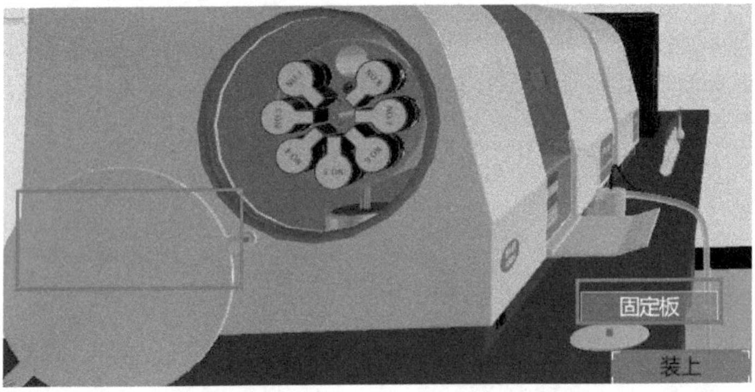

（3） 开机

① 左键单击电脑主机电源，打开电脑。

② 鼠标指向火焰原子吸收分光光度计主机电源，指针变为手形，左键单击“打开仪器电源”，仪器开机，指示灯变亮。

③ 鼠标双击电脑桌面上的工作站图标，打开工作站。

④ 在工作站联机窗口中选择“联机”命令，单击确定，开始联机。

⑤ 在元素选择窗口中选择工作灯和预热灯，例如选择工作灯为 Pb，预热灯为 Cu，设定完成后，单击“下一步”，进入下一窗口。

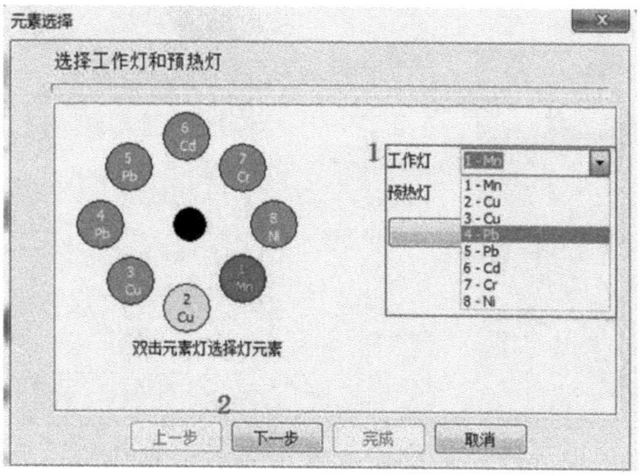

⑥ 在参数设置窗口中，填入工作灯电流、光谱带宽、燃气流量等参数。例如，测量 Pb 时可填入工作电流为 2.0mA，光谱带宽选择 0.4nm，燃气流量为 1500mL/min，燃烧器高度为 5.0mm；设置完参数后，单击下一步，进入下一界面。

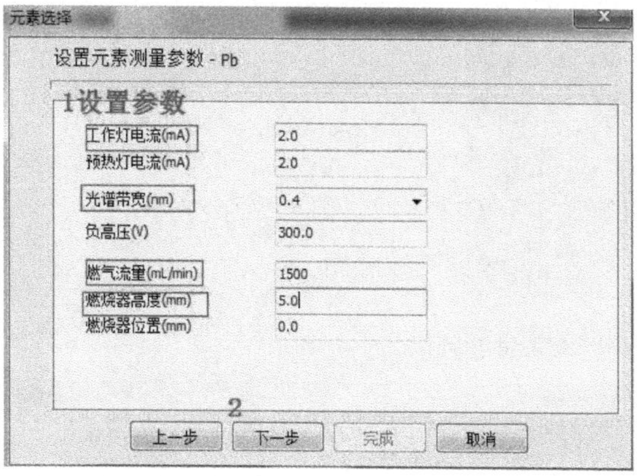

⑦ 单击寻峰命令，弹出寻峰窗口。

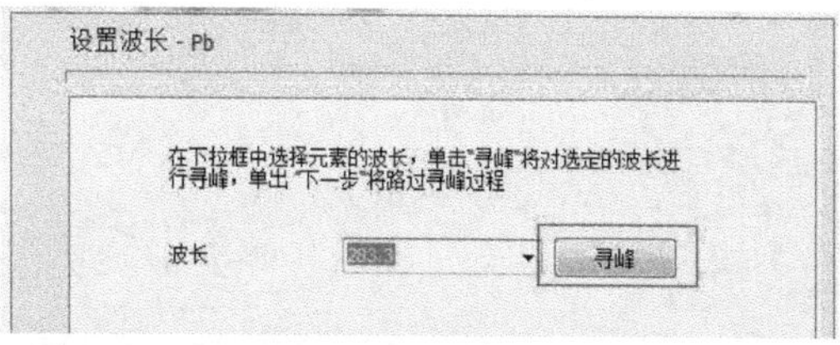

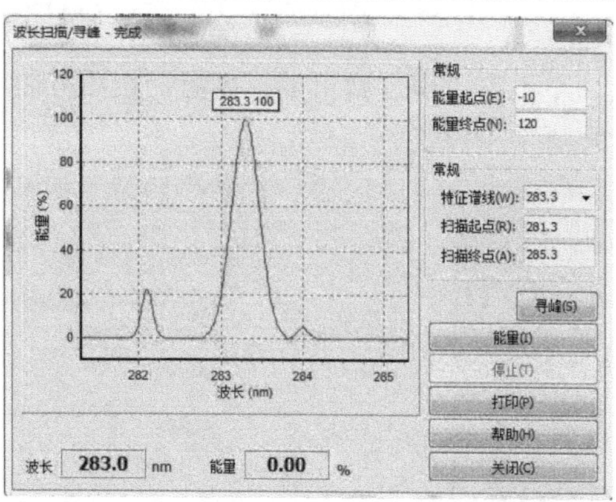

寻峰完成后，关闭寻峰窗口，单击下一步，完成设置，进入工作站界面。

⑧ 单击工作站菜单栏中的样品命令，弹出样品设置向导。

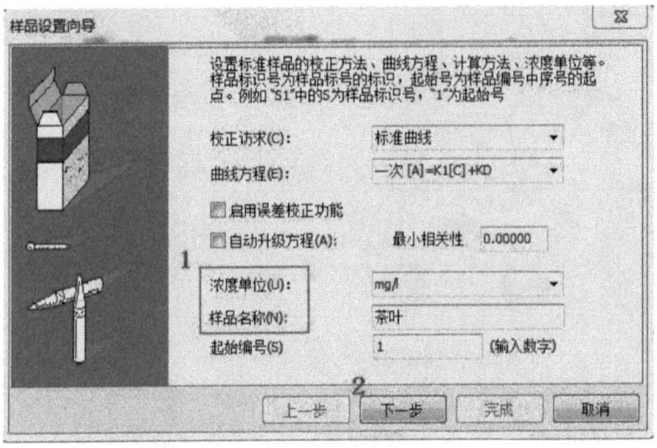

选择浓度单位 mg/L，填入样品名称、起始编号后，单击下一步，进入下一界面，在该界面中填入标准样品的浓度，单击下一步。

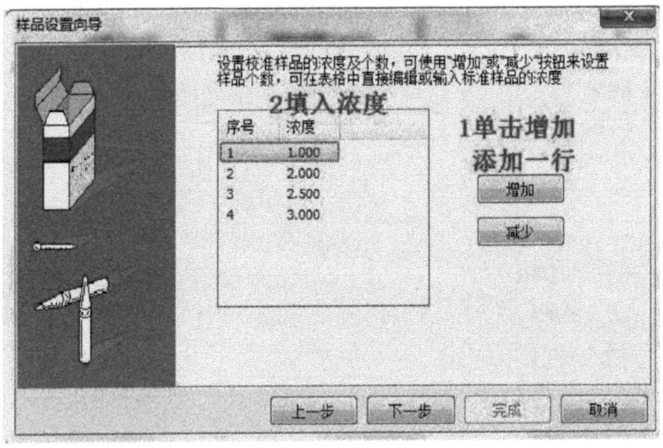

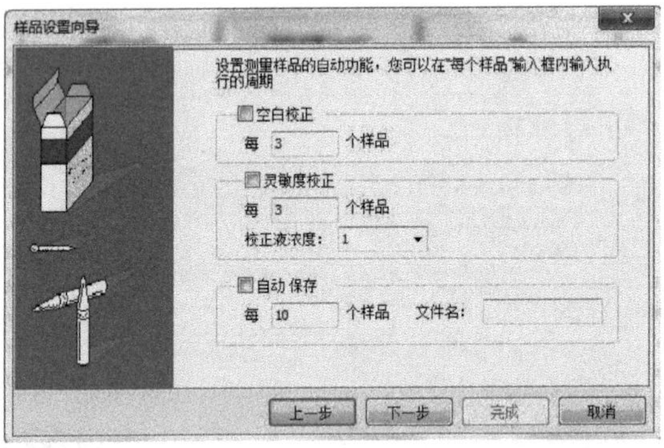

此时，可不做出更改，单击下一步，弹出下一界面；在该界面中填入样品数量、样品名称等参数后，单击完成，完成样品设置。

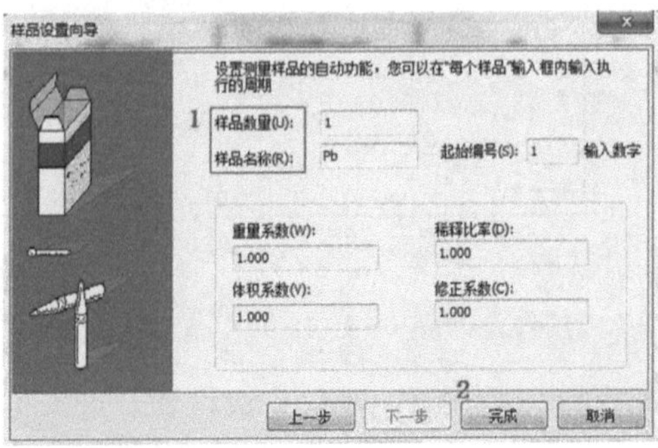

（4）打开气体

① 鼠标指向空压机电源开关，鼠标指针变为手形，左键单击打开空压机电源；鼠标指向空压机输出压力调节阀，鼠标指针变为手形，左键单击，弹出压力调节窗口，点击窗口中的“+”“-”按钮进行压力调节，控制空压机输出压力为 0.2～0.25MPa。

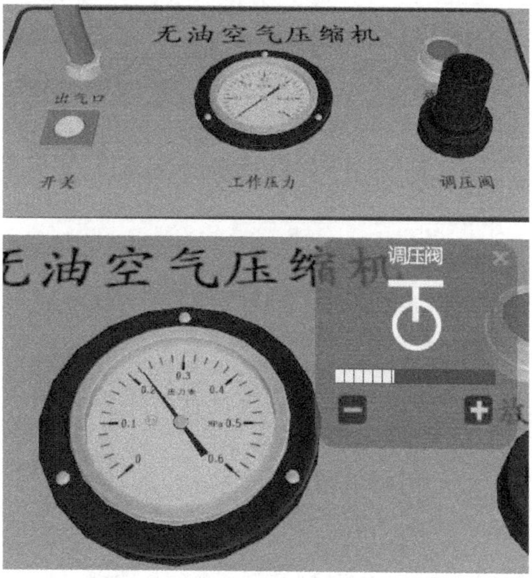

② 鼠标指向乙炔管路总压阀，鼠标指针变为手形，左键单击，弹出压力调节窗口；单击窗口中的“+”“-”按钮对总压阀的开度进行调节。

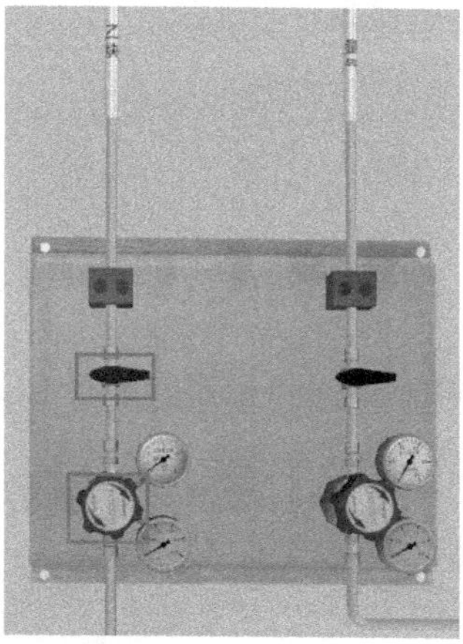

③ 鼠标指向乙炔管路分压阀，鼠标指针变为手形，左键单击，弹出压力调节窗口，控制乙炔气出口压力为 0.06MPa 左右。

④ 鼠标指向桌面上水封罐旁放置的烧杯，右键点击移到倒水位置的命令，向水封罐中加满水。

（5）样品测定

① 单击工作站菜单栏中的能量命令，弹出能量测试窗口，单击启动能量平衡命令，完成后，单击确定，关闭窗口。

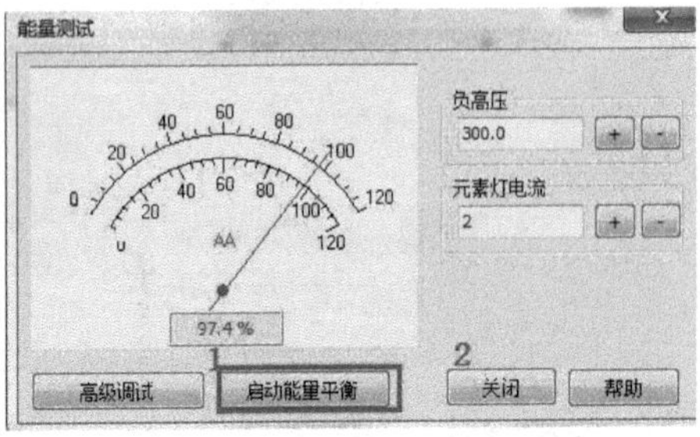

② 单击工作站菜单栏中的点火命令，弹出提示窗口，直接单击确定。

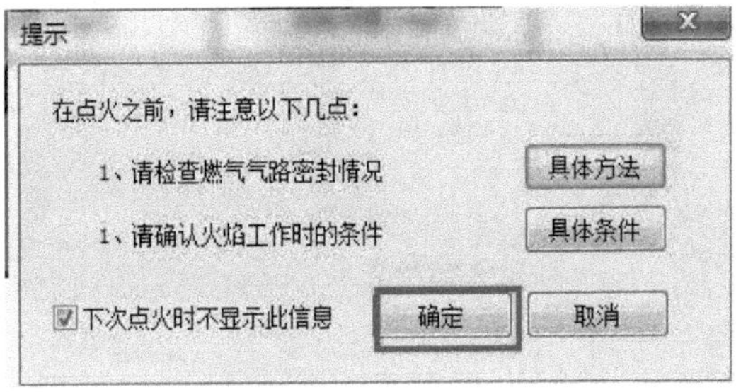

当 3D 场景中点火成功后，燃烧器处产生火焰。

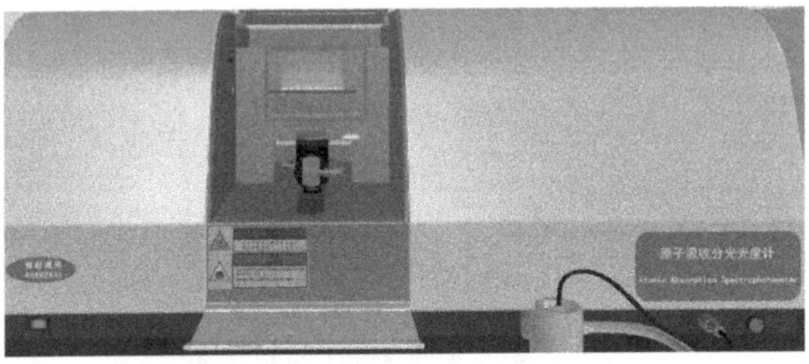

③ 返回至工作站后，单击菜单栏中的测量命令，弹出测量窗口。

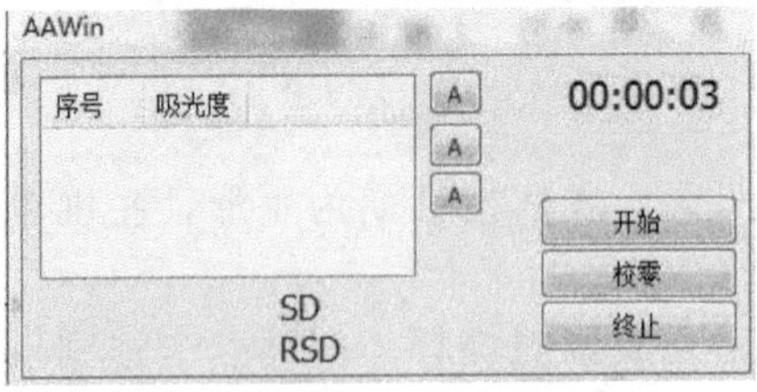

④ 鼠标指向桌面放置的空白样品瓶，鼠标指针变为手形，右键点击弹出“移至进样位置”的命令，单击该命令后，空白样品移至进样托盘上。

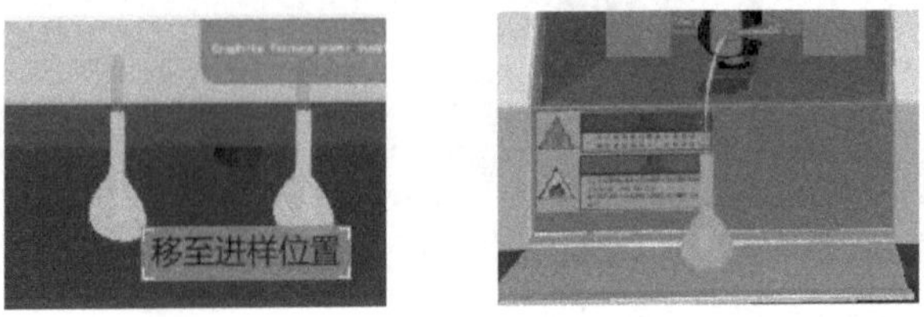

进样后，单击测量窗口的“校零”命令，基线归零。

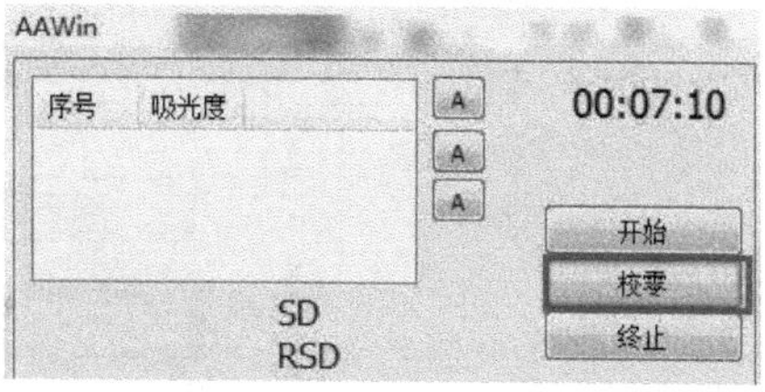

⑤ 标样 1 测定：鼠标指向样品托盘上放置的空白样品瓶，指针变为手形，右键点击弹出“放回原处”的命令，单击该命令将空白样品瓶放回至桌面；接下来，鼠标指向桌面放置的标样 1，鼠标指针变为手形，右键点击弹出“移至进样位置”的命令，单击该命令后，标样 1 样品瓶移至进样托盘上。

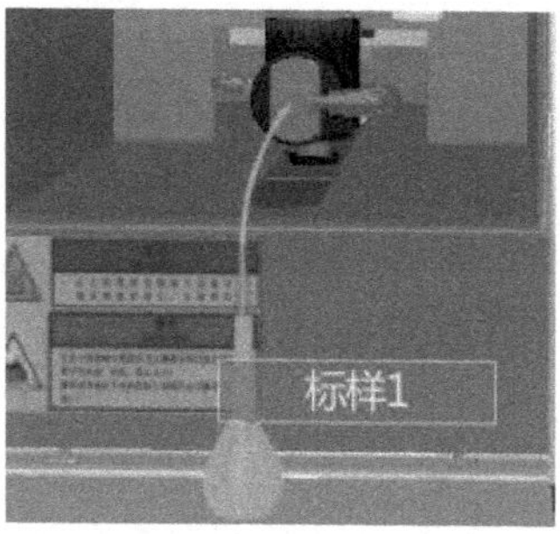

待工作站中的吸光度曲线平稳后，单击测量窗口的“开始”命令。测量完成后，测量结果显示在表格中。

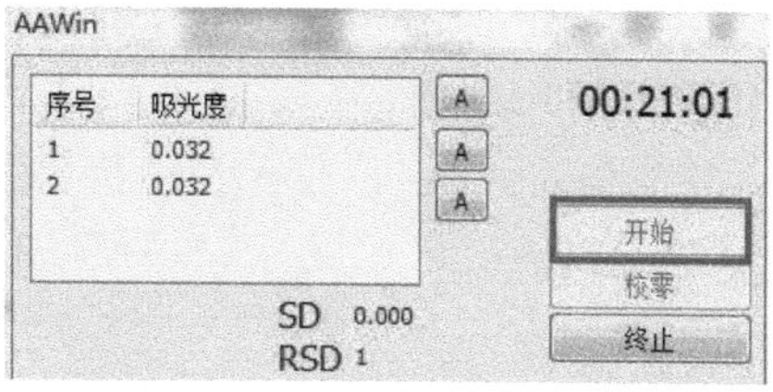

序号	测量对象	样品编号	Abs	浓度 [mg/l]
1	标准样品	茶叶1	0.032	1.000
2	标准样品	茶叶2		2.000
3	标准样品	茶叶3		2.500
4	标准样品	茶叶4		3.000

重复步骤 5，完成其他标准样品及未知样的测定，测定结果如下。

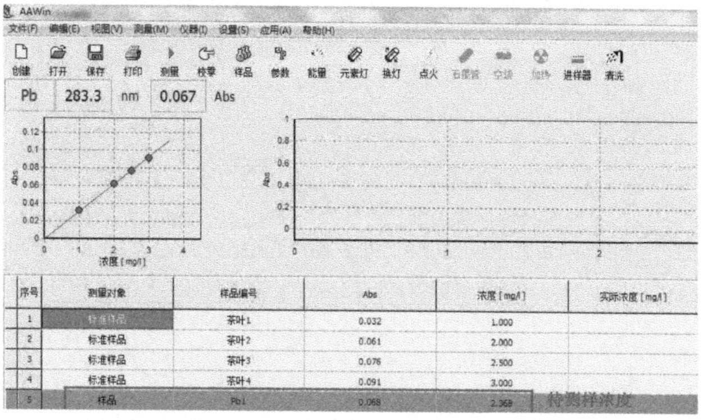

序号	测量对象	样品编号	Abs	浓度 [mg/l]	实际浓度 [mg/l]
1	标准样品	茶叶1	0.032	1.000	
2	标准样品	茶叶2	0.061	2.000	
3	标准样品	茶叶3	0.076	2.500	
4	标准样品	茶叶4	0.091	3.000	
5	样品	Pb1	0.068	2.368	待测样浓度

（6）关机

① 测量完成后，单击终止命令，退出测量窗口。

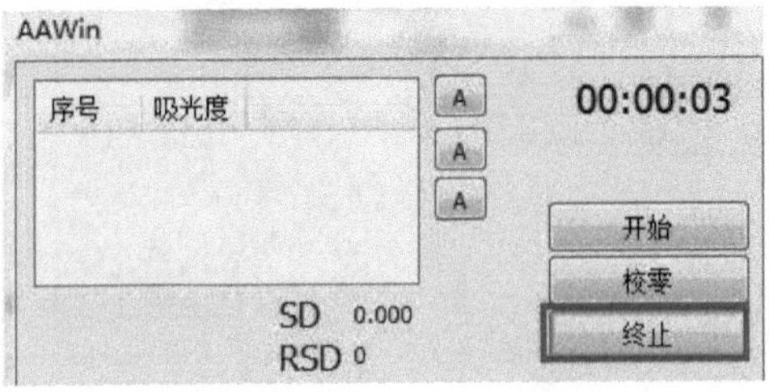

② 关闭乙炔管路总压阀，使管路中的残留乙炔燃烧完全，熄灭火焰。
③ 关闭乙炔管路减压阀。
④ 关闭空压机，单击放水按钮，空压机放水。
⑤ 退出工作站软件，关掉电脑电源。
⑥ 关掉主机电源。

五、思考题

（1）简述开关机时气体和仪器的开关顺序。
（2）简述原子吸收光谱仪的工作过程。

第四章

色谱分析仿真实验

实验 12　气质联用仪定性分析含苯基团化合物组分的仿真实验

一、实验目的

（1）掌握气质联用仪的基本原理。

（2）掌握气质联用仪的操作步骤。

二、实验仪器

Agilent（安捷伦）7890-5975C 型气质联用仪虚拟仿真软件。

三、实验原理

质谱分析是一种测定离子质荷比（质量与电荷数之比，m/z）的方法，其基本原理是使样品中各组分在离子源中发生电离，生成不同质荷比的带正电荷离子，经加速电场的作用形成离子束，进入质量分析器。在质量分析器中，再利用电场和磁场对离子产生不同的速度偏转作用。离子电离后经加速进入磁场中，其动能与加速电压及电荷 z 有关，即

$$zeU=\frac{1}{2}mv^2$$

式中，z 为电荷数；e 为元电荷（$e=1.60\times10^{-19}$C）；U 为加速电压；m 为离子质量；v 为离子被加速后的运动速度。一般将它们分别聚焦而得到质谱图，从而确定其组成。质谱法具有灵敏度高、定性能力强等特点，但进样应纯净，才能发挥其特长；另外，进行定量分析较为复杂。气相色谱法具有分离效率高、定量分析简便的特点，但定性能力较差。因此，这两种方法若能联用，可以相互取长补短。

气相色谱仪是质谱法的理想“进样器”。气相色谱分离和质谱分析过程都是在气态条件下进行的，气相色谱分离的组分足够保证进行质谱检测。试样经色谱分离后以纯物质形式进入质谱仪，避免了对样品和质谱仪器的污染，极大提升了混合物的分离、定性和定量分析效率。质谱仪是气相色谱法的理想“检测器”。质谱仪作为检测器，检测的是离子质量，可获

得化合物的谱图，既是一种通用型的检测器，又是一种有选择性的检测器，能检测出几乎所有化合物，且灵敏度很高。

气质联用仪一般包括真空系统、载气系统、进样系统、色谱柱、离子源、质量分析器、检测器、采集数据和控制仪器的工作站等。

气质联用仪是利用试样中各组分在气相和固定液两相间的分配系数不同，当气化后的试样被载气带入色谱柱中运行时，组分就在其中的两相间进行多次分配。由于固定相对各组分的吸附或溶解能力不同，因此各组分在色谱柱中的运行速度就不同，经过一定的柱长后，便彼此分离；按顺序离开色谱柱进入检测器（质谱仪），产生的离子信号被放大后，在记录器上描绘出各组分的色谱峰。

色谱-质谱联用技术既发挥了色谱法的高分离能力，又发挥了质谱法的高鉴别能力。这种技术适用于多组分混合物中未知组分的定性鉴定：可以判断化合物的分子结构；可以准确地测定未知组分的分子量；可以修正色谱分析的错误判断；可以鉴定出部分分离甚至未完全分离的色谱峰的归属等。

四、实验步骤

（1）仿真软件启动

双击桌面快捷方式，在弹出的启动窗口中选择“气相色谱-质谱联用仪”，在培训项目列表中选择“苯系物未知样的定性分析”，点击“启动”按钮。

（2）开机

① 配置仪器

- 点击“仪器配置”，选择“进样方式”⟶“手动进样（后进样口）”。
- 选择“色谱柱连接配置”⟶“后进样口＋检测器”。

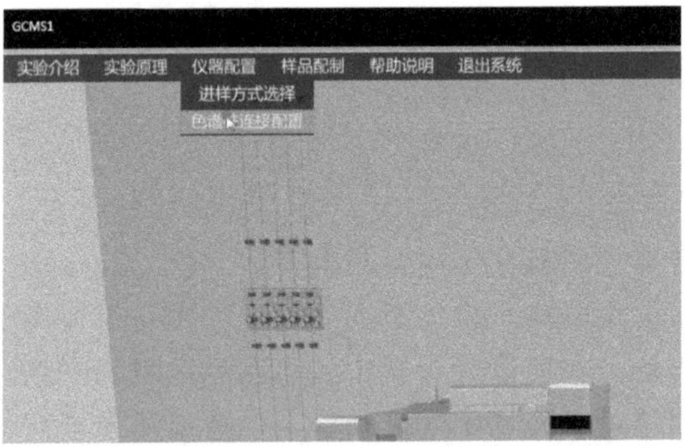

② 打开气体

打开氦气总压阀，调节、控制总压力为 2MPa 左右；打开氦气分压阀，调节控制分压力为 0.5MPa 左右。

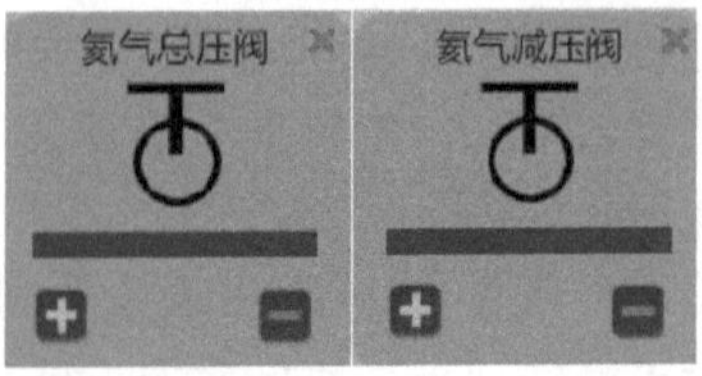

③ 开仪器

- 打开气相色谱仪开关，然后打开质谱仪开关，此时仪器显示屏变亮。

● 打开电脑，双击电脑桌面上的工作站图标，启动工作站软件，弹出工作站窗口。

（3）样品测定

① 运行工作站

● 编辑完整方法：在工作站窗口“方法”菜单下选择“编辑整个方法”命令，或者点击按钮，进入方法设置界面；选中“方法信息”，点击“确定”，弹出方法信息窗口；在该窗口中填入关于该方法的注释（也可不填），点击“确定”。

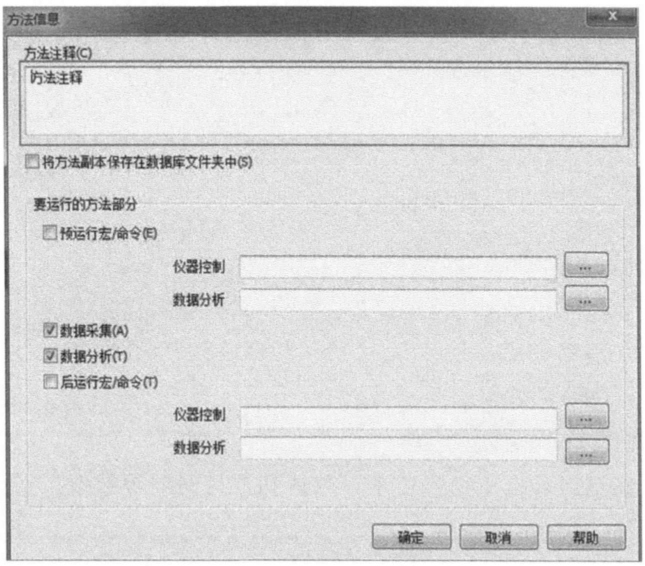

● 进样方式选择：在弹出的窗口中选择进样方式为“手动”，进样位置为“后”，质谱连接到“后进样口”，点击“确定”。

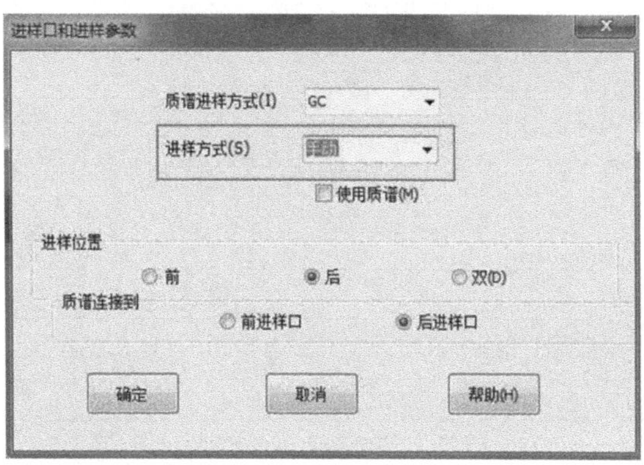

• 编辑 GC 参数：在 GC 参数窗口中编辑进样口、柱箱和色谱柱等参数；点击进样口图标，设置“后进样口”温度为 220℃。

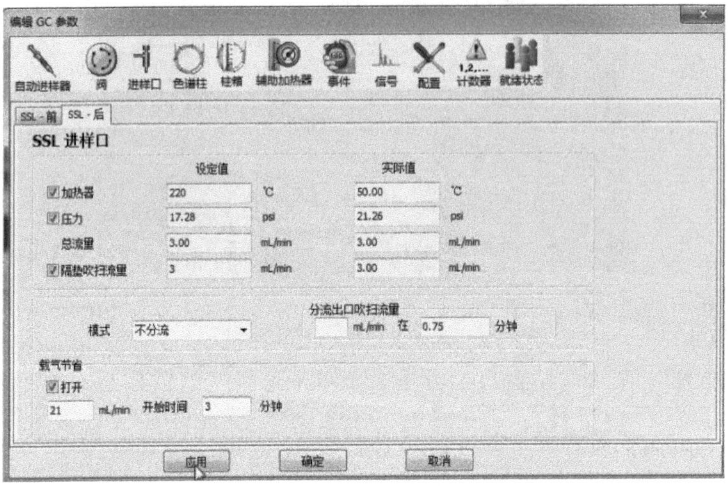

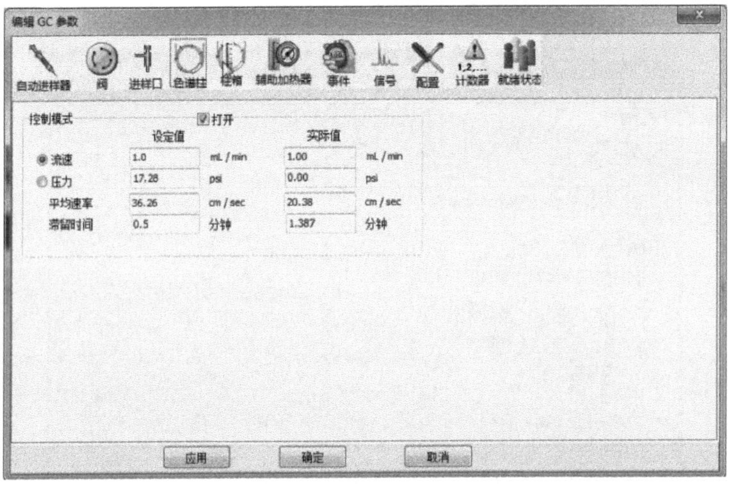

选中“柱箱”，在空白表框中输入速率、数值和保持时间等数值。

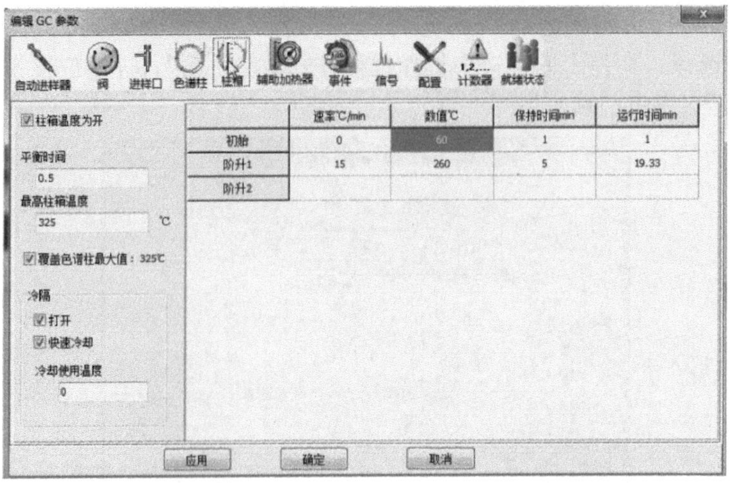

● 保存方法：所有参数设置完毕后，点击“确定”，在弹出的窗口中填入溶剂延迟时间2min，选择采集模式“全扫描”，并选择绘图类型“单离子图”；点击“确定”，在方法保存窗口中输入方法文件名，点击“确定”，保存方法设置成功。

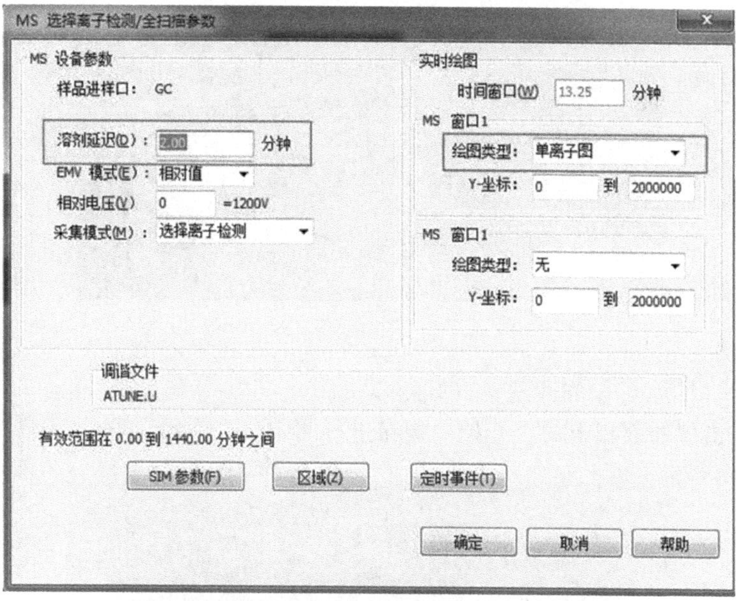

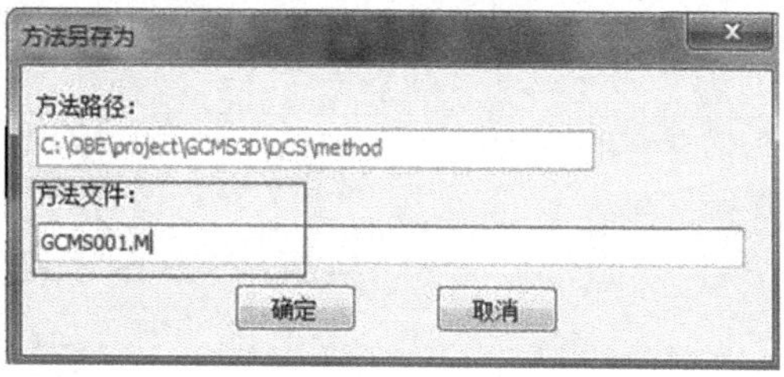

● 样品信息设置：回到工作站主界面，点击图标，弹出样品信息设置窗口，填写数据文件名称和样品名称，填写完成后再点击“确定并运行方法”。

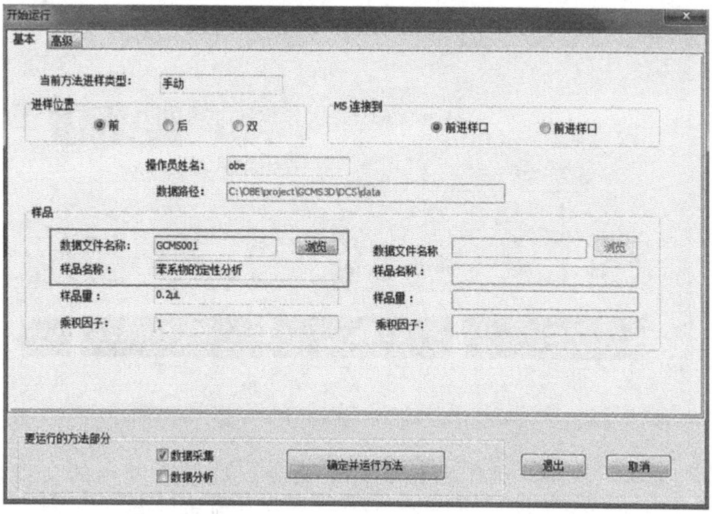

- 运行方法：点击仪器面板上的“准备运行”按钮，等待仪器准备就绪。

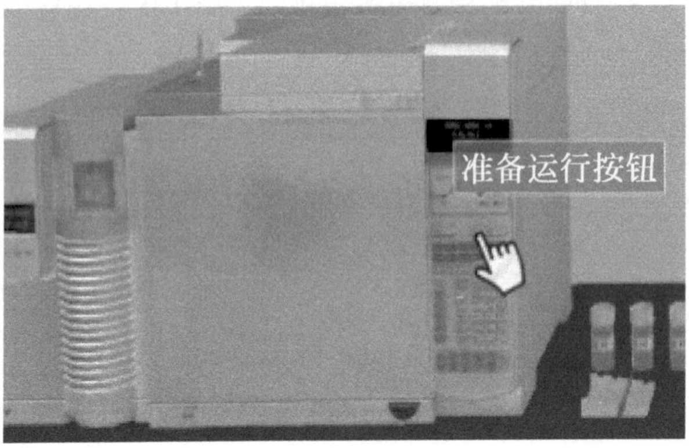

② 进样分析

- 洗液洗针（3 次），未知液洗针（3 次）。
- 进样，点击仪器面板上的“开始”按钮进行测定。

（4）数据处理

① 在工作站“视图”菜单下选择“数据分析（脱机）”命令。

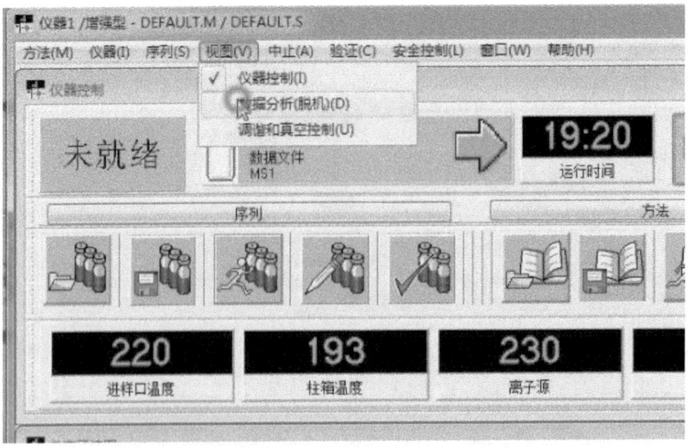

② 从“文件”菜单下选择“调用数据文件”命令，选择要调用的文件名（即之前输入的文件名），弹出调用文件的谱图，右键双击峰位置可出现质谱图。

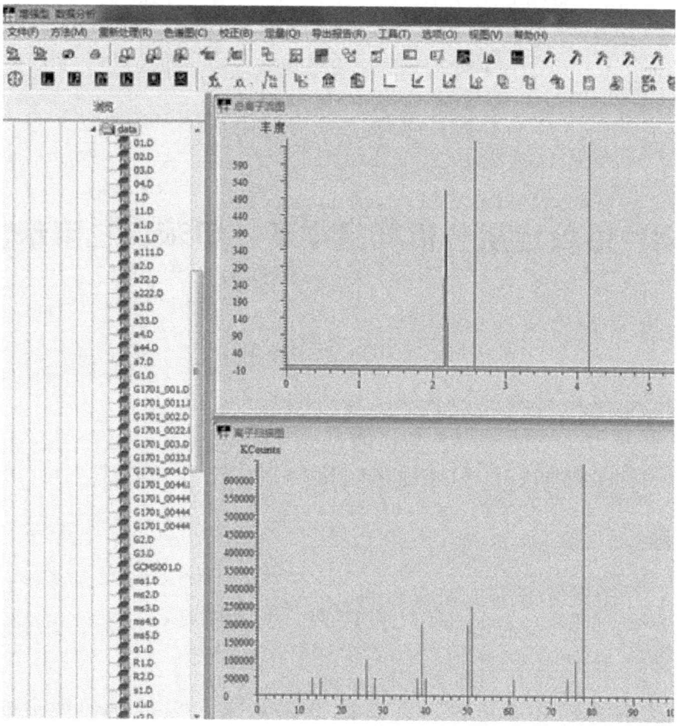

③ 单击谱库检索的图标  ，弹出谱库检索报告。

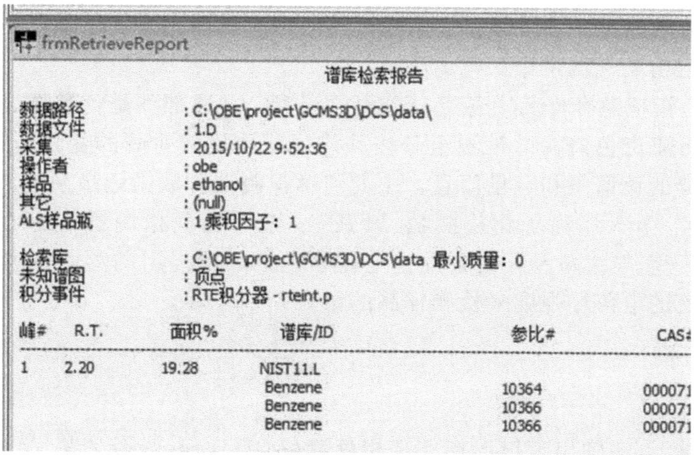

frmRetrieveReport

谱库检索报告

数据路径 : C:\OBE\project\GCMS3D\DCS\data\
数据文件 : 1.D
采集 : 2015/10/22 9:52:36
操作者 : obe
样品 : ethanol
其它 : (null)
ALS样品瓶 : 1 乘积因子: 1

检索库 : C:\OBE\project\GCMS3D\DCS\data 最小质量: 0
未知谱图 : 顶点
积分事件 : RTE积分器 - rteint.p

峰#	R.T.	面积%	谱库/ID	参比#	CAS#
1	2.20	19.28	NIST11.L		
			Benzene	10364	000071
			Benzene	10366	000071
			Benzene	10366	000071

（5）实验结束⟶关机

① 在工作站中点击“方法”⟶“编辑整个方法”，在 SSL-后进样口，将进样口的温度和柱箱温度设置为 50℃，点击“应用”，然后点击“确定”。

② 在工作站中点击“方法”⟶“调用方法”，选择 OFFMS. M 方法，调用质谱关机方法。

③ 待质谱温度降到 50℃左右，关闭质谱仪电源。

④ 待进样口温度以及柱箱温度降到 50℃左右，关闭气相色谱仪电源。

⑤ 关闭工作站，关闭电脑电源。

⑥ 关闭氦气总压阀，关闭氦气分压阀。

五、思考题

（1）气相色谱仪和质谱仪各有何优缺点？联用后有何优缺点？

（2）最简单的气质联用仪由哪几个部分组成？

实验 13　气相色谱仪定量分析样品中苯、甲苯、二甲苯含量仿真实验

一、实验目的

（1）了解气相色谱仪的基本结构及分离分析的基本原理。

（2）了解氢火焰离子化检测器（FID）的检测原理。

（3）掌握色谱法保留时间定性和外标法定量的基本原理和方法。

二、实验仪器

Agilent 7890A 型气相色谱虚拟仿真软件。

三、实验原理

色谱法是一种将混合物分离成单一成分的分析技术。当流动相携带混合物通过固定相时，由于样品中不同组分在固定相中吸附能力不同，使这些组分发生了分离。气相色谱是使用惰性气体作为流动相的色谱技术。气相色谱仪一般由进样系统、分离系统、检测系统几部分组成。

- 进样系统包括载气、进样器和气化室，样品由进样器注入气化室，在气化室高温作用下瞬间气化，然后由载气携带进入色谱柱。
- 分离系统是指把混合样品中各组分分离的装置，主要部件是色谱柱，常用毛细管柱。
- 检测系统将流出色谱柱的被测组分按其浓度或质量随时间的变化转化成相应电信号，最后得到待测组分的色谱图和定量信息，主要包括检测器和数据记录系统。常用检测器有热导检测器（TCD）、氢火焰离子化检测器（FID）、电子捕获检测器（ECD）等。FID 原理为：有机物在氢气-空气的高温火焰中发生电化学电离，电离出的离子在电场作用下形成离子流，根据离子流的电信号强度来检测样品的组分。

四、实验步骤

（1）软件启动

双击“客户端”，在弹出窗口选择“气相色谱仪 3D”，再选择“苯、甲苯、二甲苯含量的测定”，启动程序，进入操作界面。

（2）实验准备

① 标样配制。右键单击标样瓶 1 ⟶ 配样 ⟶ 输入 ⟶ 装样，配制标样 2、3。

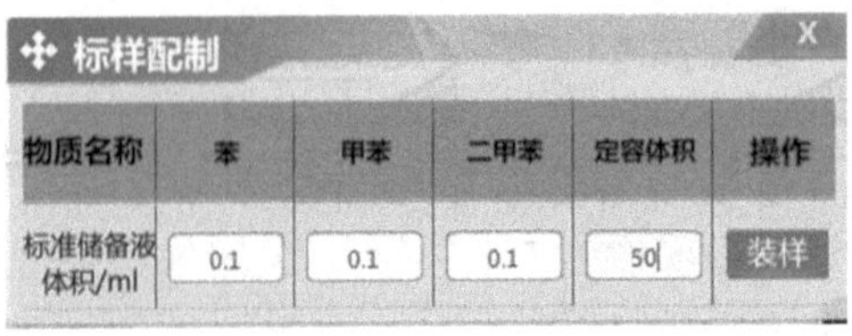

② 配置仪器。单击“仪器配置”；输入参数：前检测器配置，FID；后检测器配置，FPD 或 μECD；进样方式：手动进样（后进样口）；色谱柱连接：后进样口＋前检测器。

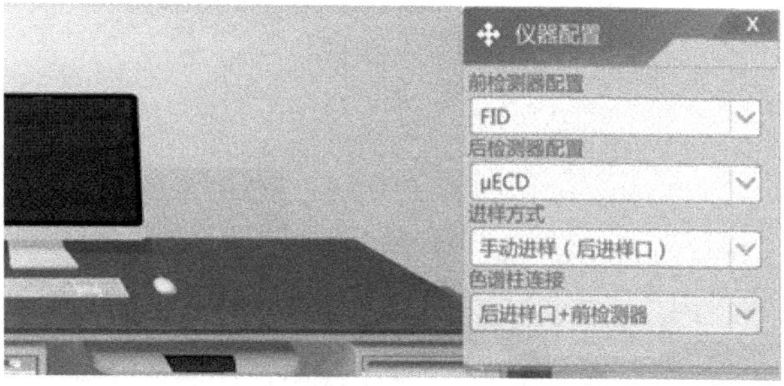

（3）仪器开机

① 通载气。氮气：总压阀⟶分压阀（0.4MPa）；空气：总压阀⟶分压阀（0.5MPa）；氢气：总压阀⟶分压阀（0.3MPa）。

② 仪器开机。打开总电源、气相色谱仪主机开关、电脑开关。

（4）样品测试

① 运行工作站。单击电脑桌面工作站图标⟶方法⟶编辑完整方法⟶编辑 GC 参数，设置检测器、柱箱、进样口参数⟶保存方法。

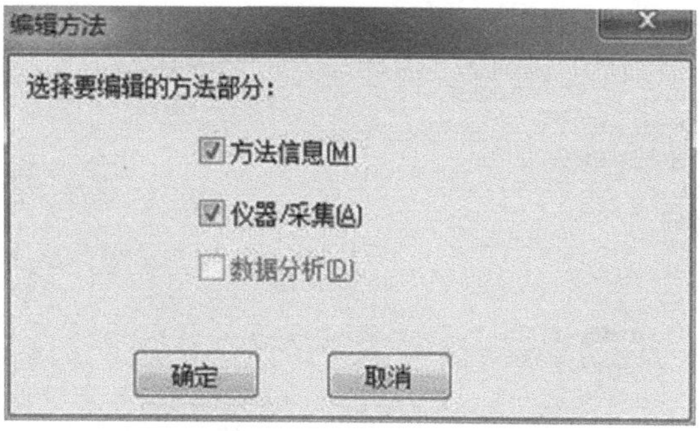

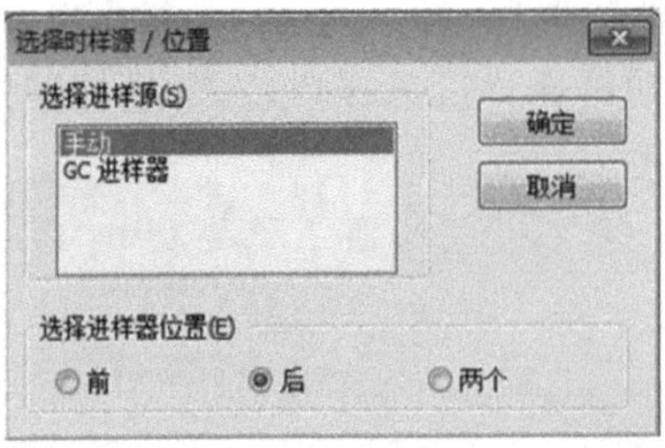
选择进样源 / 位置
选择进样源(S)
手动
GC 进样器
确定
取消
选择进样器位置(E)
前
后
两个

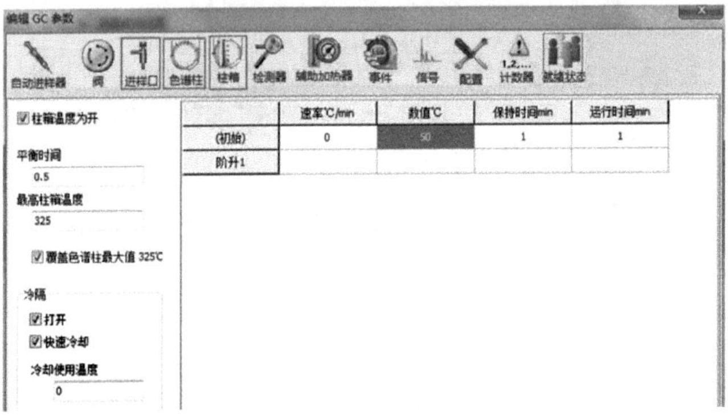
编辑 GC 参数
自动进样器
阀
进样口
色谱柱
柱箱
检测器
辅助加热器
事件
信号
配置
计数器
就绪状态
柱箱温度为开
平衡时间
0.5
最高柱箱温度
325
覆盖色谱柱最大值 325℃
冷隔
打开
快速冷却
冷却使用温度
0
速率℃/min
数值℃
保持时间min
运行时间min
(初始)
0
50
1
1
阶升1

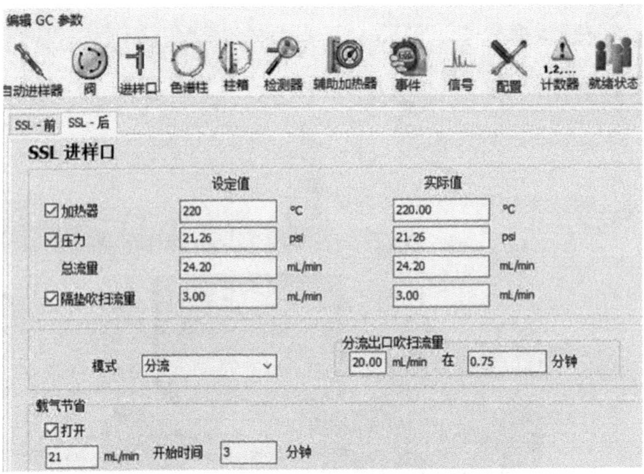
编辑 GC 参数
自动进样器
阀
进样口
色谱柱
柱箱
检测器
辅助加热器
事件
信号
配置
计数器
就绪状态
SSL - 前
SSL - 后
SSL 进样口
设定值
实际值
加热器
220
℃
220.00
℃
压力
21.26
psi
21.26
psi
总流量
24.20
mL/min
24.20
mL/min
隔垫吹扫流量
3.00
mL/min
3.00
mL/min
模式
分流
分流出口吹扫流量
20.00
mL/min
在
0.75
分钟
载气节省
打开
21
mL/min
开始时间
3
分钟

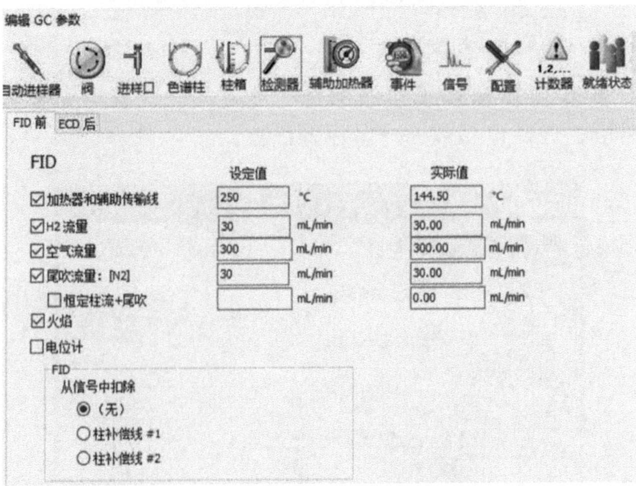
编辑 GC 参数
自动进样器
阀
进样口
色谱柱
柱箱
检测器
辅助加热器
事件
信号
配置
计数器
就绪状态
FID 前
ECD 后
FID
设定值
实际值
加热器和辅助传输线
250
℃
144.50
℃
H2 流量
30
mL/min
30.00
mL/min
空气流量
300
mL/min
300.00
mL/min
尾吹流量：[N2]
30
mL/min
30.00
mL/min
恒定柱流+尾吹
mL/min
0.00
mL/min
火焰
电位计
FID
从信号中扣除
（无）
柱补偿线 #1
柱补偿线 #2

② 设备预运行。运行控制⟶设置样品信息⟶设置运行方法，点击“Pre Run”，等待仪器就绪。

③ 进行分析。打开样品瓶 1、洗液瓶、废液瓶的瓶盖⟶洗液洗针（2 次）⟶标样 1 洗针（2 次）⟶标样 1 取样⟶进样⟶“Start”⟶主窗口出现谱图。

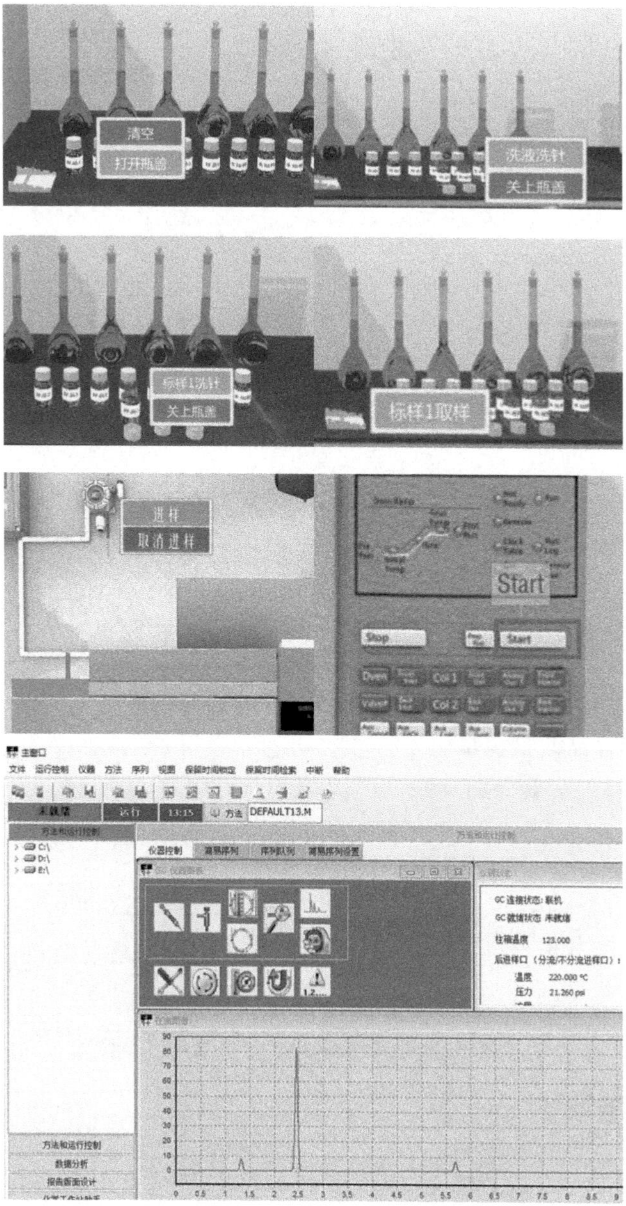

④ 重复上述②和③的操作，测试标样 2、3 及待测样的谱图。

⑤ 数据分析（设置积分参数）。单击主窗口“数据分析”⟶文件：调用信号（文件名）⟶积分，然后分别设置：自动积分⟶扣除溶剂峰及杂峰，积分⟶积分事件，保存。

⑥ 数据分析（建标样校正表）。校正⟶新建校正表（1 级）⟶输入标样 1 信息⟶确认。输入标样 2、3 的数据，调用信号⟶积分⟶添加级别（2 级、3 级），输入标样 2、3 的信息。

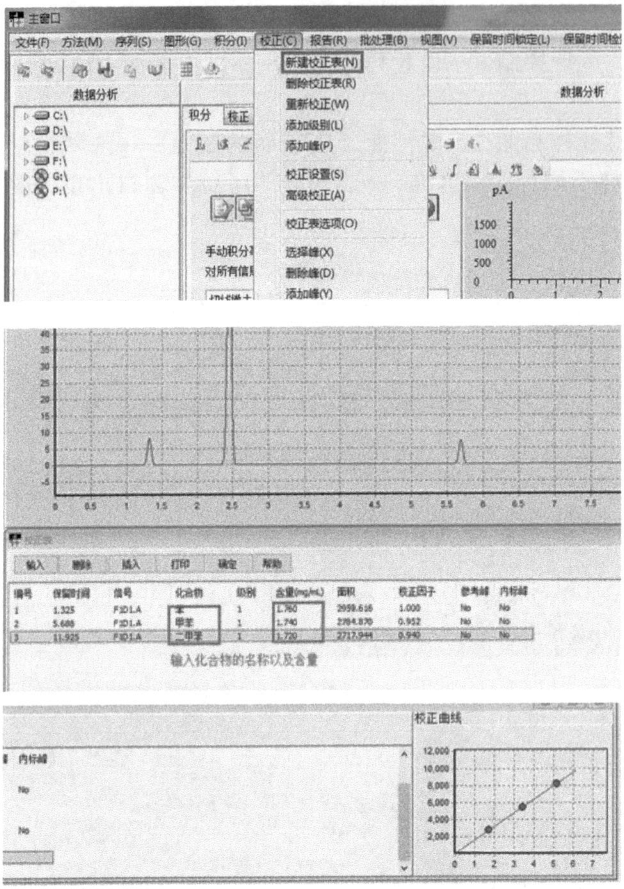

⑦ 数据分析（未知样谱图分析）。文件⟶调用文件信号（文件名）⟶积分⟶报告（生成报告）⟶返回样品测试窗口。

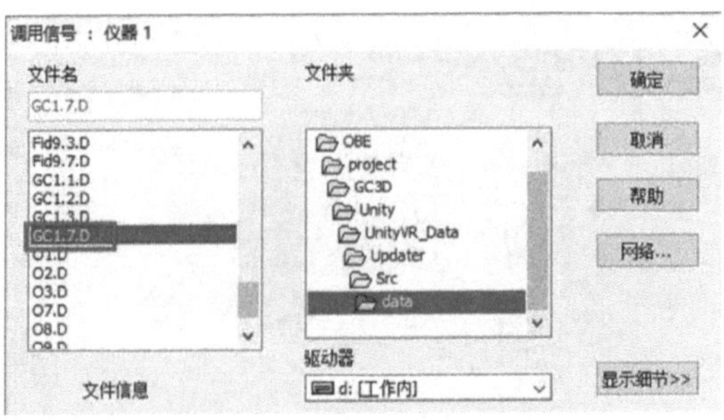

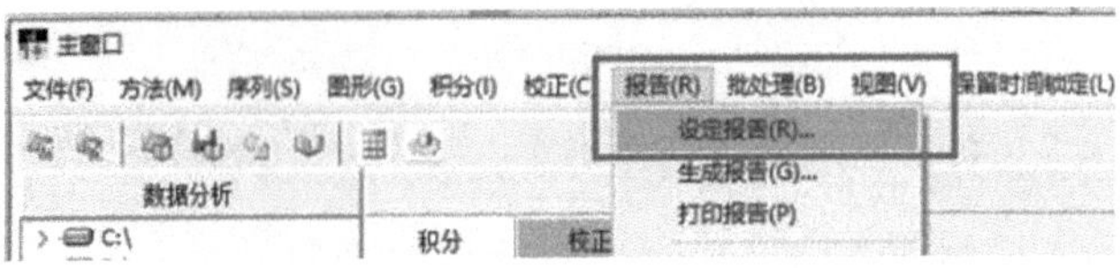

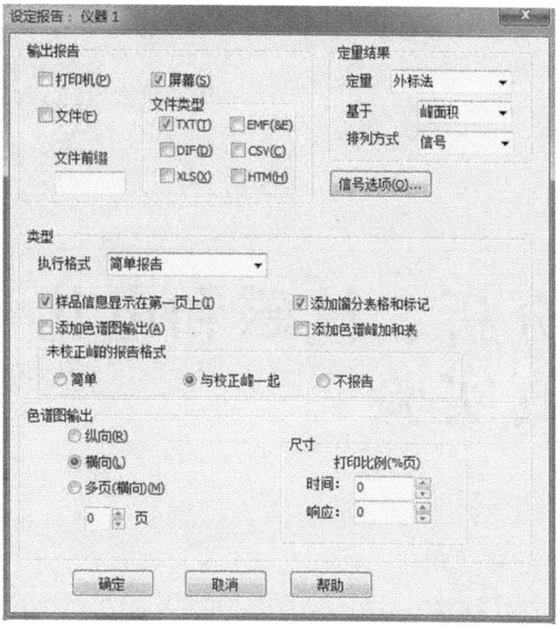

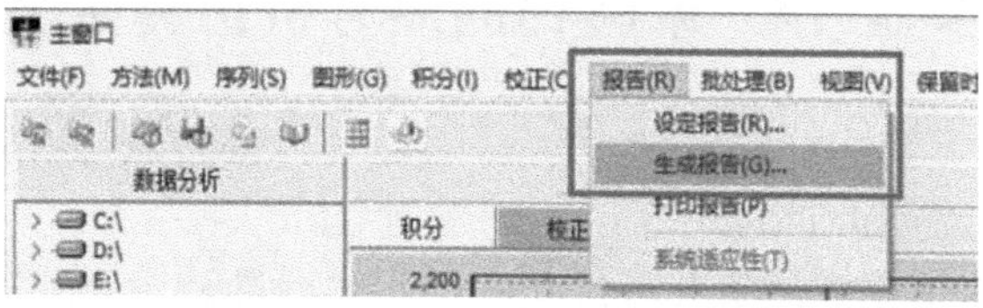

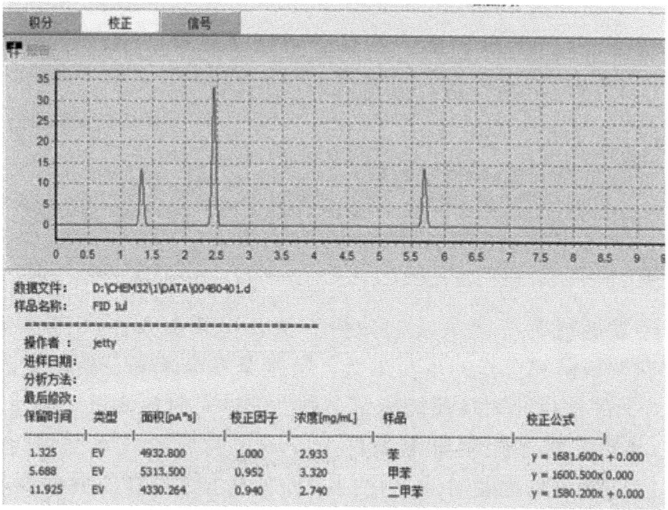

⑧ 仪器关机。方法⟶编辑整个方法⟶编辑 GC 关机参数［柱箱（50℃）、进样口（50℃）、检测器（50℃）］⟶保存方法。关闭色谱仪开关与电脑电源，然后关闭氢气、空气、氮气（先关闭总阀，后关闭分压阀），清空样品瓶，最后关闭总电源。

五、思考题

进样前为什么要用洗液和未知液洗针？

第五章

热分析、核磁和电化学分析仿真实验

实验 14 草酸钙的热分析仿真实验

一、实验目的

（1）了解热重法（TG）或热重分析法和差示扫描量热法（DSC）的基本原理及相互间的差别。

（2）掌握同步热分析仪的基本操作，熟练测定样品的 TG-DSC 曲线。

（3）掌握 TG-DSC 曲线分析方法，并解释相关现象。

二、实验仪器

Netzsch STA449F5 型同步热分析仪虚拟仿真软件。

三、实验原理

目前热分析已经发展成为一套系统的分析方法，包括热重法（TG）和差示扫描量热法（DSC）等。它是材料领域研究工作的重要工具，特别是在高聚物分析测定方面应用非常广泛。它不仅能提供结构方面的信息，而且还能测定多种性能，是材料测试实验室必备的仪器。

热重法（TG）是指在程序控制升温条件下，测定物质的质量与温度变化的函数关系，或者测定试样在恒定高温下质量随时间变化的一种分析技术。TG 曲线，其横坐标为温度或时间，纵坐标为质量，也可以用失重百分数等形式表示。热重分析法主要用来研究样品在空气或惰性气体中的热稳定性和分解过程。除此之外，还可以研究固相反应，测定水分挥发物或者吸收、吸附和解吸过程以及气化速率、气化热、升华温度、升华热、氧化降解、增塑剂挥发性、水解和吸湿性、塑料和复合材料的组分等。

差示扫描量热法（DSC）是指在程序控制温度下，测量输入试样和参比物中的能量差随温度或时间变化的一种技术。DSC 曲线是以热流率 dH/dt 为纵坐标，以温度或时间为横坐标的关系曲线。在 DSC 中，当试样和参比物之间的能量差为常数时，实验记录的曲线是一条平直线，称为基线。当试样发生物理、化学变化产生热效应而使试样和参比物之间的能量差不为常数时，实验记录的曲线偏离基线，离开基线后又回到基线的部分称为峰谷。当试样温度低于参比物温度时，能量差为负值的是吸热峰，也就是显示一个向下的峰。当试样温度高于参比物温度时，能量差为正值的是放热峰，也就是显示一个向上的峰。该测试方法可用于研究物质的玻璃化转变、熔融、析晶、晶型转变、结晶度、相转变、氧化稳定性、比热容等特性；对曲线进行分析可以得到反应起始温度、反应终止温度、峰值对应温度、热效应等动力学参数。

同步热分析法（STA）将热重分析法与差示扫描量热法结合为一体，在一次测量时即可利用同一个样品同步得到质量变化与吸放热的相关信息。一般而言，同步热分析仪主要由程序控制系统、测量系统、显示系统、气氛控制系统、操作控制系统和数据处理系统等部分组成。对结果进行分析时，也可以单独分析 TG、DSC 信号随时间和温度的变化曲线。因此，该仪器不仅具备普通热分析仪用于测定无机材料、金属材料、高分子材料等在热反应时的特征温度及吸收或放出热量的功能，而且通过一次测量即可获取质量变化与热效应两种信息，既方便，又可以节约样品用量；同时，还可以消除称重、样品均匀性、升温速率一致性、气氛压力与流量差异等因素的影响。

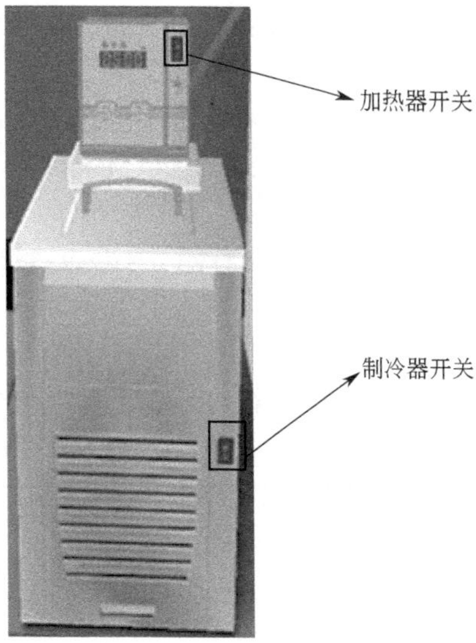

四、实验步骤

（1）*仿真软件启动*

双击桌面快捷方式，在弹出的启动窗口中选择“同步热分析仪”，在培训项目列表中选择“草酸钙的热分析实验”，点击“启动”按钮。

（2）*开机前检查*

检查水浴中加热器、制冷器开关是否处于打开状态；如不小心关闭，应在短时间内打开。

（3）*打开气体*

打开总压阀，调节控制总压力为 10MPa 左右。打开分压阀，调节控制分压力为 0.06MPa 左右。

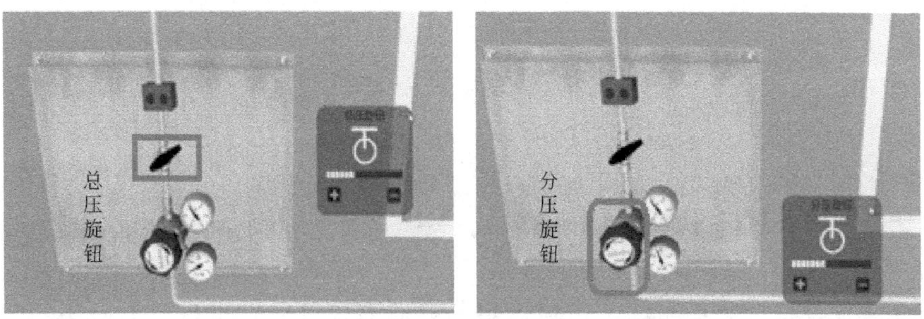

（4）*启动仪器*

打开仪器电源，打开电脑。

（5）*样品测定*

① 运行工作站，点击电脑屏幕上的图标，打开工作站软件。

② 测量。

- 测量设定

a. 点击测量软件菜单项“文件”⟶“打开”，选择合适的基线文件，在该窗口中点击“打开”，随后弹出“测量设定”对话框。

b. 在“测量类型”中选择“修正＋样品”模式。

c. 输入样品编号：1号。

d. 输入样品名称：草酸钙。

- 称量空坩埚质量

a. 先按住仪器右侧“safety”键，同时按住仪器界面“上方向”键，抬起炉体，关闭“safety”键。

b. 点击“放置参比坩埚”键、“放置空样品坩埚”键。

c. 先按住仪器右侧“safety”键，同时按住仪器界面“下方向”键，关闭炉体，关闭“safety”键。

d. 使用内部天平进行称量：点击“称重”按钮，弹出“使用内部天平称量样品”对话框，应等待质量稳定后再点击清零。

- 测量样品坩埚

a. 先按住仪器右侧“safety”键，同时按住仪器界面“上方向”键，抬起炉体，关闭“safety”键。

b. 右击样品坩埚，点击“取回空样品坩埚”。

c. 右击实验桌上样品坩埚，点击“加入样品”。

d. 右击样品坩埚，点击“放置样品坩埚”，将装有样品的坩埚放至支架上。

e. 先按住仪器右侧“safety”键，同时按住仪器界面“下方向”键，关闭炉体，关闭“safety”键。

f. 关闭炉体，待质量信号稳定后在工作站中“使用内部天平称量样品”对话框中点击“保存”后点击“确定”。

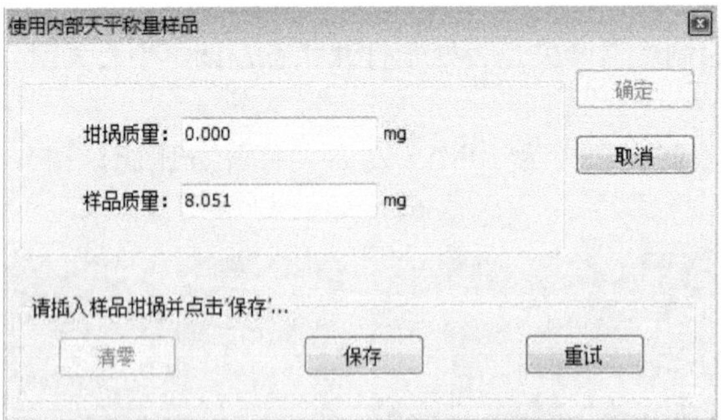

- 保存文件

a. 点击“保存”弹出“另存为”对话框，为测量设定存盘路径并命名文件；填写名称“草酸钙1号”，点击“保存”。

b. 确认其他设置页面：完成“快速设定”页面的设置后，点击“下一步”，首先进入“设置”页面，确认仪器的相关硬件设置。

c. 再点击“下一步”，进入“基本信息”页面，输入实验室、项目、操作者等其他相关信息。

d. 再点击“下一步”，进入“温度程序”页面。

在“修正＋样品”模式测试时，一般情况下温度程序均与基线文件相同。如要修改，通常也只能更改动态段的终止温度（所更改的终止温度必须在基线文件所覆盖的温度范围内，即对于动态升温段而言，样品的终止温度必须等于或低于基线的终止温度）和紧急复位温度；在通常情况下，紧急复位温度比终止温度高10℃左右。

填写采样速率“pts/min”和“pts/K”，根据实际情况进行填写。

填写吹扫气2流量及保护气流量，在一般情况下为30mL/min和20mL/min。

温度程序确认或调整之后，点击“下一步”，进入“最后的条目”页面，在此页面中确认存盘文件名。

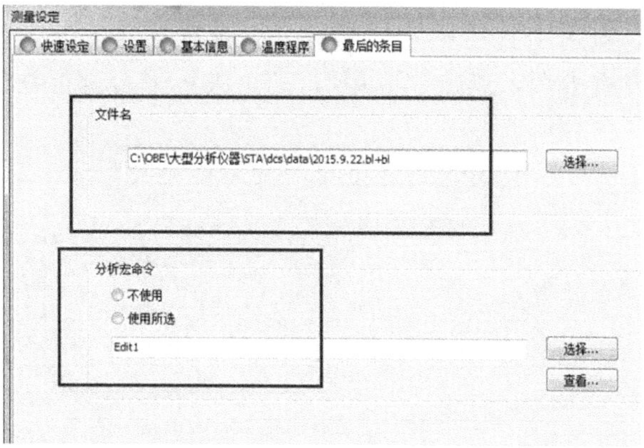

完成各页面的设置后，点击“确定”；然后点击“测量”，直接进入“调整”对话框。

● 开始测量

a. 点击“初始化工作条件”按钮，等待将各参数调整到“温度程序”窗口设置的“初始”段的设定值。

b. 点击“诊断”菜单下的“炉体温度”与“查看信号”，或者点击工具栏的“查看信号”按钮，调出相应的显示框。

c. 观察仪器状态并满足如下条件：炉体温度、样品温度相近且稳定，而且与设定起始温度相吻合；气体流量稳定；TG信号稳定，基本无漂移；DSC信号稳定。

点击“开始”按钮开始测试，测量界面如下图所示。

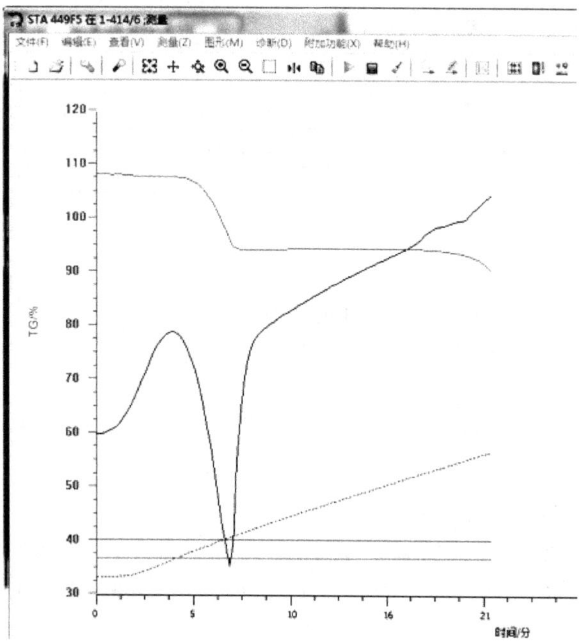

注意：如果需要提前终止测试，可点击工具栏的“终止”按钮或者“测量”菜单下的“终止测量”（但是点击“终止”按钮时，不能降温）。

• 测量完成。

（6）数据处理

① 将桌面分析软件图标打开。

② 点击“文件”⟶“打开”，选择之前测试好的数据文件，点击“打开”。

③ 选中 TG 曲线，点击工具栏中 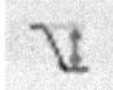 图标，然后拖动两条黑线进行失重平台的标注；先拖动黑线逐个选取失重平台，点击“应用”；三个失重平台都标注完成后，点击“确定”按钮。

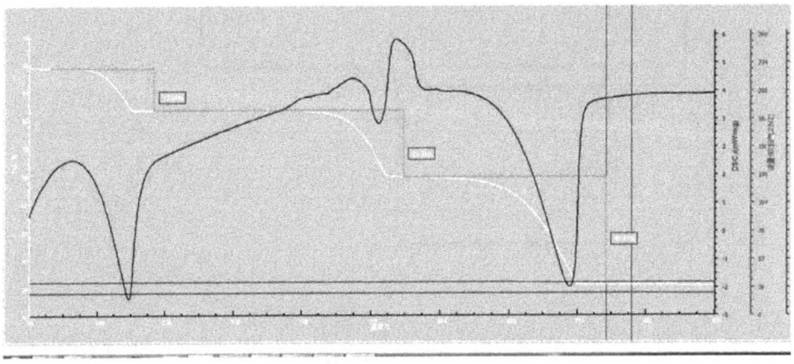

④ 选取 DSC 曲线，点击工具栏中  图标，进行峰的综合分析，先拖动黑线逐个选取吸热峰，点击“应用”；三个吸热峰都标注完成后，点击“确定”按钮。

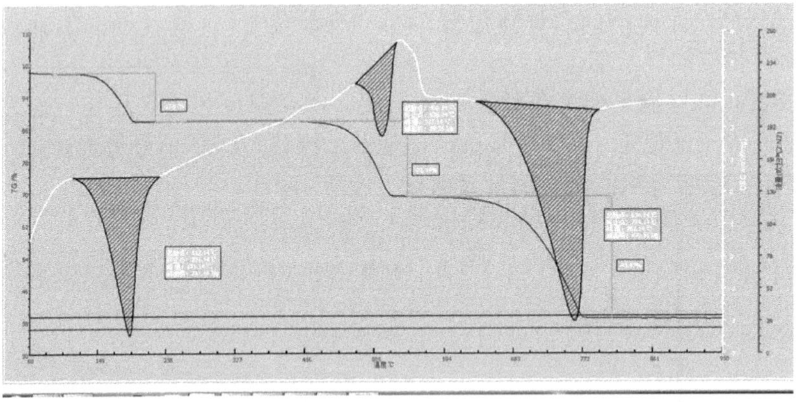

⑤ 所有分析操作完成后，关闭分析软件。

（7）关机

① 待炉温冷却后，抬起炉体，取出样品坩埚。

② 关闭氮气总压阀、减压阀。

③ 关闭同步热分析仪电源。

④ 退出工作站软件，关闭电脑。

五、思考题

（1）简述 TG 与 DSC 之间的区别与联系。

（2）试述在 TG 曲线上出现的台阶以及 DSC 曲线上的峰，分别反映了草酸钙发生了哪些物理或化学变化？

实验 15 核磁共振波谱仪仿真实验

一、实验目的

（1）了解核磁共振波谱仪的组成及结构。

（2）熟悉核磁共振波谱仪的实验流程。

（3）学习并掌握核磁共振波谱仪的工作原理。

（4）学习并掌握有机实验合成产物的分析鉴定技术。

二、实验仪器

Bruker AVANCE Ⅲ 400MHz 型核磁共振波谱仪虚拟仿真软件。

三、实验原理

核磁共振波谱法是表征、分析和鉴定有机化合物结构的最有效手段之一。现代核磁共振波谱仪主要采用脉冲傅里叶变换技术。本实验使用的仪器为德国 Bruker 公司的 AVANCE Ⅲ 400MHz 型核磁共振波谱仪。

核磁共振谱是由具有磁矩的原子核受电磁波辐射而发生跃迁形成的吸收光谱。采用一定频率的电磁波对样品进行照射时，可使特定化学环境中的原子核实现共振跃迁，在照射扫描中记录发生共振时信号的位置和强度，即可得到核磁共振谱。核磁共振谱中的共振信号峰位置反映了样品分子的局部结构（如特征官能团、分子构型和构象等），而信号强度则往往与相关原子核在样品中的数量有关。

在强磁场的激励下，一些具有磁性的原子核的能量可以裂分为两个或两个以上的能级。如果此时外加一个能量，使其恰好等于裂分后相邻两个能级之差，则该原子核就可能吸收能量（称为共振吸收），从低能态跃迁至高能态。因此，某种特定的原子核，在给定的外加磁场中，只吸收某一特定频率的射频能量，就可形成一个核磁共振信号。NMR（核磁共振波谱法）研究的对象是处于强磁场中的原子核对射频辐射的吸收。

核磁共振波谱仪主要包括磁场、稳场及匀场系统、射频源、探头、接收系统、信号记录和数据处理系统。

四、实验步骤

（1）样品配制

① 在菜单栏中选择实验药品，选择“乙酰乙酸乙酯”。

② 在菜单栏中选择“场景切换”“配样室”命令，将视角转换至配样室，右键点击核磁管，弹出“样品配制”命令，左键单击该命令向核磁管中加入样品和氘代试剂。

③ 样品配制完成后，右键点击核磁管，弹出“插入转子”命令，左键单击该命令，将

核磁管插入转子中。

④ 右键点击插入转子的核磁管，弹出操作命令“插入定深量筒”，单击该命令，将核磁管放入量筒中，以确认核磁管插入转子的深度。

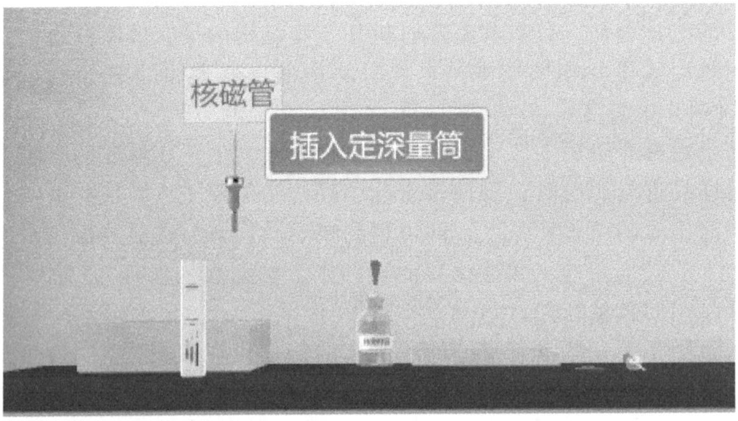

（2）开空气压缩机

① 在菜单栏中选择“场景切换”“空压机室”命令，将视角转换至空压机房间，打开空压机电源开关，电源指示灯变亮。

② 打开 1 号机，气罐压力逐渐上升至 0.6MPa。

③ 点击输出调节旋钮，将空压机输出压力控制在 0.5MPa 左右。

④ 打开输出阀门。

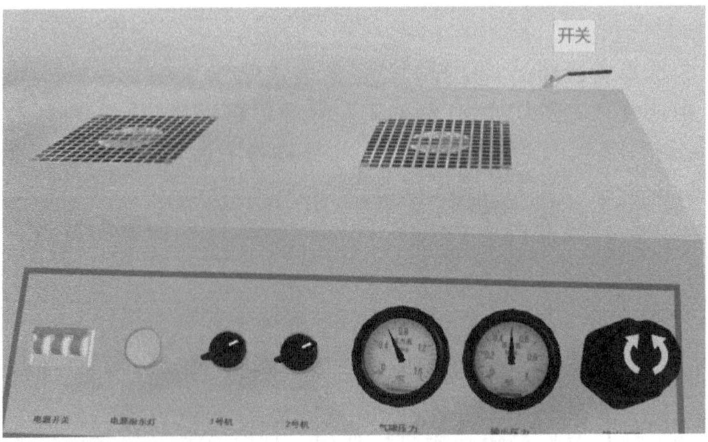

（3）开机

① 当视角转换至仿真现场中的机柜处时，按下机柜上的绿色开关，打开总电源。

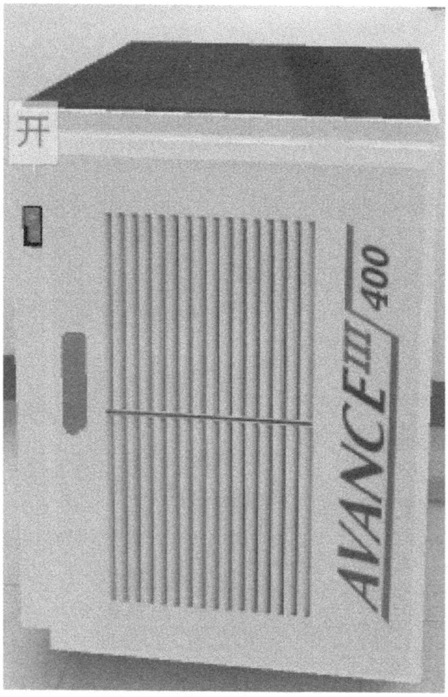

② 打开电脑主机电源，双击电脑屏幕上的“Serial-com1”快捷方式，打开“Serial-com1”。

③ 鼠标指向机柜门把手处，单击以将机柜门打开，依次打开机柜内部的 AQS、BSMS 开关。查看机柜“Post Code”位置，显示

为正常；如果没有连上，则显示

。

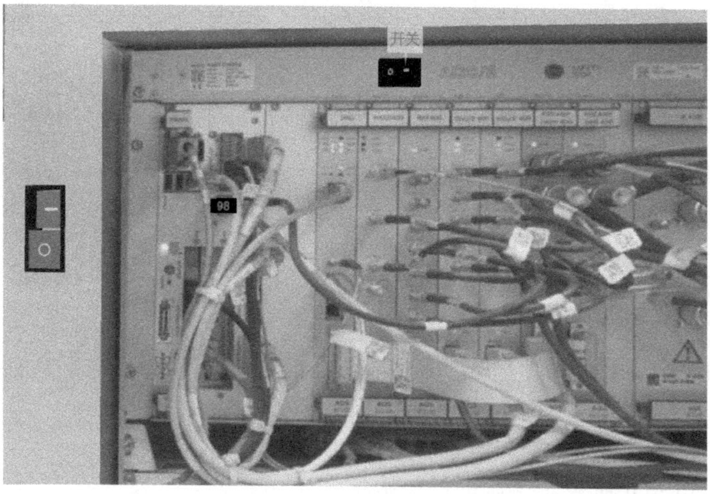

④ 关闭机柜门。

（4）测试

① 打开 Topspin 3.2 工作站，弹出工作站窗口。

② 在命令行中输入 edhead 命令，按 Enter 键确定，单击合适的探头型号，点击“Connections”按钮选定；点击“Exit”按钮或者关闭按钮，退出该窗口。

③ 在命令行输入 edc 命令，按 Enter 键确定，建立实验目录，设置实验编号、溶剂类型及测试项目等，之后点击 OK。

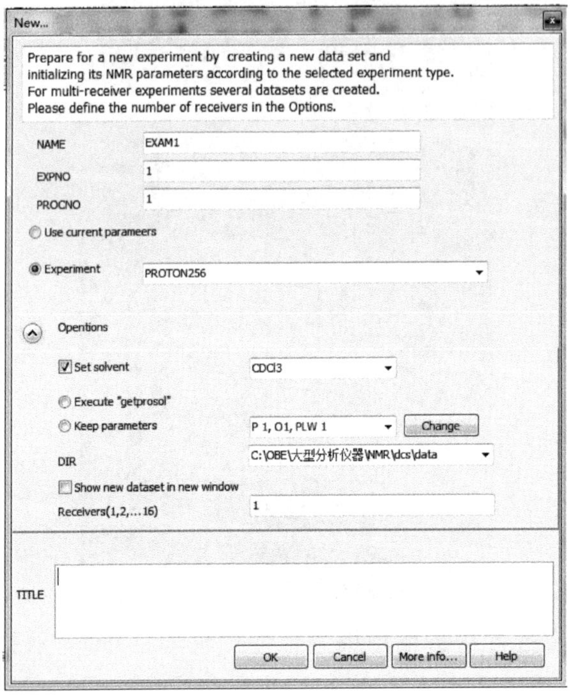

注意：以下为上述菜单的术语解释。

NAME：主要设定实验名（如样品名、编号等），作为样品之间的区分。

EXPNO：实验号，必须设为数字，可设定的范围为 1～999999999，一般作为同一样品不同实验之间的区分。例如，EXPNO=1 为氢光谱，EXPNO=2 为碳光谱的区分方式；而所收集到的 NMR 资料（如 FID）将会储存于此资料文件夹下。

PROCNO：处理号，必须设为数字，可设定的范围为 1～999999999，主要作为同一实验、不同处理方式的区分。

DIR：存盘目录。

Experiment：在下拉窗口中选择实验类型，氢谱选 PROTON256；碳谱选 C13CPD；磷谱不去偶选 P31，去偶选 P31CPD。

Set solvent：在下拉窗口中选择所用溶剂。

TITLE：实验说明文档。

注意：该实验测试的是乙酰乙酸乙酯的氢谱，即 Experiment 目录下只有“PROTON256”时选项才起作用。

填入各个信息，然后点击 OK，选中实验文件，进入采样界面。

④ 命令行中输入 ii 命令对仪器进行初始化。

⑤ 输入 ej 上升气流命令，按 Enter 键确定。

⑥ 将场景切换至配样室，右键点击“核磁管”，弹出“取下定深量筒”的命令，左键单击该命令将核磁管取出；再次右键点击核磁管，弹出“手动进样命令”，左键单击该命令，将核磁管放入样品腔内。

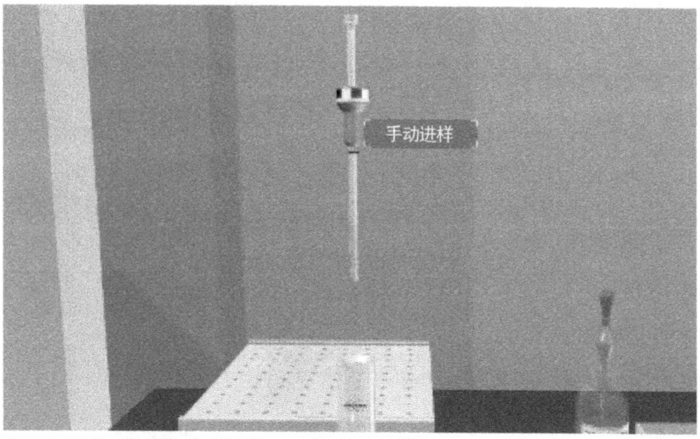

⑦ 返回至工作站，在命令行中输入 ij 命令，按 Enter 键确定，降低气流。

⑧ 在命令行中输入 ased 命令，按 Enter 键确定；在相应目录文件夹下编辑实验参数（注意：若样品浓度较低，需要较长时间累加则将参数“NS”设为较大值；若要采集较大的谱宽，则将参数“SW”设为一较大值；DS、NS、SW 具体数值应根据教师要求进行填写）；然后，输入“getprosol”命令，按 Enter 键确定，读取参数。

⑨ 锁场：输入 lock 命令，按 Enter 键确定，选择相应的溶剂 $CDCl_3$，点击 OK 进行锁场。

⑩ 调谐：输入 atma 命令，按 Enter 键确定，进行自动调谐。

⑪ 匀场：输入 topshim 命令，按 Enter 键确定，进行匀场。

⑫ 采样增益：输入 rga 命令，按 Enter 键确定，进行采样增益。

⑬ 输入 zg 命令，按 Enter 键确定，开始测试，得到谱图。

⑭ 输入 efp 命令，进行傅里叶变换，点击保存按钮，保存图谱。

⑮ 对谱图进行标峰、积分，点击打印按钮，得到报告。

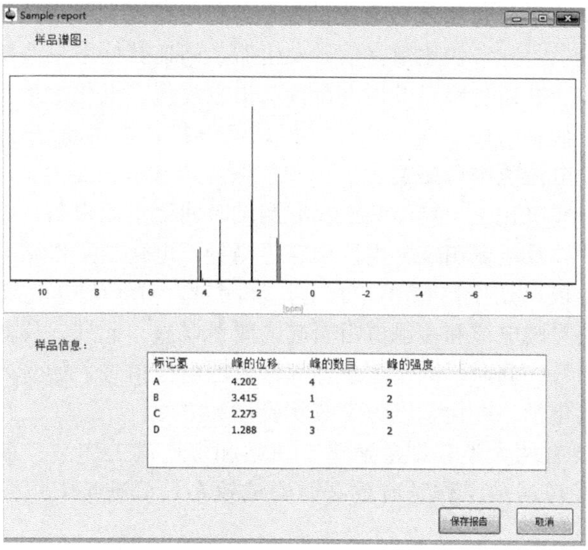

⑯ 测试完毕，输入 ej 上升气流命令，按 Enter 键确定，将样品管顶出样品腔。

⑰ 右键点击放置在样品腔的核磁管，弹出“取出放回”命令，左键单击该命令，将核磁管放回至配样室实验桌面。

（5）关机

① 关闭软件 Serial-com1，退出 Topspin 3.2 工作站。

② 关闭 1 号机，关闭空气压缩机电源，关闭输出阀门。

③ 关闭机柜内部开关（先关闭 AQS，再关闭 BSMS）。

④ 关闭机柜总电源开关。

⑤ 关闭电脑电源。

五、思考题

（1）解释核磁共振的定义。

（2）元素周期表中所有元素都可以测出核磁共振谱吗？为什么？

实验 16　铁氰化钾体系电化学性能测试仿真实验

一、实验目的

（1）熟悉 CHI660E 电化学工作站的使用。

（2）学习循环伏安法测定电极反应参数的基本原理及方法。

（3）学习线性扫描伏安法测定电极反应参数的基本原理及方法。

（4）学会测量峰电流和峰电位。

二、实验仪器

CHI660E 电化学工作站虚拟仿真软件。

三、实验原理

（1）电化学工作站

电化学工作站是电化学测量系统的简称，也是电化学研究和教学中常用的测量设备。将多种测量系统组成一台整机，内含快速数字信号发生器、高速数据采集系统、电位电流信号滤波器、多级信号增益、取降补偿电路以及恒电位仪、恒电流仪。电化学工作站可直接用于超微电极上稳态电流的测量；如果与微电流放大器及屏蔽箱连接，可测量 1pA 或更低的电流。如果与大电流放大器连接，电流范围可拓宽为±100A。某些实验方法的时间尺度数量级可达 10 倍，动态范围极为宽广，一些电化学工作站甚至没有测试时间记录的限制，可进行循环伏安法、交流阻抗法、交流伏安法以及电流滴定、电位滴定等测量。电化学工作站可以进行两电极、三电极及四电极测试。四电极可用于高精度界面电化学测量，对于大电流或低阻抗电解池（如电池）也十分重要，可消除因电缆和接触电阻引起的测量误差。此外，仪器还有外部信号输入通道，可在记录电化学信号的同时，同步记录外部输入的电压信号，如光谱信号、快速动力学反应信号等。这对光谱电化学、电化学动力学等实验极为方便。

电化学工作站主要有两大类，即单通道工作站和多通道工作站。多通道工作站可以同时进行多个样品测试，较单通道工作站有更高的测试效率，可满足大规模研发测试的需要，利于显著加快研发速度。

(2) 三电极体系

三电极体系一般包括工作电极、参比电极、辅助电极。

经典三电极体系由工作电极（WE）、辅助电极（CE）、参比电极（RE）组成。在电化学测试过程中，通常以工作电极作为研究对象。三电极组成两个回路，一个用来测电位，另一个用来测电流。由工作电极和参比电极组成的回路，可用来测试电极的电位。因为参比电极的电位是恒定且已知的，而工作电极和辅助电极组成的另一个回路，可用来测试电流。这就是所谓的“三电极、两回路”配置，也就是测试中常用的三电极体系。

工作电极又称为研究电极，是指所研究的反应发生在该电极上。一般来讲，对工作电极的基本要求是：工作电极可以是固体，也可以是液体；各类能导电的固体材料均能用作电极。工作电极需要具备的一些性能如下：

① 所研究的电化学反应不会因电极自身发生的反应而受到影响，并且能够在较宽电位范围内进行测定；

② 电极必须不与溶剂或电解液组分发生反应；

③ 电极面积不宜太大，电极表面应均一平滑，且能够通过简单方法进行表面净化。

参比电极是指具有已知电势接近理想不极化特性的电极。参比电极上几乎没有电流通过，可用于测定工作电极的电极电势。

辅助电极又称为对电极，与工作电极组成回路，使工作电极的电流畅通，以保证所研究的反应在工作电极上发生，但必须确保不会对电池反应造成干扰。

四、实验步骤

(1) 电极前处理

① 将三个电极从电极盒中取出。

② 取抛光布。

③ 从抛光粉瓶中取粒径为 0.3μm 的 α-Al_2O_3 粉末，作为抛光粉。

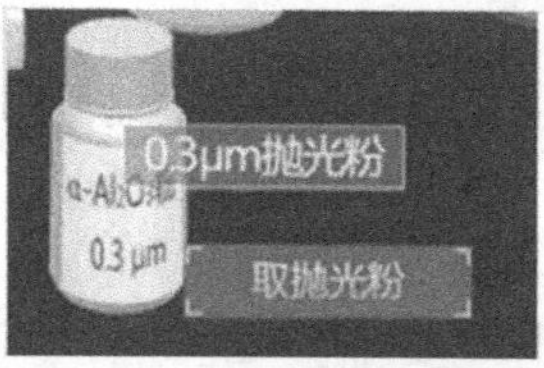

④ 抛光粉加去离子水。

⑤ 取下玻碳电极的电极帽。

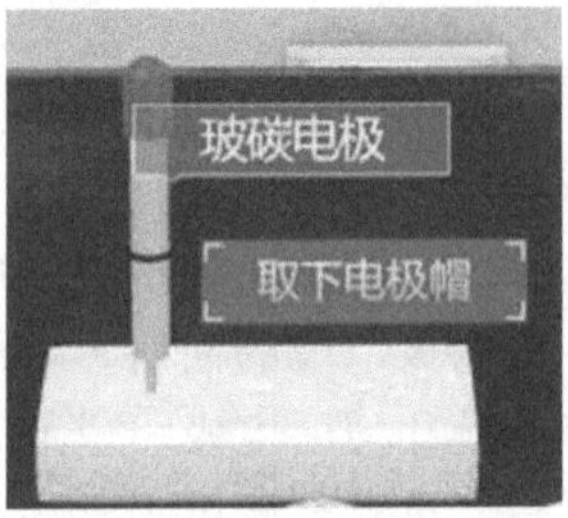

⑥ 打磨玻碳电极。

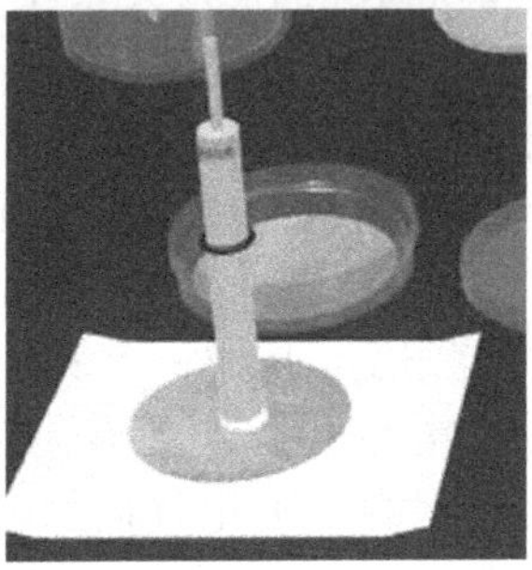

⑦ 清除旧抛光布，新取一张抛光布。

⑧ 从抛光粉瓶中取粒径为 0.05μm 的 α-Al_2O_3 粉末，作为抛光粉。

⑨ 抛光粉加去离子水。

⑩ 打磨玻碳电极。

⑪ 使用去离子水清洗玻碳电极。

⑫ 使用 HNO_3 和蒸馏水（体积比 1∶1）清洗玻碳电极。

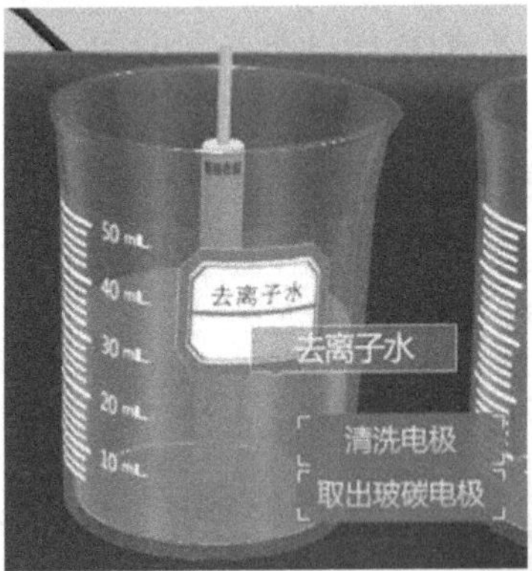

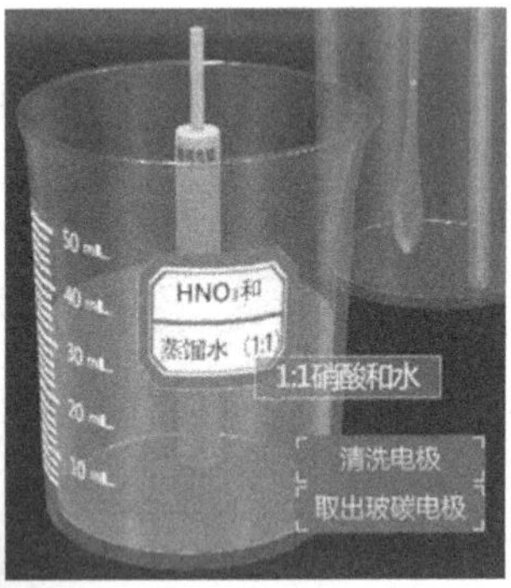

⑬ 使用乙醇和蒸馏水（体积比 1∶1）清洗玻碳电极。

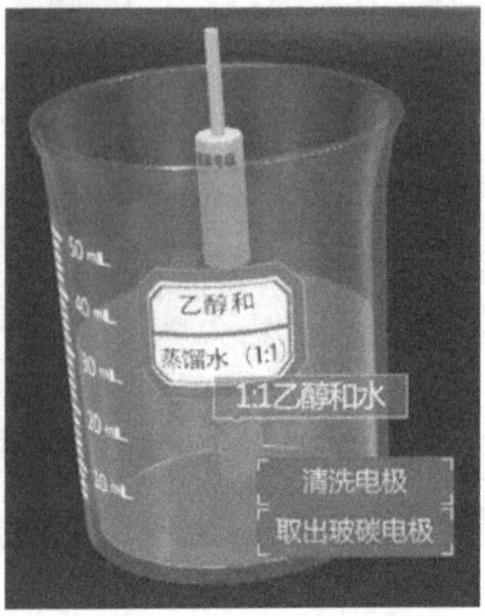

（2）实验准备

① 预热仪器，将鼠标指向工作站仪器电源，打开电化学工作站，预热10min；将鼠标指向电源，打开电脑。

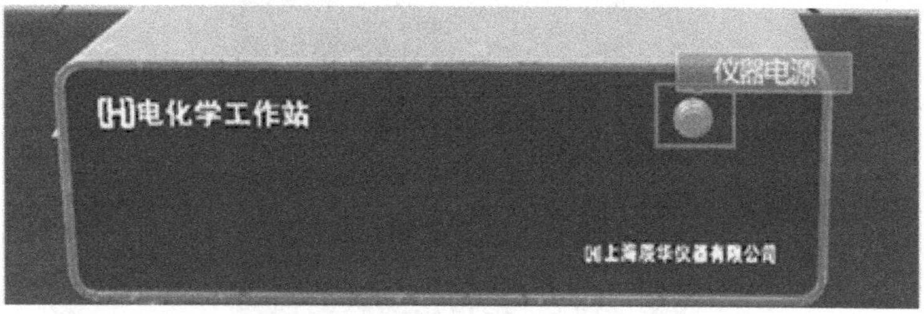

② 配制标样（电解液），右键点击主界面菜单栏中的样品配制标签，弹出样品配制窗口；在样品配制窗口中输入标准储备液的体积和定容体积，配制标样1（即电解液），具体配制的标样含量以教师教案为准。

标样的制备

编号	铁氰化钾体积/mL	氯化钾体积/mL	定容体积/mL	铁氰化钾浓度/mol/L	氯化钾浓度/mol/L	操作
1						装样 清空
2						装样 清空
3						装样 清空
4						装样 清空
5						装样 清空
6						装样 清空

注：

	标准储备液		定容试剂
名称	铁氰化钾	氯化钾	去离子水
浓度/mol/L	0.03	3	

例如，在编号为1的一栏中输入铁氰化钾体积为5mL、氯化钾体积为5mL、定容体积为50mL后，列表会自动计算出标样中铁氰化钾、氯化钾的含量并显示在表中。点击“装样”命令后，实验台上标签为电解液的容量瓶中装入标样。点击“清空”命令可取消该标样的配制，桌面上容量瓶的标样以及列表中的数据都将被清空。

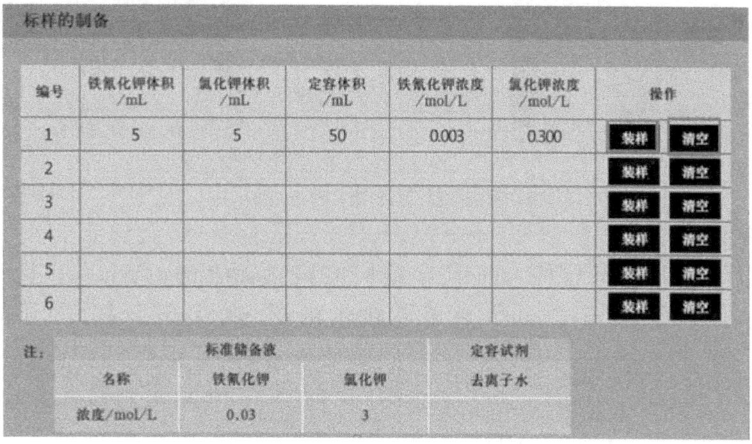

标样的制备

编号	铁氰化钾体积/mL	氯化钾体积/mL	定容体积/mL	铁氰化钾浓度/mol/L	氯化钾浓度/mol/L	操作
1	5	5	50	0.003	0.300	装样 清空
2						装样 清空
3						装样 清空
4						装样 清空
5						装样 清空
6						装样 清空

注：

	标准储备液		定容试剂
名称	铁氰化钾	氯化钾	去离子水
浓度/mol/L	0.03	3	

③ 向电解池中加入电解液，鼠标指向电解池，右键点击电解池，弹出操作提示“加电解液”；左键单击，从容量瓶向电解池加入电解液。

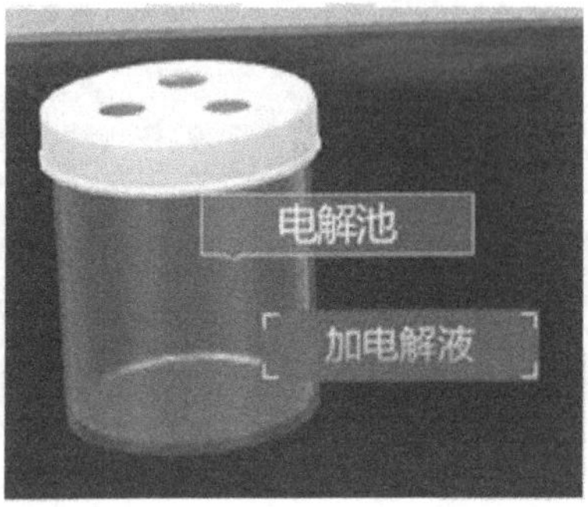

④ 将电解池固定在电极架上。

⑤ 固定电极，依次将玻碳电极、饱和甘汞电极和铂丝电极固定到电解池里。

⑥ 连接电极夹线与电极，按照提示分别将玻碳电极与绿色夹子连接，铂丝电极与红色夹子连接，甘汞电极与白色夹子连接。

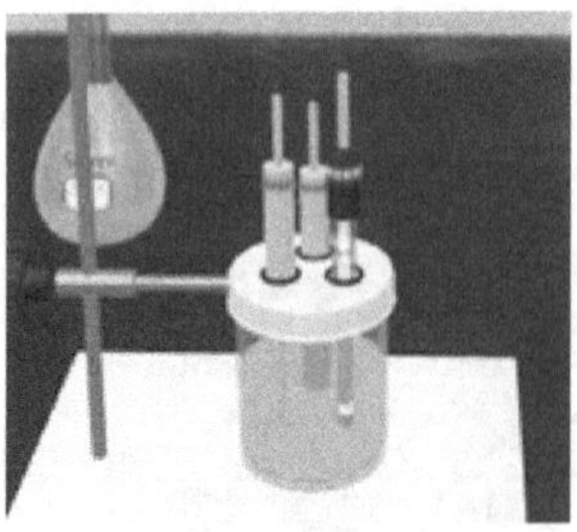

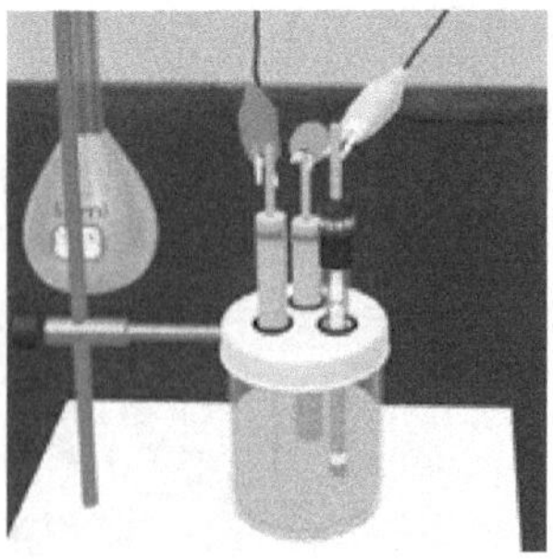

（3）实验测试

① 打开 CHI660E 测试软件，将鼠标指向电脑桌面上的 CHI660E 测试软件。左键双击以打开测试软件，双击“File”菜单下的“New”或点击新建图标，新建一个测试窗口。

② 选择 CV 测试方法，点击“Setup”菜单下的“Technique”，打开实验技术窗口，点击“Cyclic Voltammetry”，点击 OK。

③ 设置实验参数，点击“Setup”菜单下的“Parameters”，打开参数设置窗口；设置完各项参数后，点击 OK 键。

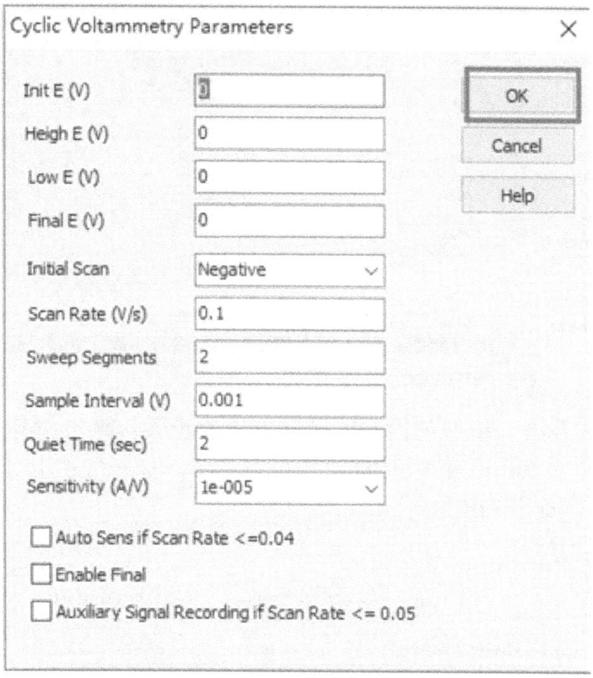

参数设置如下：初始电位（Init E），设为－0.2V；最高电位（High E），设为 0.6V；最低电位（Low E），设为－0.2V；起始扫描极性（Initial Scan Polarity），设为 Positive（阳极）；扫描速率（Scan Rate），设为 0.1V/s；电流灵敏度（Sensitivity），设为“1e-005A/V”（即 1×10^{-5}A/V）。

④ 点击“Control”菜单中的“Run Experiment”，开始测试；测试结束后，得到循环伏安曲线，将鼠标放在测试曲线上，能够显示此位置的电位和电流。

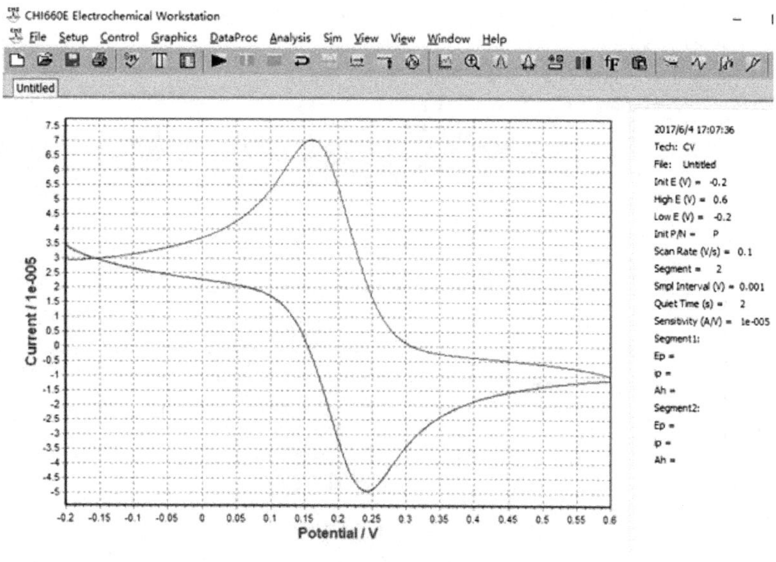

⑤ 保存数据。当测试完成后，在“File”菜单中点击“Save as”命令或者点击工具栏

中的“保存”图标，输入文件名并选择保存类型，点击“保存”。

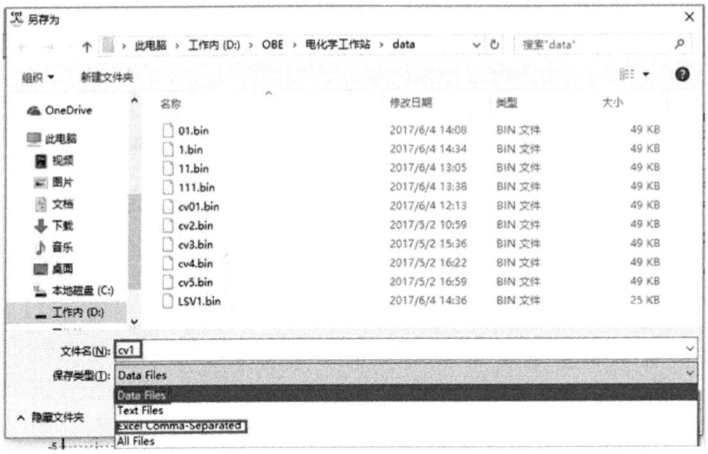

⑥ 选择 LSV 测试方法，按照如同 CV 测试方法的步骤：点击“File”菜单下的“New”新建一个测试窗口；点击 Setup 菜单下的“Technique”，打开实验技术窗口，点击“Linear Sweep Voltammetry”，点击 OK。

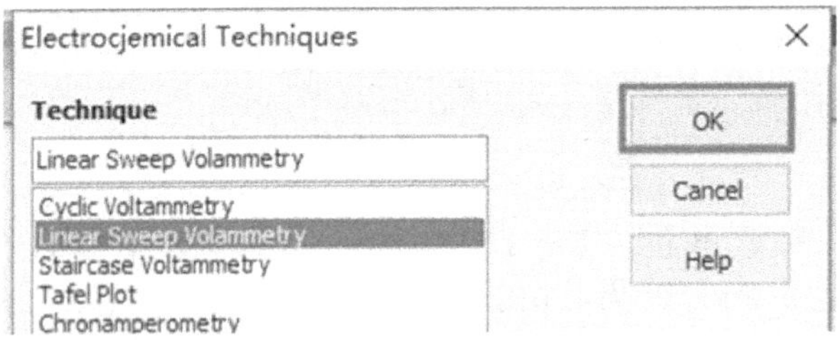

⑦ 设置实验参数，点击“Setup”菜单下的“Parameters”，打开参数设置窗口；设置完各项参数后，点击“OK”键。

参数设置如下：初始电位（Init E），设为－0.2V；终止电位（Final E），设为 0.6V；扫描速率（Scan Rate），设为 0.1V/s；电流灵敏度（Sensitivity），设为“1e-005A/V”（即 1×10^{-5}A/V）。

⑧ 开始测试并保存数据。

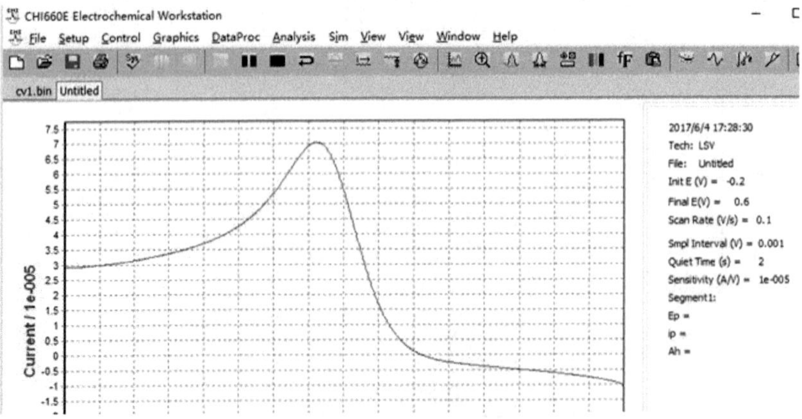

(4) 实验结束

① 取下电极上的电极夹，按照提示分别将玻碳电极与绿色夹子断开，铂丝电极与红色

夹子断开，甘汞电极与白色夹子断开。

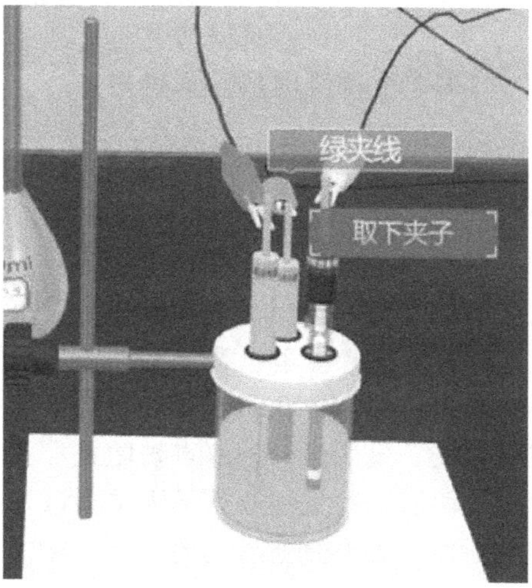

② 取下三电极。依次将玻碳电极和铂丝电极从电解池中取出，用盛有去离子水的洗瓶清洗电极；将饱和甘汞电极从电解池中取出，用盛有去离子水的洗瓶清洗电极；之后将电极放置在盛有饱和氯化钾的烧杯中；将电解池内的电解液清空。

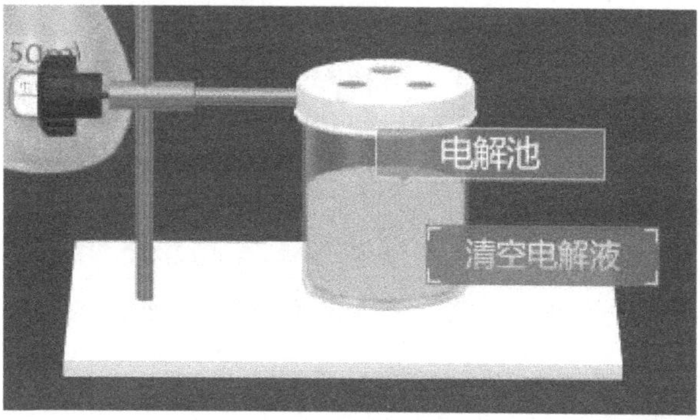

③ 盖好清洗仪盖子。

④ 放回三电极，将玻碳电极盖好电极帽，放回电极盒；将铂丝电极放回电极盒；将饱和甘汞电极底部橡皮塞塞紧，放回电极盒。

⑤ 关闭 CHI660E 测试软件；关闭电脑主机电源；关闭电化学工作站仪器电源。

五、思考题

(1) 电化学工作站的工作过程是怎样的？

(2) 如何设置 CV 参数？

(3) 如何设置 LSV 参数？

实验 17 激光共聚焦显微镜仿真实验

一、实验目的

(1) 熟悉激光共聚焦显微镜的工作原理。

（2）掌握激光共聚焦显微镜的操作方法。

二、实验仪器

LCSM510 META 型激光共聚焦显微镜虚拟仿真软件。

三、实验原理

传统的光学显微镜使用的是场光源，标本上每一点的图像都会受到邻近点的衍射光或散射光的干扰。激光扫描共聚焦显微镜（LSCM）采用点光源照射样本，在焦平面上形成一个轮廓分明的小光点。该点被照射后发出的荧光被物镜收集，并沿原照射光路回送到由双色镜构成的分光器。分光器将荧光直接导向探测器。光源和探测器的前方各有一个针孔，分别称为照明针孔和探测针孔。照明针孔与探测针孔相对于物镜焦平面是共轭的，使得焦平面上的点同时聚焦于照明针孔和探测针孔。焦平面以外的点被阻挡在探测针孔之外不能成像，这样得到的共聚焦图像是样品的光学切面，避免了非焦平面上杂散光线的干扰，克服了普通显微镜图像模糊的问题，因此能得到整个焦平面上清晰的共聚焦图像。

四、实验步骤

（1）开机流程

① 打开电箱门，将断路器开关向上推，打开开关。

② 打开激光共聚焦系统总电源开关进行初始化。

③ 点击紫外水冷系统开关，打开紫外水冷系统。

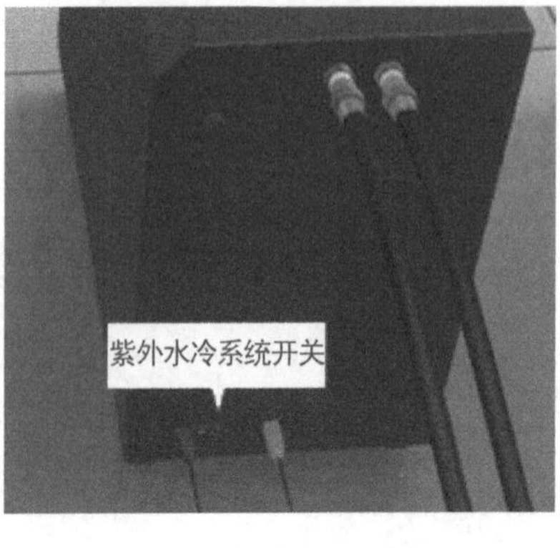

④ 单击紫外激光器电源开关，打开紫外激光系统。

⑤ 点击显微镜电源开关，打开显微镜主机电源。

⑥ 开启汞灯开关。

⑦ 打开电脑。

(2) 设置显微镜参数

① 打开工作站。

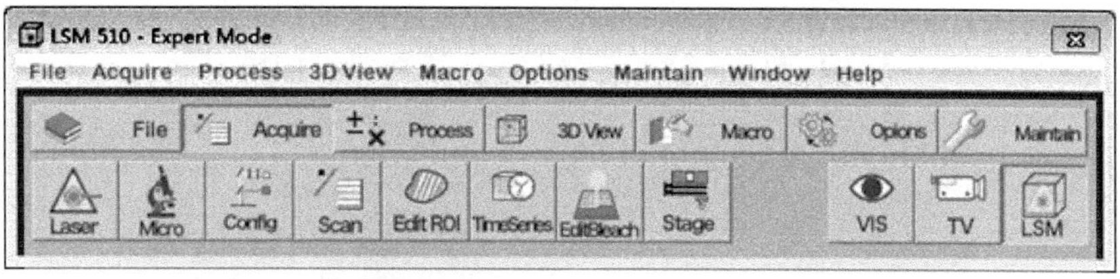

② 放置样品，将载玻片放置到载物台上。

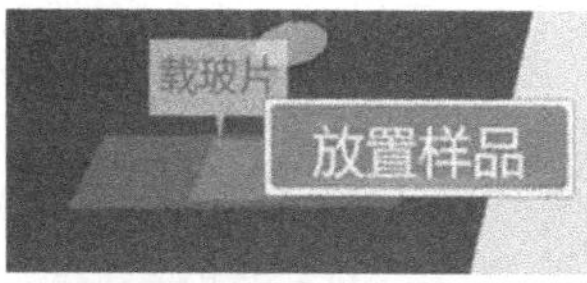

③ 进行显微参数设置，调出显微镜调节窗口，设置相关参数。

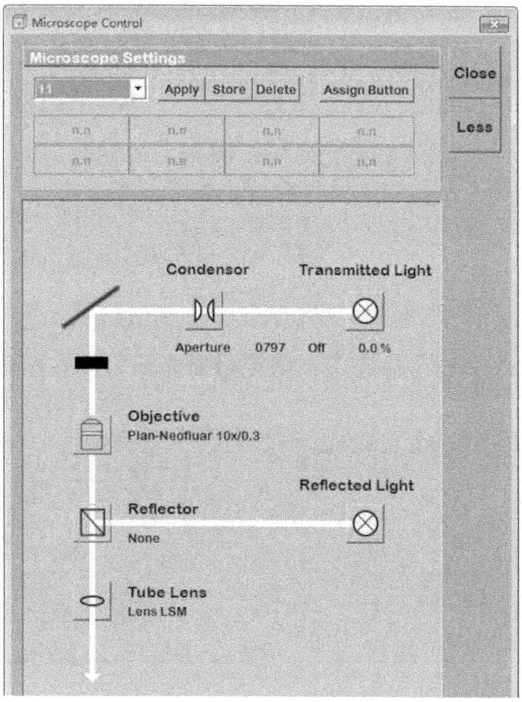

④ 将样品调焦，鼠标指向粗准焦螺旋旋钮，左键单击，弹出顺逆调节箭头，点击顺时针箭头，调节并找到样品；将鼠标指向细准焦螺旋旋钮，左键单击，弹出顺逆调节箭头，点击顺时针箭头，找到所要扫描的视野。

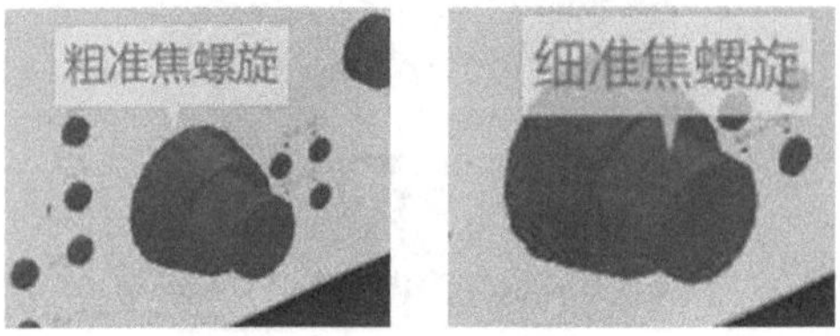

⑤ 将样品调节至载物台中央，点击载物台 Y 旋钮，点击顺逆方向，将样品调至中央位置；点击载物台 X 旋钮，点击顺逆方向，将样品调至中央位置。

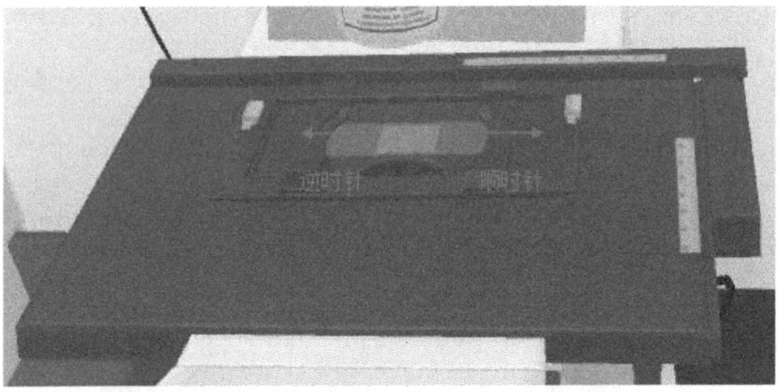

⑥ 点击“Transmitted Light”，调节滑块至透射光强为 0，关闭透射光光源。

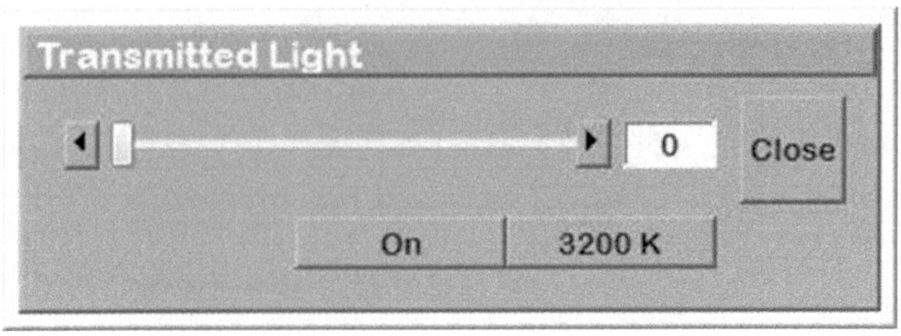

⑦ 鼠标左键单击“Reflector”图标，弹出下拉菜单，选择荧光滤光片。

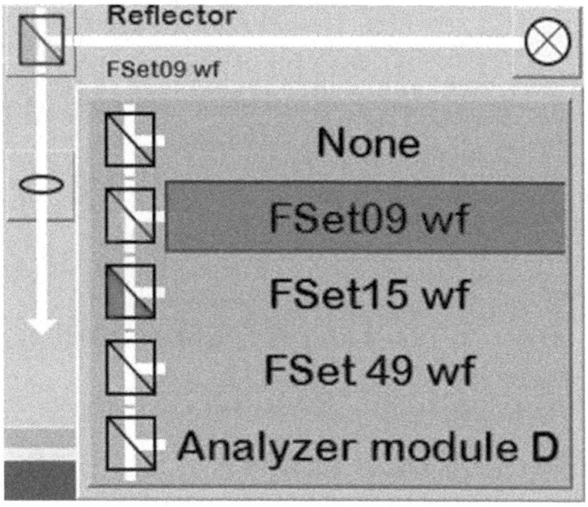

⑧ 鼠标左键单击“Reflected Light”按钮，打开荧光光源。

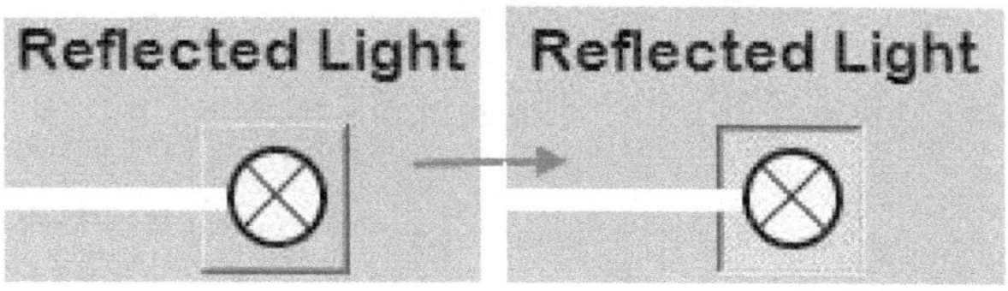

（3）设计光路

① 开激光器。

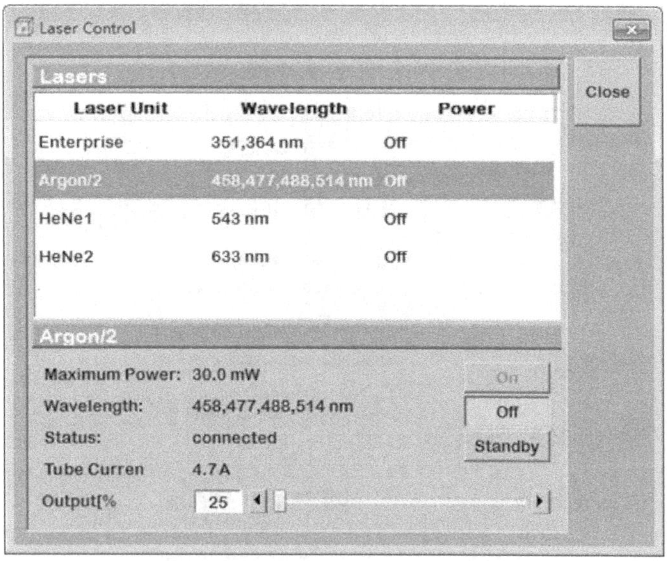

② 鼠标点击“Config”按钮，打开光路设计窗口，点击“Multi Track”切换到多通道窗口。

③ 点击“Excitation”按钮，勾选488nm激发光波长前的复选框，拖动滑块设置激发光强度为10.0左右。

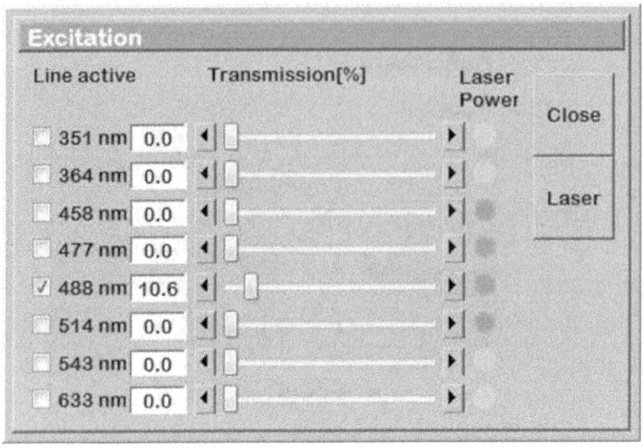

④ 点击 NT 80/20 按钮，弹出主二色分光镜菜单，选择主二色分光镜 HFT 488。

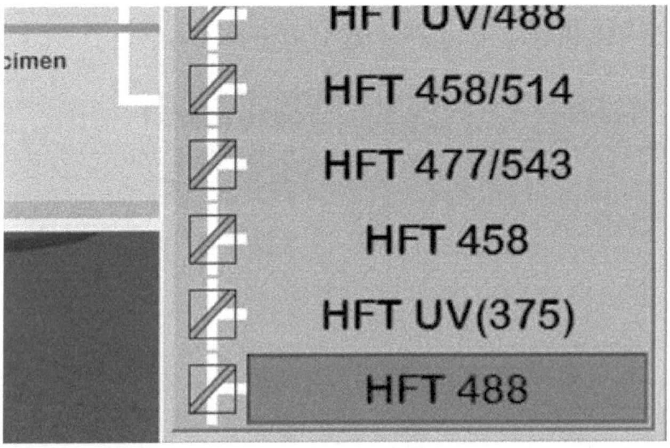

⑤ 鼠标点击按钮 ，弹出菜单，设置二次二色分光镜。

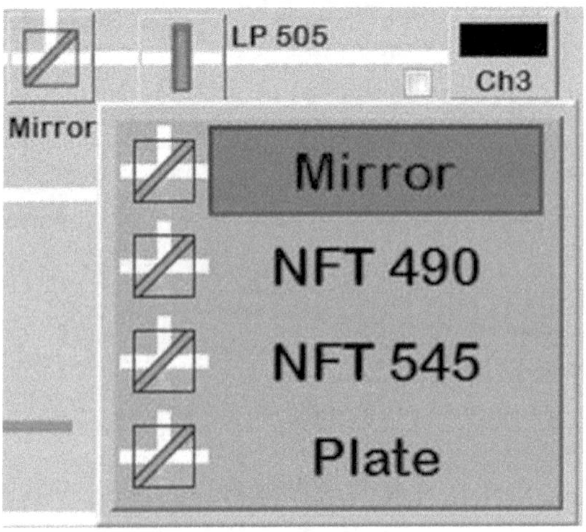

⑥ 鼠标点击 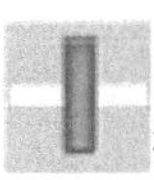 按钮，选择吸收滤色镜。

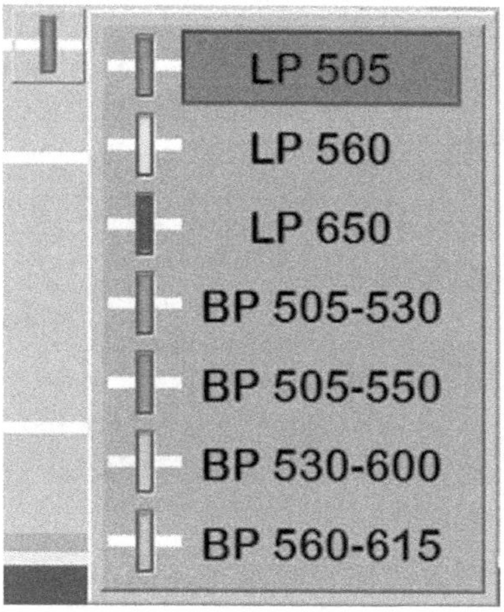

⑦ 鼠标指向

按钮，点击“指派通道颜色”。

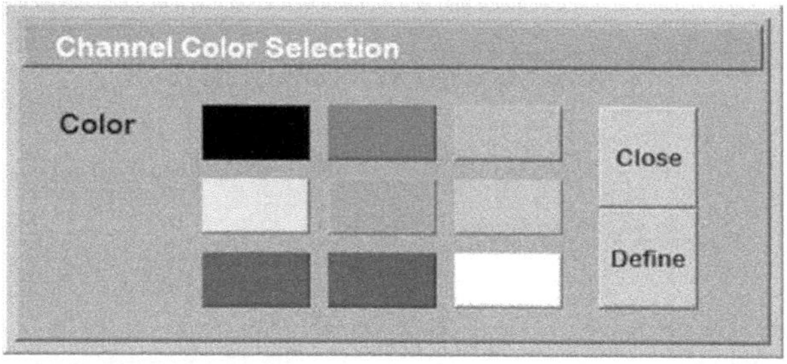

⑧ 点击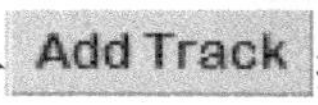

按钮，依次增加三个通道：选中第一个通道，第一通道变成蓝色，使用 488nm 激光，强度为 20%左右；主二次二色分光镜选择 HFT 488、二次二色分光镜 1 选择“Mirror”，二次二色分光镜 2 选择“Mirror”，吸收滤镜选择 LP 505，选择 Ch2 通道，绿色。

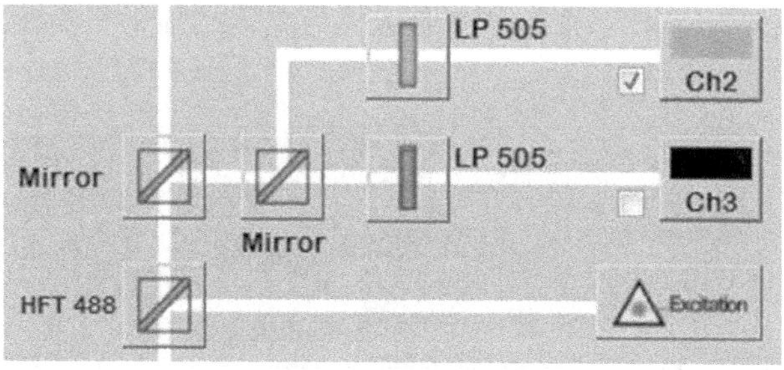

选中第二个通道：使用 543nm 激光，强度为 20%左右；主二次二色分光镜选择 HFT 477/543、二次二色分光镜 1 选择“Mirror”，二次二色分光镜 2 选择“Plate”，吸收滤镜选择 LP 560，选择 Ch3 通道，红色。

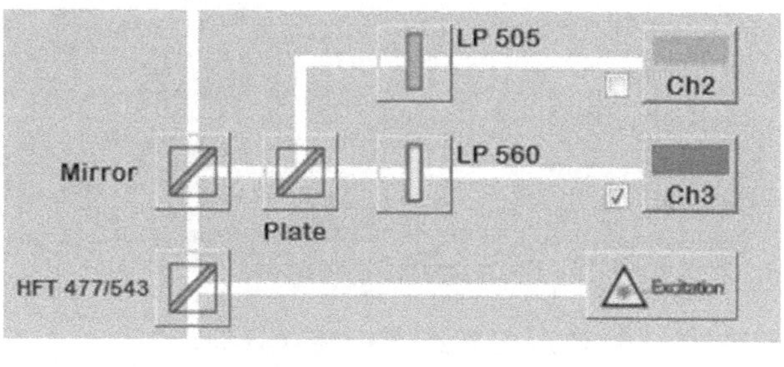

选中第三个通道：使用 364nm 激光，强度为 20%左右；主二次二色分光镜选择 HFT UV（375），二次二色分光镜 1 选择“Mirror”，二次二色分光镜 2 选择“Mirror”，吸收滤镜选择 LP 385，选择 Ch2 通道，蓝色。

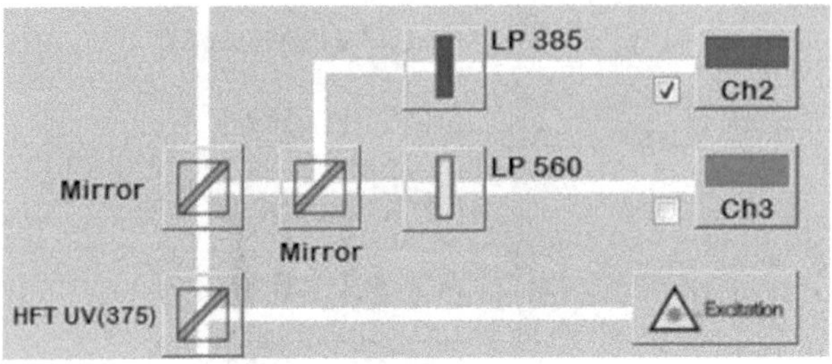

⑨ 点击“Spectra”按钮，检查光路设置是否正确。

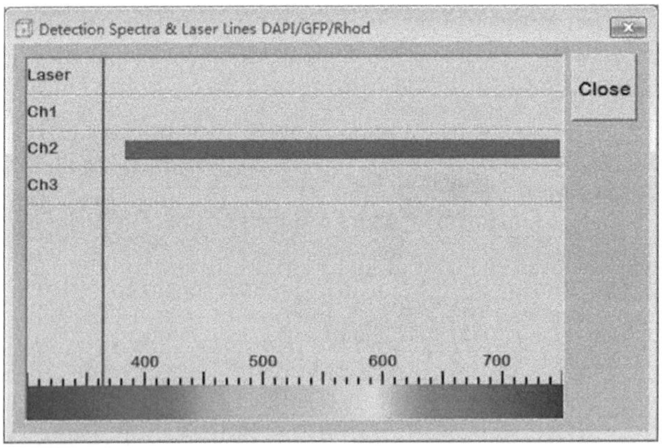

（4） 多通道扫描

① 扫描参数设置，打开扫描参数设置窗口，图像像素点击选择为“512”，扫描速度选择“9”，灰度设置选择“8 Bit”；将扫描方向选择为单向扫描，扫描模式选择为线扫描，扫描次数选择“1”。

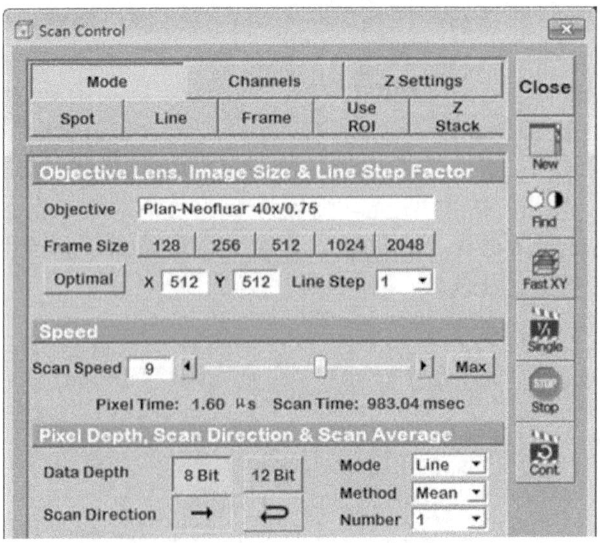

② 光路设计窗口，将第一行通道前复选框打钩（只勾选第一个）。

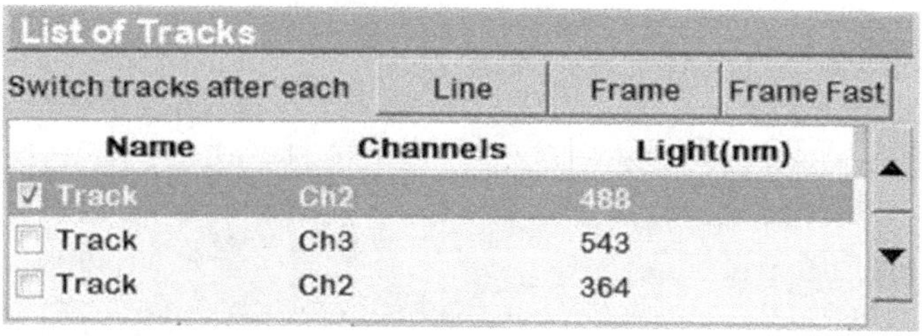

③ 点击“Find”按钮，弹出窗口，自动优化检测图像。

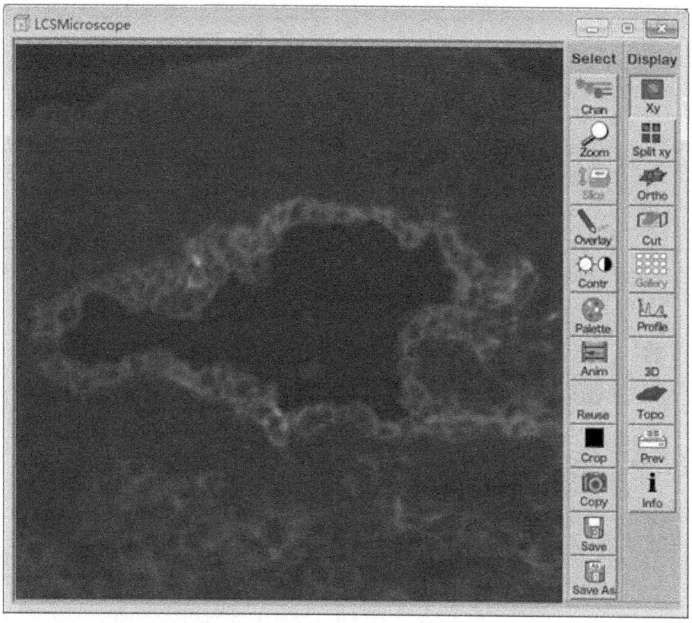

④ 点击“Cont”按钮，打开连续扫描窗口。

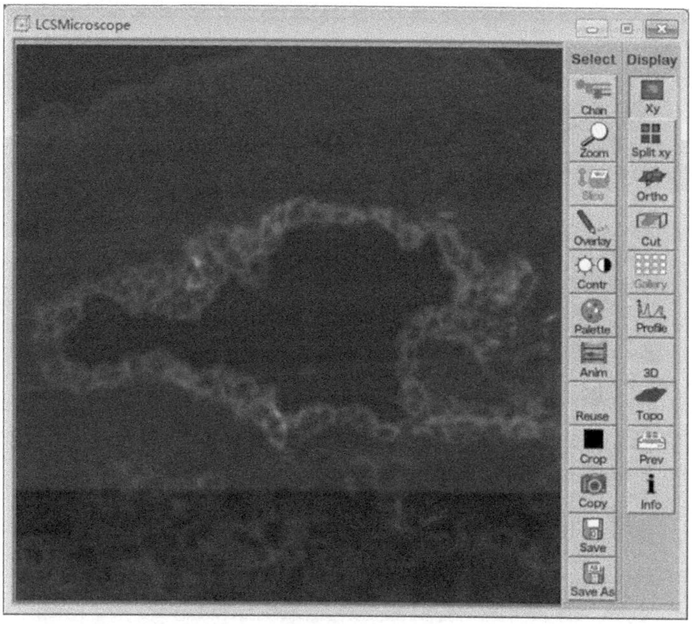

⑤ 点击“Channels”按钮，切换至通道参数设置界面。

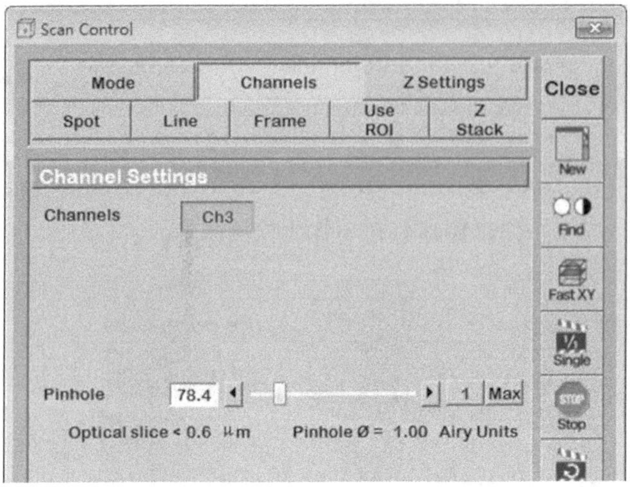

⑥ 对“Pinhole”（针孔）进行调节，点击 1 按钮，达到最佳光切厚度；调节“Detector Gain”滑块设置图像亮度对比度；调节“Amplifier Offset”滑块设置图像背景；调节“Amplifier Gain”滑块设置信号放大倍数。

⑦ 只勾选第二个通道，点击“Cont”按钮，打开连续扫描窗口；与第一个通道操作调节一样，点击“Pinhole”（针孔）调节，点击 1 按钮，达到最佳光切厚度；调节亮度及对比度。

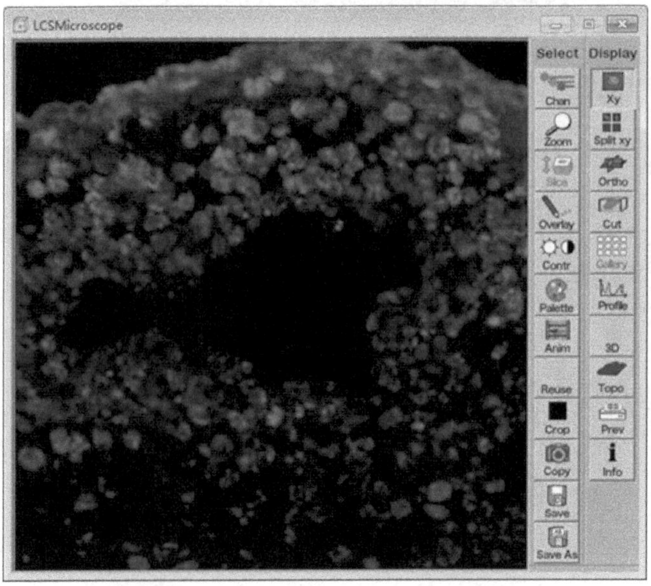

⑧ 只勾选第三个通道，点击“Cont”按钮，打开连续扫描窗口，与第一个通道操作调节一样，点击“Pinhole”（针孔）调节，点击 1 按钮，达到最佳光切厚度；调节亮度及对比度。

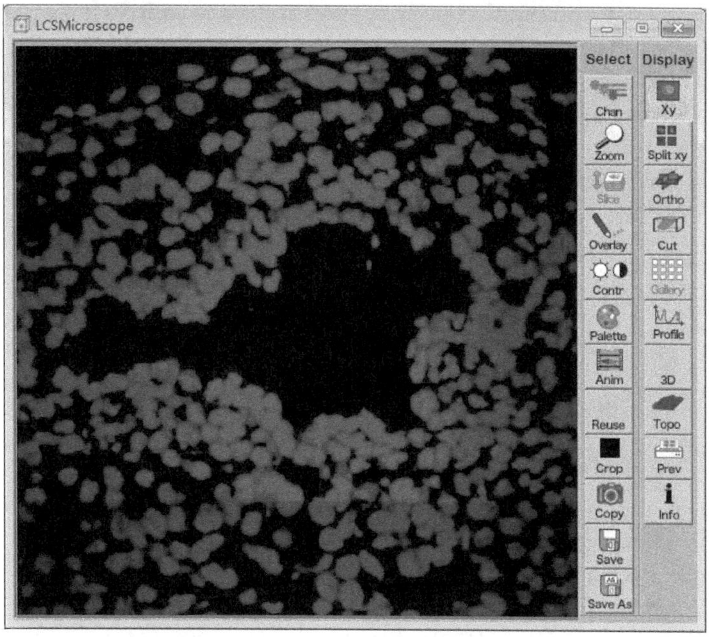

⑨ 图片拍照设置，勾选所有 track 通道，回到 Mode 界面；将图像像素选择为“1024”，扫描速度选择为“7”，扫描次数选择为“4”，点击 Single 按钮，完成最终拍照。

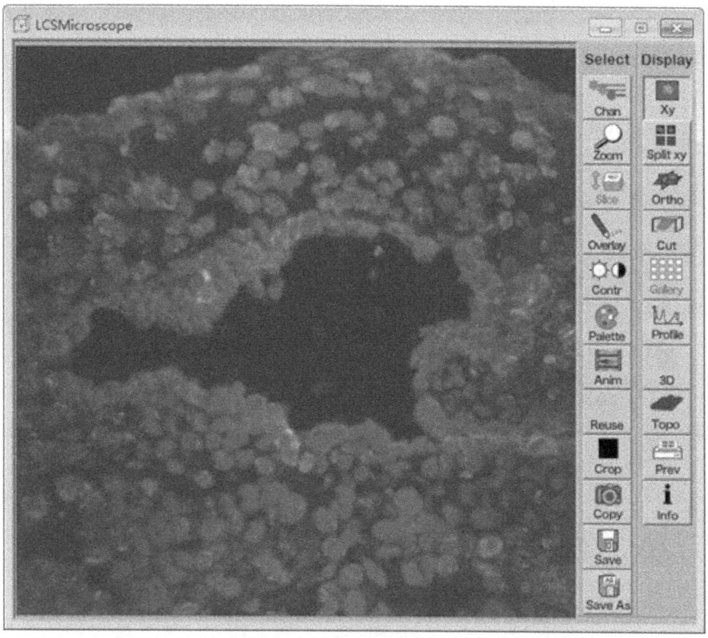

⑩ 图片保存，点击“Save As”按钮，弹出保存窗口；点击“New MDB”按钮，弹出新建文件保存路径窗口，输入文件夹名；点击“Create”按钮，创建文件夹。在 Name 栏输入图像名称，点击“OK”按钮，保存完成。

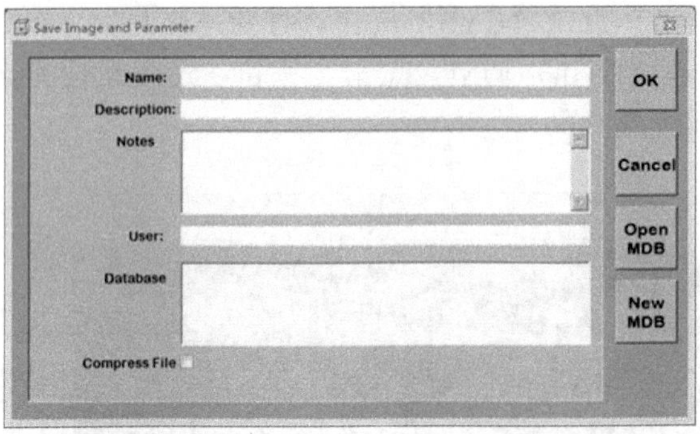

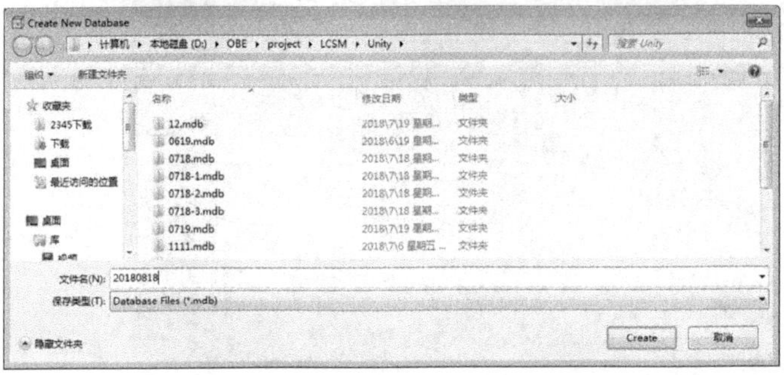

⑪ 点击“Open database”菜单，选择对应文件夹（图像保存的文件夹）；点击选择文件夹按钮，弹出窗口，双击图像，可查看图像。

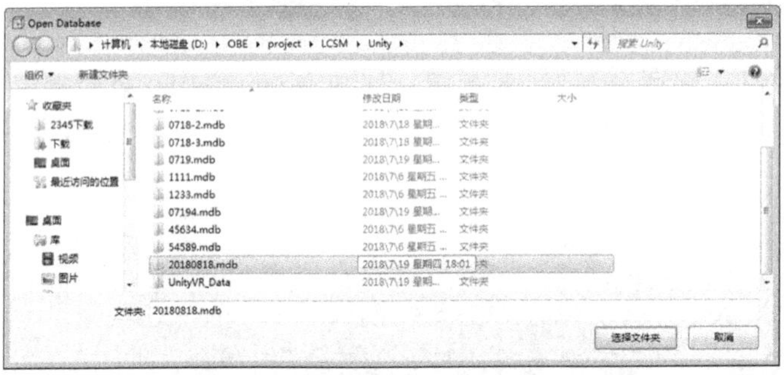

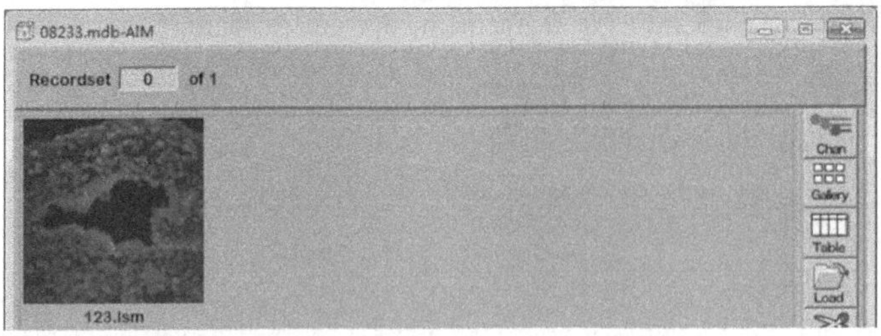

(5) 关机流程

① 关闭工作站。

② 关闭计算机。

③ 卸载样品，单击“取下样品”命令，将载玻片下载下来。

④ 关闭各电源开关。

五、思考题

(1) 简述激光共聚焦显微镜的工作原理。

(2) 简述激光共聚焦显微镜的功能。

第六章 金属材料分析仿真实验

实验 18 铁碳合金成分、组织、性能之间关系的综合仿真实验

一、实验目的

(1) 了解铁碳合金在平衡状态下从高温到室温的组织转变过程。

(2) 分析铁碳合金在平衡状态室温下的组织形貌。

(3) 加深对铁碳合金的成分、组织和性能之间的理解。

(4) 绘制常用铁碳合金的组织形貌。

二、实验仪器

金相显微镜虚拟仿真软件。

三、实验原理

铁碳合金的平衡组织主要指碳钢和白口铸铁。从铁碳合金状态图上可以看出，所有碳钢和白口铸铁均由铁素体（F）和渗碳体（Fe_3C）两个基本相组成。但由于碳的质量分数不同，铁素体和渗碳体的相对数量、析出条件以及分布情况均有所不同，因而呈现出各种不同的组织状态。

(1) 碳钢和白口铸铁的基本组织

① 铁素体（F）是碳在铁中的固溶体。铁素体为体心立方晶格，具有磁性及良好的塑性，硬度较低。用 3%～4%硝酸乙醇溶液浸蚀后，在显微镜下呈现明亮色泽的多边形晶粒。

② 渗碳体（Fe_3C）是铁与碳形成的一种化合物，含碳量为 6.69%。用 3%～4%硝酸乙醇溶液浸蚀后，渗碳体呈亮白色。若用苦味酸钠溶液浸蚀，则渗碳体呈黑色，而铁素体仍为白色。

③ 珠光体（P）是铁素体和渗碳体组成的共析混合物，其组织是共析转变的产物。由杠杆定律可以求得铁素体与渗碳体的体积比为 8∶1，因此铁素体层较宽，渗碳体层较窄。

④ 莱氏体（Ld）是液态铁碳合金发生共晶转变形成的奥氏体和渗碳体组成的共晶混合

物，其中奥氏体在继续冷却时析出二次渗碳体，在727℃以下分解为珠光体。

（2）铁碳合金室温下显微组织

① 工业纯铁　含碳量<0.0218%，其显微组织为铁素体。

② 碳钢

a. 共析钢　含碳量为0.77%，其显微组织为片状渗碳体分布于铁素体基体上的珠光体。

b. 亚共析钢　含碳量在0.0218%~0.77%范围内的碳钢合金，其组织由先共析铁素体和珠光体组成，随着含碳量的增加，铁素体的数量逐渐减少；而珠光体数量则相应增多。其中，在显微镜下，亮白色为铁素体，暗黑色为珠光体。

c. 过共析钢　含碳量在0.77%~2.11%。其组织由珠光体和先共析渗碳体（二次渗碳体）组成。钢中含碳量越多，二次渗碳体数量就越多。组织中存在片状珠光体和网络状二次渗碳体，经浸蚀后珠光体呈暗黑色，而二次渗碳体则呈白色网络状。

③ 白口铸铁　含碳量大于2.11%的铁碳合金。其中的碳以渗碳体的形式存在，因断口呈亮白色而得此名。

a. 亚共晶白口铸铁　含碳量<4.3%，在室温下亚共晶白口铸铁的组织为珠光体、二次渗碳体和莱氏体。用硝酸乙醇溶液浸蚀后，在显微镜下呈现黑色枝晶状的珠光体和斑点状莱氏体，其中二次渗碳体与共晶渗碳体混在一起，不易分辨。

b. 共晶白口铸铁　含碳量为4.3%，其室温下的组织由单一的共晶莱氏体组成。经浸蚀后，在显微镜下，珠光体呈暗黑色细条或斑点状，共晶渗碳体呈亮白色。

c. 过共晶白口铸铁　含碳量>4.3%，在室温时的组织由一次渗碳体和莱氏体组成。用硝酸乙醇溶液浸蚀后，在显微镜下可观察到在暗色斑点状的莱氏体上分布着亮白色的粗大条片状的一次渗碳体。

四、实验步骤

（1）试样、工具、设备选择

点击左侧框体，在展开的栏位中按照实际需要选择试样（任意）、工具（手）、设备（金相显微镜）。

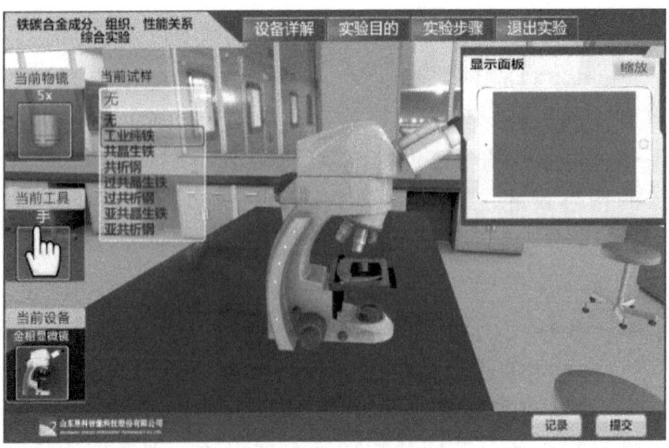

（2）金相显微镜操作

① 点击显微镜左侧下方的开关模型，在面板中点击开关按钮启动显微镜。

② 点击界面右上角iPad框体中的iPad开关，唤醒软件。

③ 点击iPad中观察界面上的显微镜图标，切换至普通观察视野。

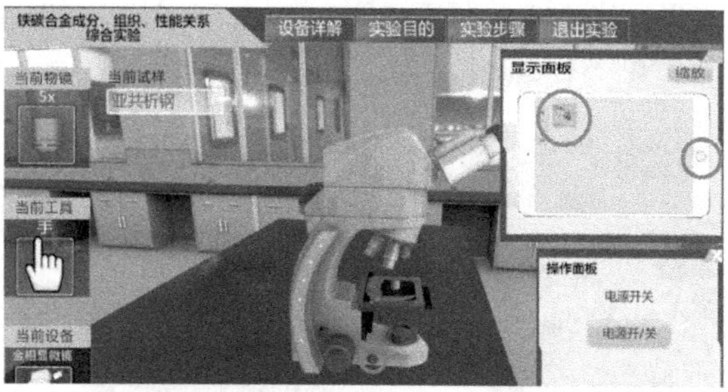

④ 点击准焦螺旋模型，在操作面板中点击按钮以控制旋钮的转动；使用粗细准焦螺旋控制载物台的上升、下降，直至图像清晰。

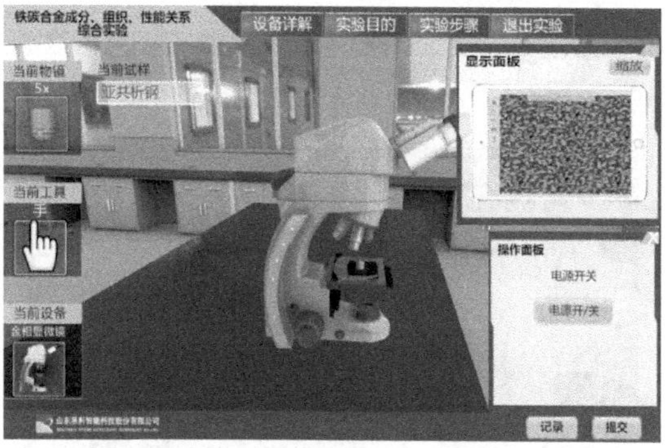

⑤ 选择物镜的倍数，需要按照逐级增加的方式选择。

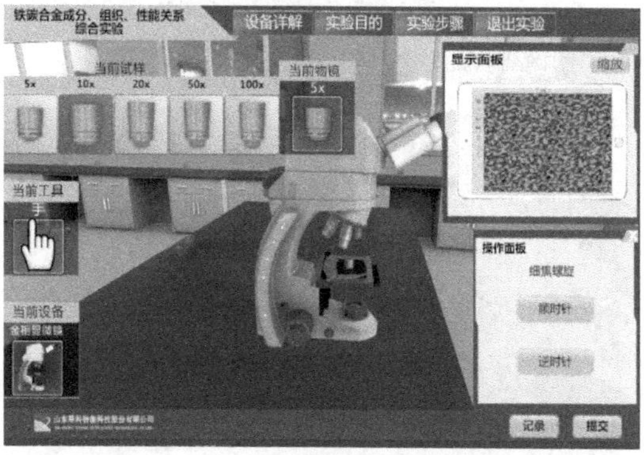

⑥ 点击显微镜左侧准焦螺旋背后的调节旋钮模型，在操作面板中点击按钮来控制旋钮转动，调节视场中的画面亮度。

⑦ 若需要更换试样，要先将物镜降低至 5 倍；点击试样栏，在下拉菜单中选择所需试样。

⑧ 点击数据面板上的“缩放”按钮，放大 iPad 观察界面。

⑨ 点击软件上部的按钮，在弹出按钮中选择第三个按钮。

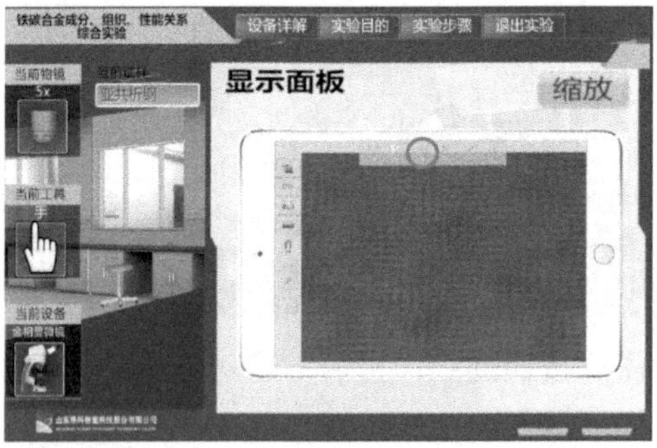

⑩ 点击标尺观察选项，切换至标尺模式。

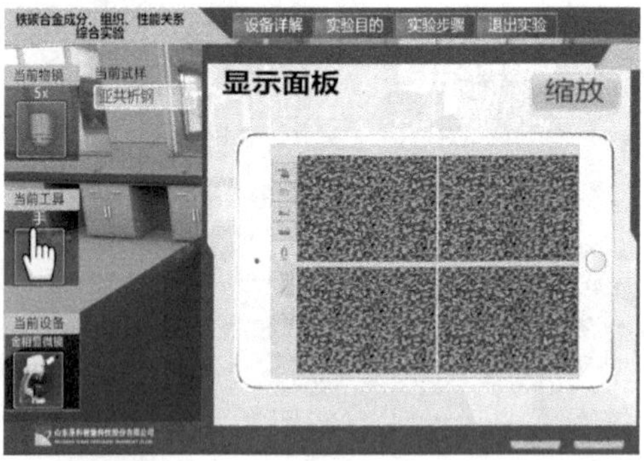

⑪ 数清两项组织所占格子数量，计算百分比后填入记录表单中。

⑫ 通过载物台控制旋钮，移动观察位置，再次计算百分比并填入表单；完成 3 次记录后，填写其平均值。

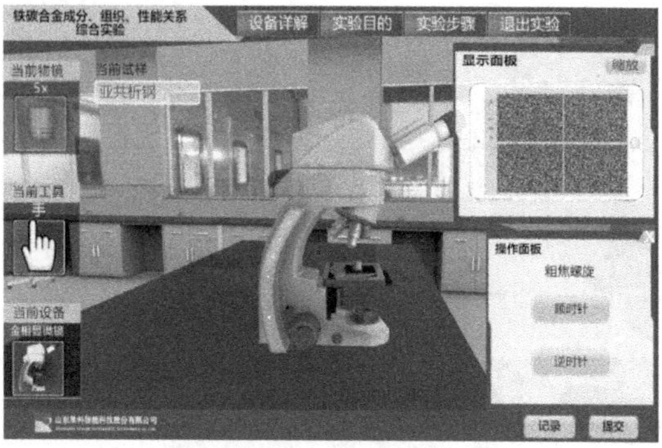

⑬ 完成操作后，点击提交按钮，完成实验。

五、思考题

（1）根据所观察组织，说明含碳量对铁碳合金的组织和性能的影响规律。
（2）绘制常用铁碳合金的显微组织示意图。

实验 19　金属样品的成分检测仿真实验

一、实验目的

（1）了解直读光谱仪的结构、原理，熟悉直读光谱仪的构造与工作方式。
（2）直读光谱样品的制备。

二、实验仪器

Q4TASMAN 型直读光谱仪虚拟仿真软件。

三、实验原理

根据现代光谱仪器的工作原理，光谱仪可以分为两大类，即经典光谱仪和新型光谱仪。

经典光谱仪是建立在空间色散原理上的仪器；新型光谱仪是建立在调制原理上的仪器。经典光谱仪多为狭缝光谱仪器。新型光谱仪（调制光谱仪）是非空间分光的，它采用圆孔进光。

以光电直读光谱仪为例，它的原理是：含有几种不同元素的样品受外部能源激发，将产生由每种元素特定波长组成的光；通过一个色散系统将这些波长分开，就能测定存在何种元素和这些波长中每一种波长的强度。这些强度与这些元素的浓度存在函数关系，可用光电倍增管测量这种发光强度，再用计算机处理这种信息，这样就能确定有关元素的含量。

四、实验步骤

（1）仪器开机

① 点击左侧设备选择栏，在展开的栏位中选择设备（空气开关），点击空气开关，在弹出的操作面板上选择“打开空气开关”操作。

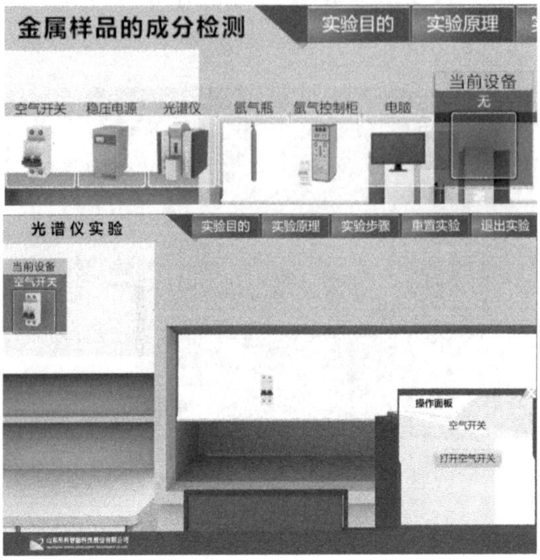

② 点击左侧设备选择栏，在展开的栏位中选择设备（稳压电源），点击稳压电源，在弹出的操作面板上选择“打开稳压电源”操作。

③ 点击左侧设备选择栏，在展开的栏位中选择设备（光谱仪），点击光谱仪，在弹出的操作面板上选择“打开光谱仪”操作。

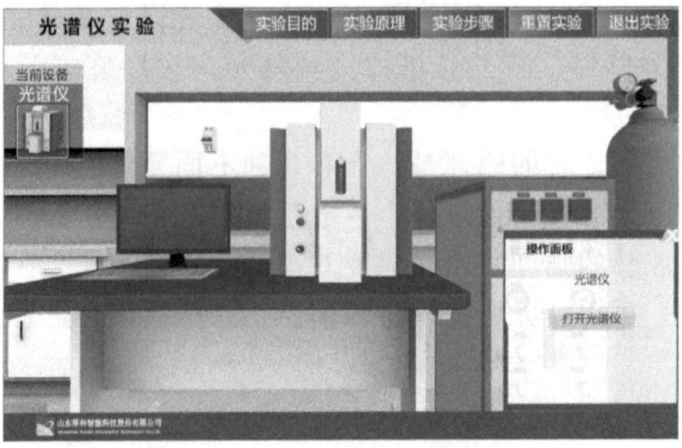

④ 点击左侧设备选择栏，在展开的栏位中选择设备（氩气瓶），点击氩气瓶，在弹出的操作面板上选择“打开氩气瓶”操作。

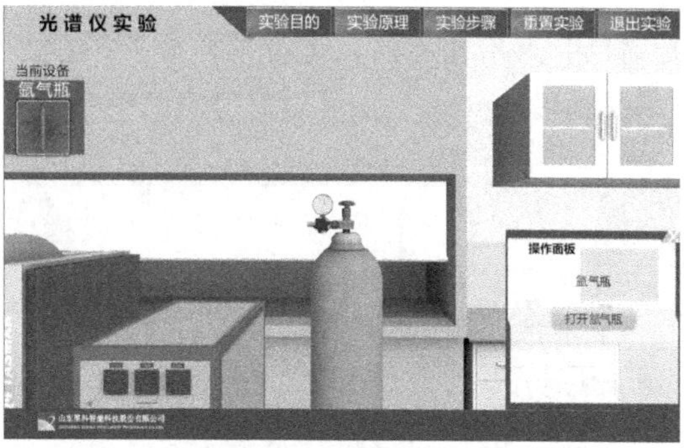

⑤ 点击左侧设备选择栏，在展开的栏位中选择设备（氩气控制柜），点击氩气控制柜，在弹出的操作面板上选择“打开总电源”“打开催化加热”操作。

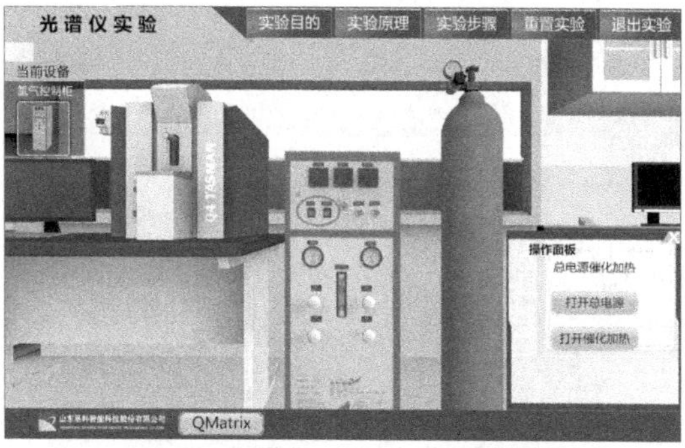

⑥ 点击氩气控制柜，在弹出的操作面板上选择“打开原气”“打开纯气”操作。

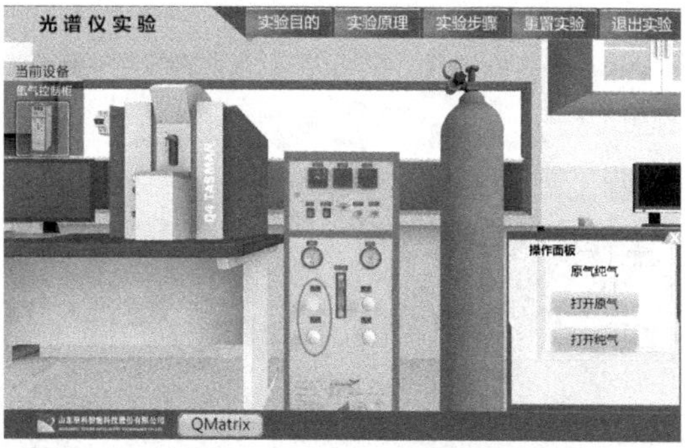

⑦ 点击左侧设备选择栏，在展开的栏位中选择设备（电脑），点击电脑，在弹出的操作面板上选择“打开电脑”操作。

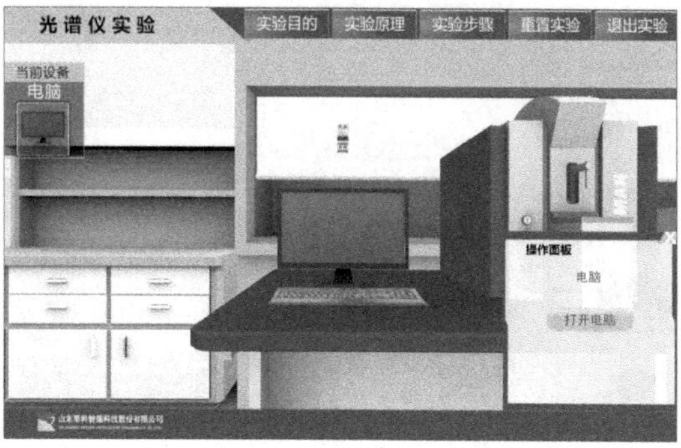

（2）测试过程

① 当前设备切换到光谱仪，点击光谱仪，进行试样放置操作。

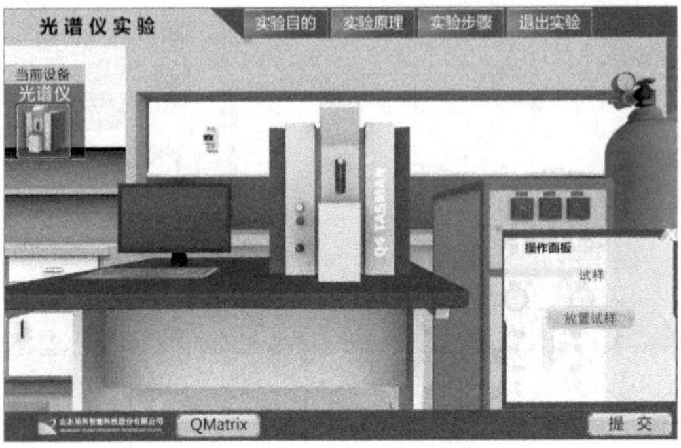

② 试样放置后，点击旋钮，在弹出的操作面板上选择“下压”操作。

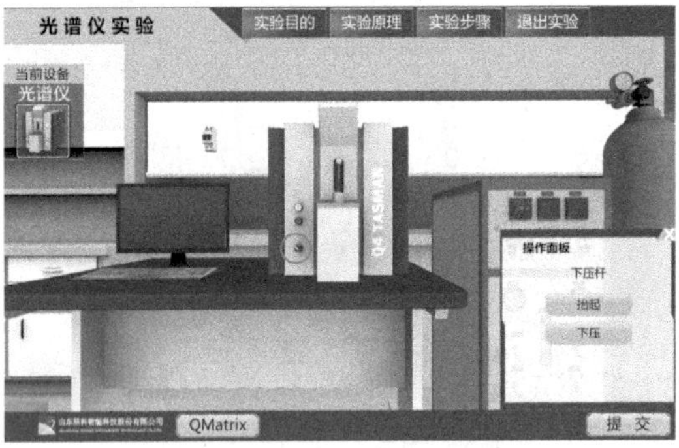

③ 打开软件界面并登录。

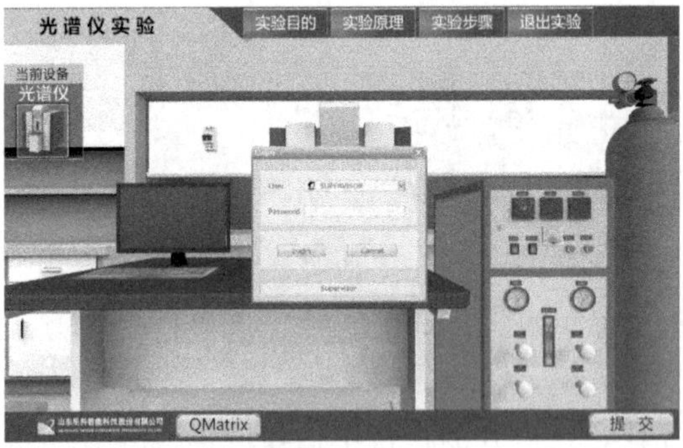

④ 登录后，点击按钮，进行 UV 冲洗操作。

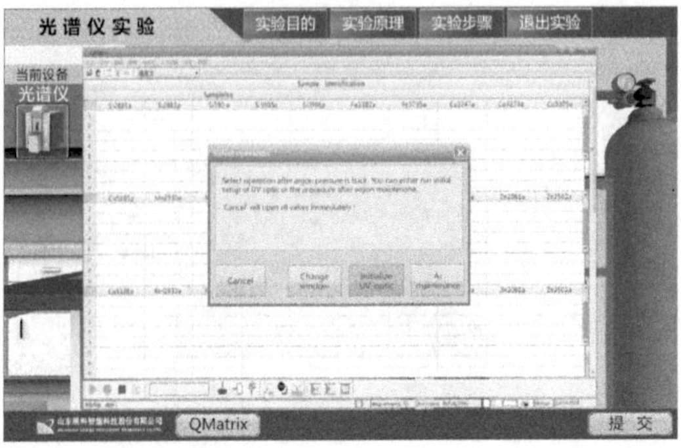

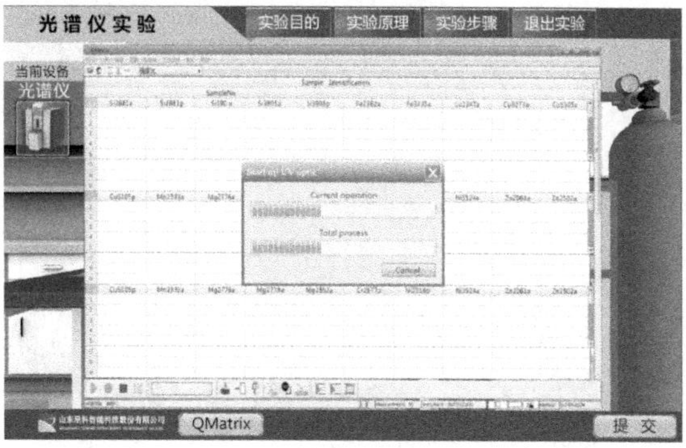

⑤ 操作完成后，点击“打开”按钮，选择所需的分析方法。

⑥ 打开软件界面，进行像素检查。

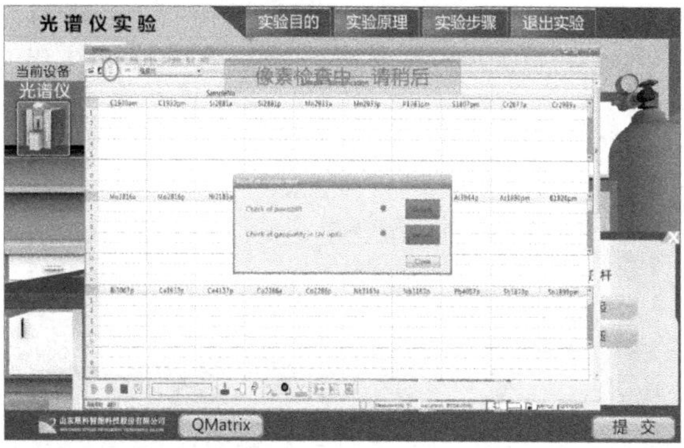

⑦ 检查完成后，选择标样，确认后点击“开始”按钮，进行测量。

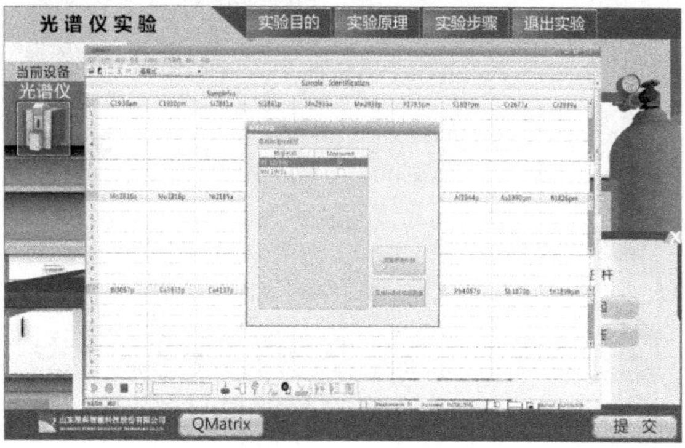

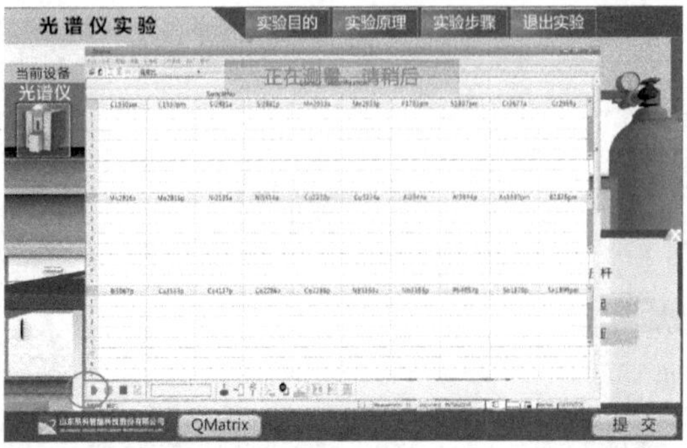

⑧ 第一次测量完成后，关闭软件界面，操作光谱仪“抬起”；点击试样，更换测量位置，再次操作光谱仪“下压”固定试样。

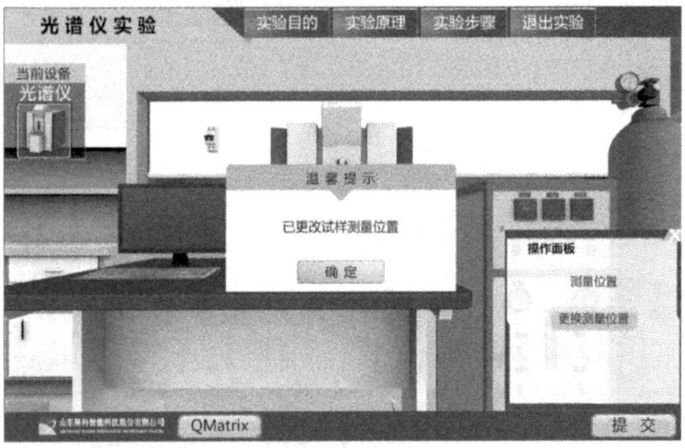

⑨ 更换测量位置后，打开软件界面，点击开始按钮，继续测量。

⑩ 第二次测量后，继续更换位置，进行第三次测量。

⑪ 第三次测量后，停止测量操作，在弹出对话框中进行确认，完成后开始类型标准化。

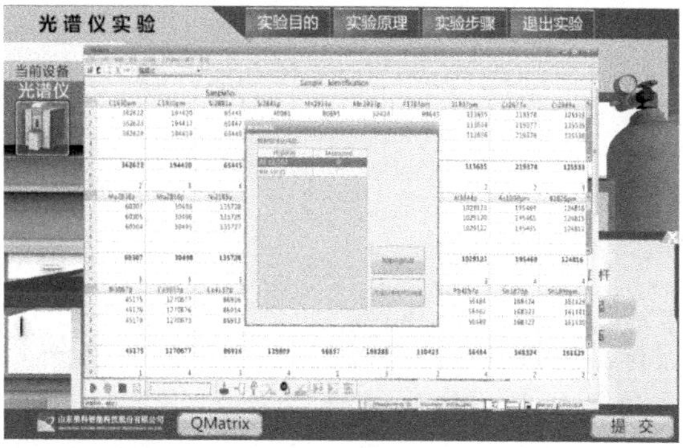

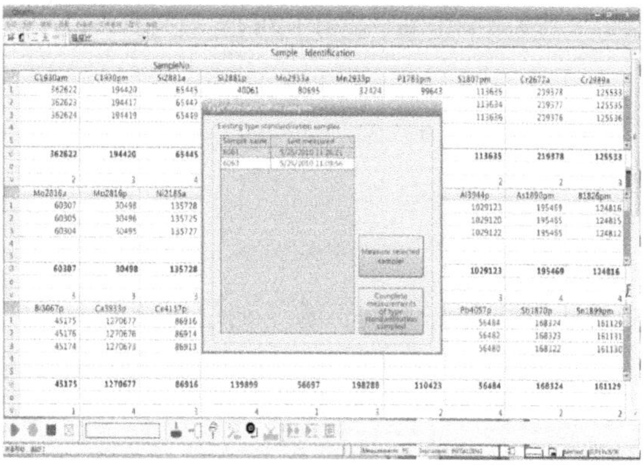

⑫ 继续放置试样，并对试样进行 3 次测量。

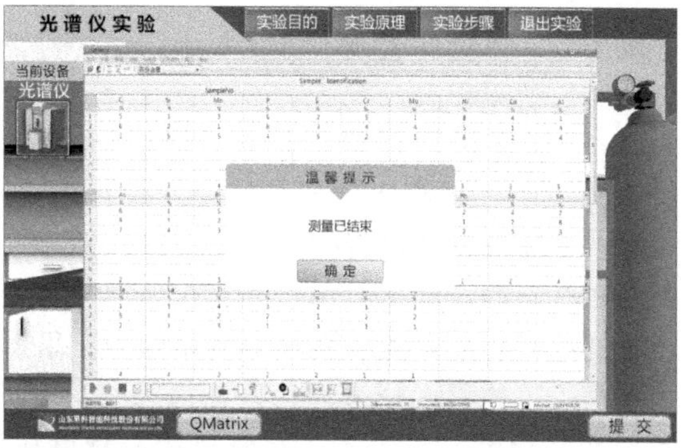

⑬ 点击界面下方图标，按步骤进行确认，结束本轮操作。

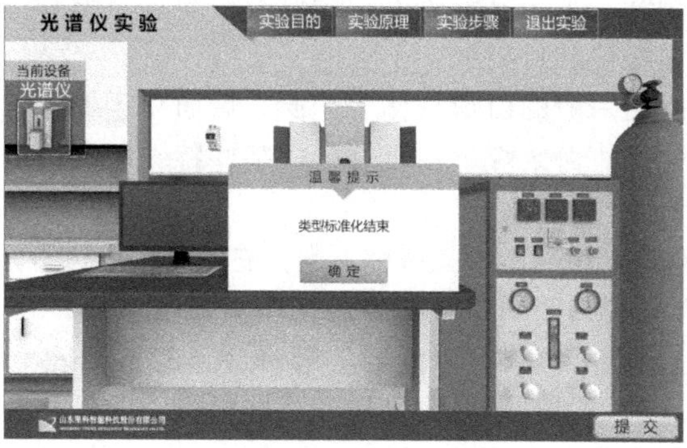

(3) 关机过程

① 关闭测试软件。

② 关闭计算机。

③ 关闭光谱仪。

④ 关闭稳压电源开关。

五、思考题

(1) 用于检测的金属样品应符合哪些要求?

(2) 光谱仪要开机多久后才可以进行分析? 为什么?

实验 20　金相显微镜的构造和使用仿真实验

一、实验目的

(1) 了解金相显微镜的结构。

(2) 模拟金相显微镜的操作。

(3) 用金相显微镜观察不同试样在不同倍数下的组织结构。

二、实验仪器

江南 MR2100 金相显微镜虚拟仿真软件。

三、实验原理

放大系统是影响显微镜用途和质量的关键，其主要由物镜和目镜组成。金相显微镜总的放大倍数为物镜与目镜放大倍数的乘积。

像差透镜的分辨率和像差缺陷的校正程度是衡量显微镜质量的重要标志。在金相技术中分辨率指的是物镜对目的物的最小分辨距离。像差的校正程度也是影响成像质量的重要因素。在低倍数情况下，像差主要通过物镜进行校正；在高倍数情况下，则需要目镜和物镜配合进行校正。透镜的像差主要有七种，其中对单色光的五种像差包括球面像差、彗星像差、像散、像场弯曲和畸变，对复色光有纵向色差和横向色差两种。早期显微镜主要着眼于色差和部分球面像差的校正，根据校正的程度分为消色差物镜和复消色差物镜。随着技术发展，金相显微镜对像场弯曲和畸变等像差，也给予了足够重视。物镜和目镜经过这些像差校正后，不仅图像清晰，还可在较大范围内保持其平面性，这对金相显微照相尤为重要，因而现已广泛采用平场消色差物镜、平场复消色差物镜以及广视场目镜等。上述像差校正程度分别以镜头类型的形式标志在物镜和目镜上。

最早的金相显微镜采用一般的白炽灯作为光源，后面为了提高亮度及照明效果，出现了低压钨丝灯、碳弧灯、氙灯、卤素灯、水银灯等。某些特殊性能的显微镜需要单色光源，如钠光灯、铊灯能发出单色光。

在照明方式方面金相显微镜与生物显微镜不同，它不是采用透射光，而是采用反射光成像的，因而必须有一套特殊的附加照明系统，也就是垂直照明装置。1872 年，维克托·冯·朗(Victor von Lang) 创造出这种装置，并制成了第一台金相显微镜。原始的金相显微镜只有明场照明功能，后来发展了采用斜光照明以提高某些组织的图像衬度。

四、实验步骤

（1）选择样品

当前试样选择工业纯铁。

（2）金相显微镜操作

① 点击显微镜左侧下方的开关模型，在面板中点击开关按钮启动显微镜。

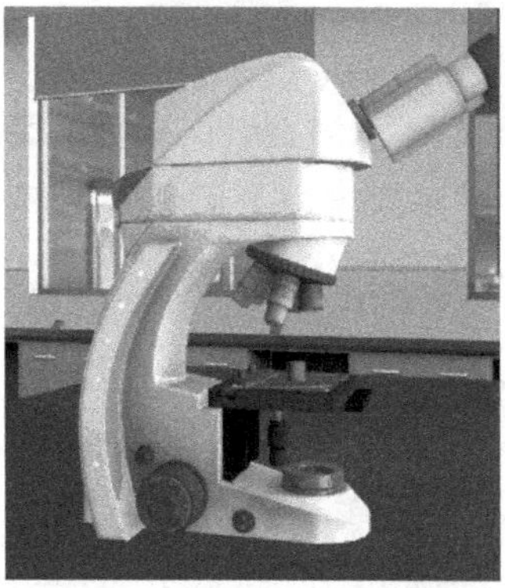

② 点击界面右上角 iPad 框体中的 iPad 开关，唤醒软件。

③ 点击 iPad 中观察界面上的显微镜图标，切换至普通观察视野。

④ 点击准焦螺旋模型，在操作面板中点击按钮以控制旋钮的转动；使用粗细准焦螺旋控制载物台的上升、下降，直至图像清晰。

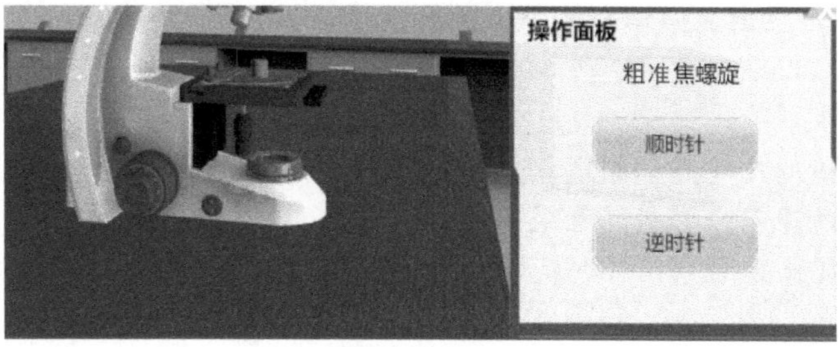

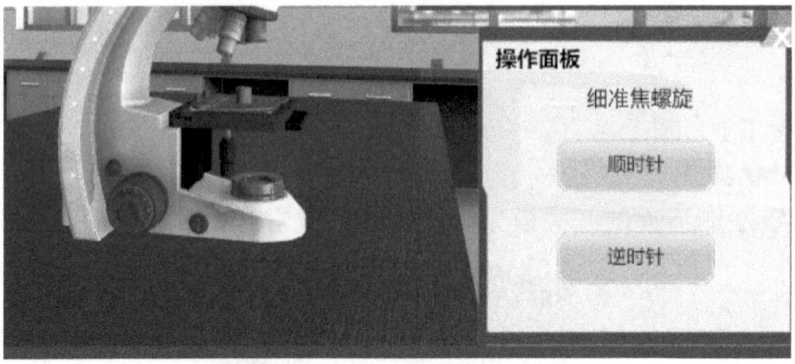

⑤ 选择物镜的倍数时，需要按照逐级增加的方式选择；在所有倍数下，均使用粗细准焦螺旋控制载物台的上升、下降，直至图像清晰。

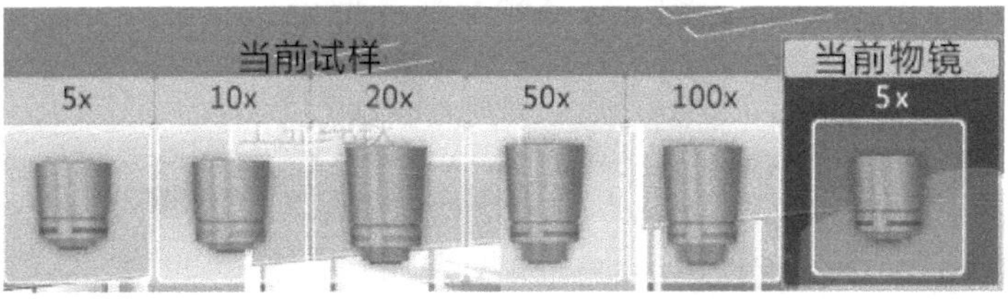

⑥ 点击显微镜左侧准焦螺旋背后的调节旋钮模型，在操作面板中点击按钮来控制旋钮转动，调节视场中的画面亮度。

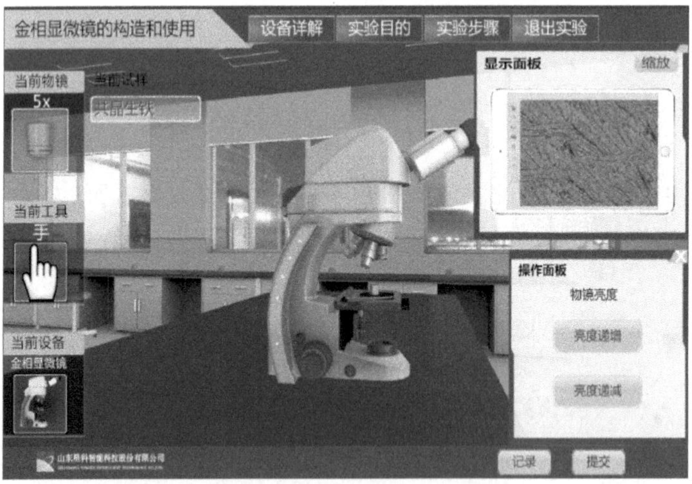

⑦ 若需要更换试样，应先将物镜降低至 5 倍；再点击试样栏，在下拉菜单中选择所需试样。

（3）关机过程

① 关闭 iPad。

② 关闭显微镜，点击显微镜左侧下方的开关键。

五、思考题

（1）简述显微镜的几何光学原理。

（2）金相显微镜主要由哪些部分组成？

（3）使用金相显微镜观察试样时应注意什么？

实验 21　金相试样制备仿真实验

一、实验目的

(1) 了解金相试样镶嵌机、砂轮机、抛光机的工作原理。
(2) 掌握金相试样镶嵌机、砂轮机、抛光机的使用步骤。
(3) 掌握金相试样腐蚀的操作步骤。
(4) 掌握金相试样制备的基本步骤。

二、实验仪器

金相试样镶嵌机（XQ-S1 型）虚拟仿真软件。

三、实验原理

金相制样也称为磨金相，就是将金属粗样品经过粗磨、细磨、抛光、腐蚀等数道专业工序制成样品，从而可以在显微镜下观察到金属显微图像。磨金相是材料研究中的一种重要方法，过程包括：将材料表面的不平整、氧化层或其他杂质予以去除；当试样表面光滑平整后，再以特殊腐蚀液予以腐蚀；利用各组织对腐蚀程度的不同表现出来的不同特征，来了解材料内部缺陷及微结构。

四、实验步骤

(1) 金相试样的镶嵌

① 点击镶嵌机盖子，出现 UI 界面，可进行打开盖子与关闭盖子的操作。

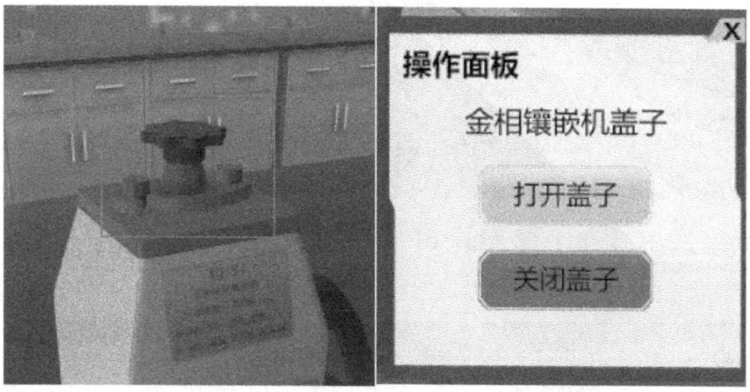

② 点击圆柱体密封盖子，出现 UI 界面，可进行打开密封盖和关闭密封盖的操作。

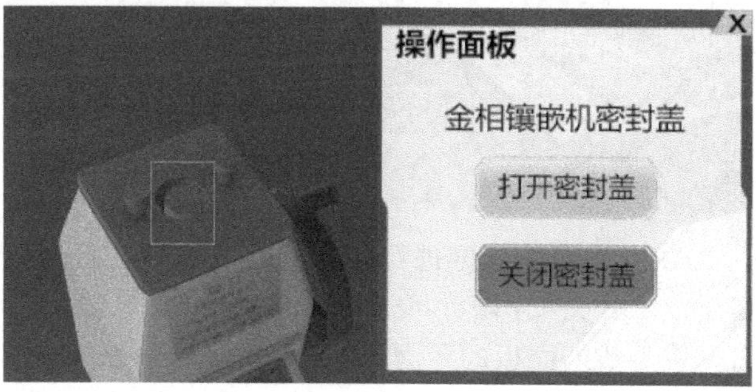

③ 点击转轮，出现 UI 界面，可进行试样放置台的升起和下降操作。

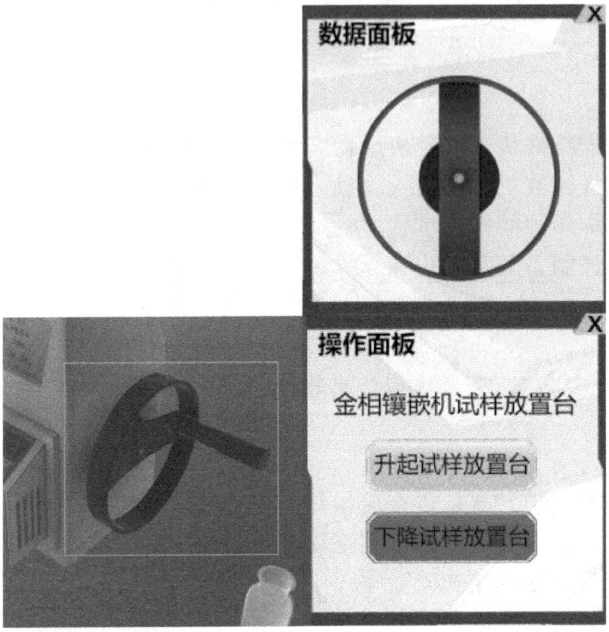

④ 点击试样，出现 UI 界面，可进行添加试样操作。

⑤ 点击镶嵌材料瓶，出现 UI 界面，可进行镶嵌材料的添加。

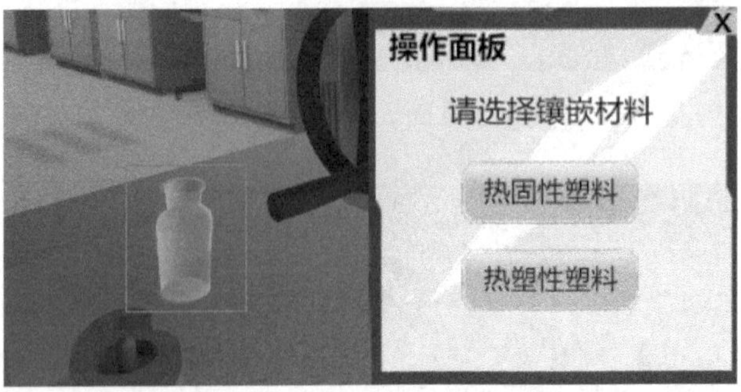

⑥ 点击开关面板，出现 UI 界面，可进行镶嵌材料的添加；点击开关 UI 图标，打开开关 UI 界面，单击数据面板的开关 UI 图标可进行镶嵌机的打开与关闭操作；点击压力 UI 图标，打开压力 UI 界面，单击数据面板的压力 UI 图标可进行加压操作。

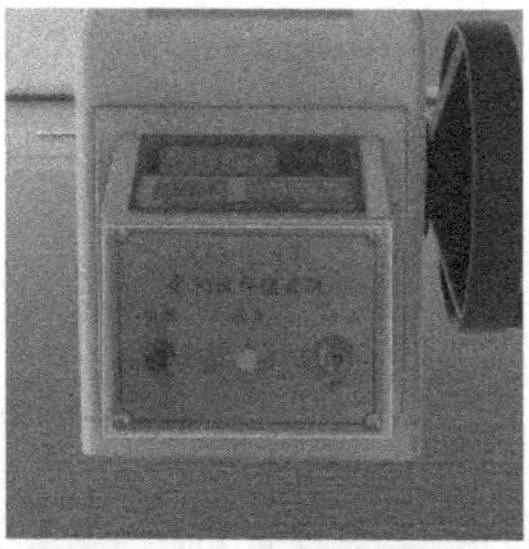

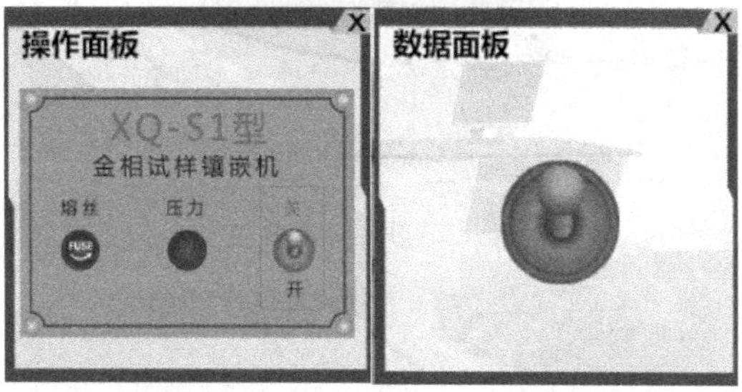

⑦ 点击温度面板，出现 UI 界面，进行加温操作。

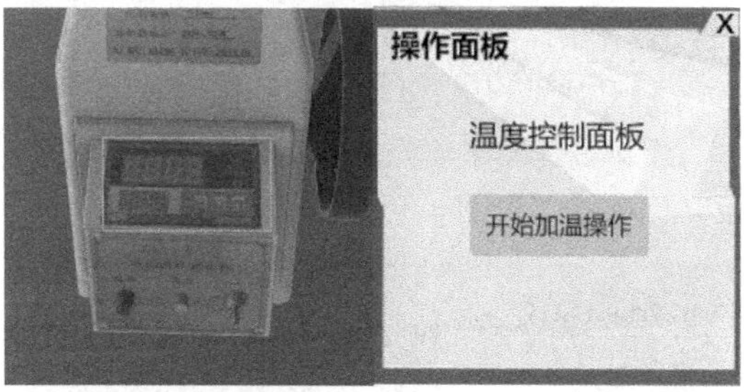

（2）砂轮机操作

① 点击开关旋钮，出现 UI 界面，可进行砂轮机开关的打开与关闭操作。

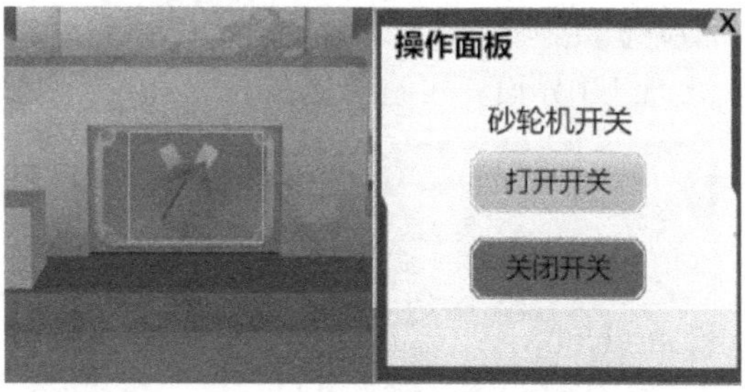

② 点击试样，出现相应的 UI 界面；点击操作界面的试样图进行研磨，每个试样需要研磨 4 次。

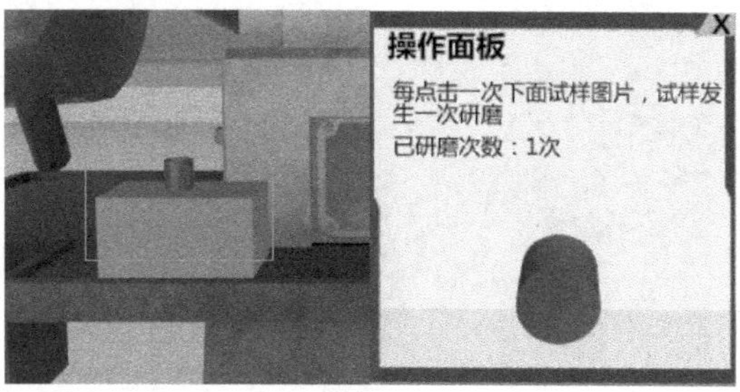

(3) 砂纸操作

点击试样，出现 UI 界面，点击操作界面的砂纸图可进行研磨，每个砂纸可研磨 4 次；研磨 4 次后需要点击“擦拭”按钮进行擦拭；更换试纸后需要点击“顺时针旋转”或“逆时针旋转”按钮进行试样旋转。

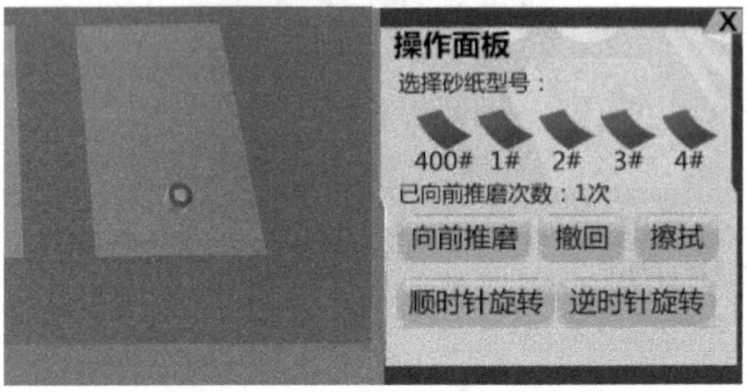

(4) 抛光机操作

① 点击抛光机盖子，出现 UI 界面，可进行抛光机盖子打开与关闭的操作。

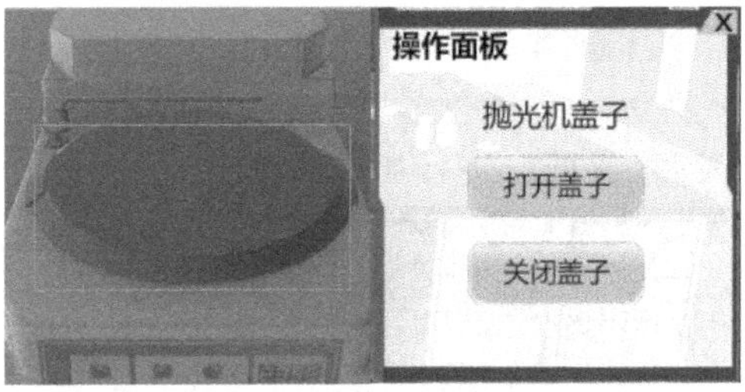

② 点击转速设置面板，出现 UI 界面，可进行转速的设置。

③ 点击水管或旋钮，出现 UI 界面，可进行水管位置和水龙头打开与关闭的操作。

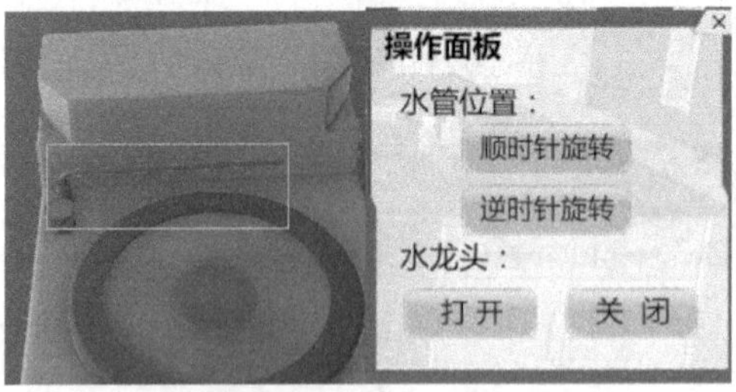

④ 点击抛光剂，出现 UI 界面，可进行涂抹抛光膏的操作。

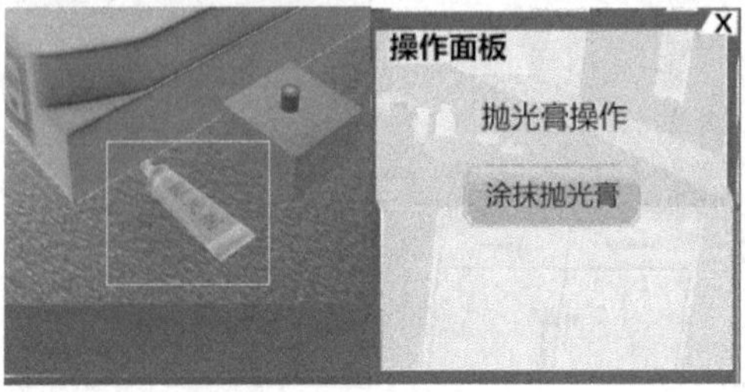

⑤ 点击转速方向面板，出现 UI 界面，可选择抛光剂旋转方向和试样在抛光盘上的放置位置。

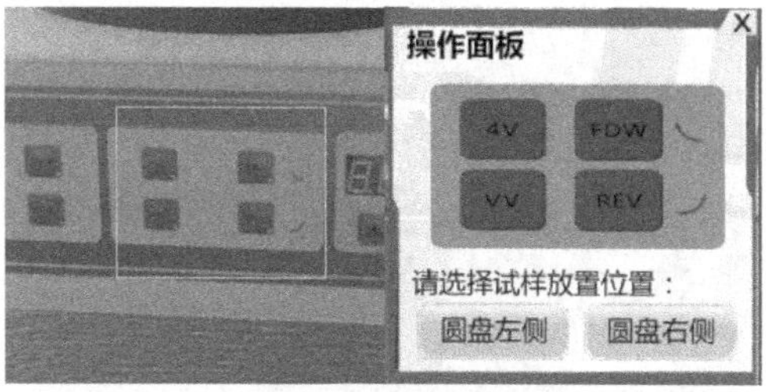

⑥ 点击电源面板，出现 UI 界面，可打开或关闭抛光机电源。

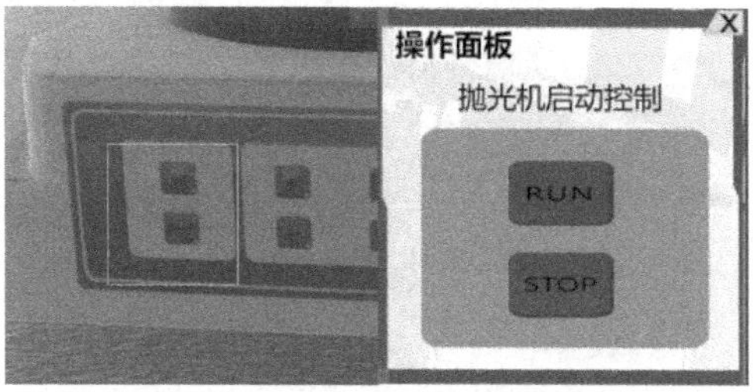

⑦ 点击试样，打开 UI 操作界面，点击操作界面的试样图可进行研磨；每个试样需要研磨 4 次，通过数据面板可以观察到研磨情况。

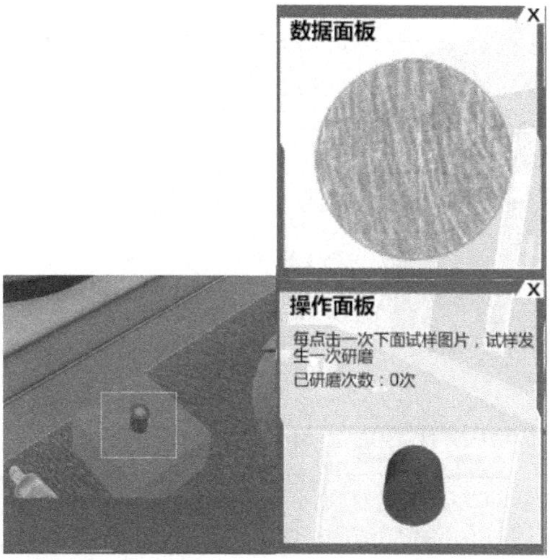

(5) 腐蚀操作

① 点击试样，打开 UI 操作界面，可进行夹取试样的操作。

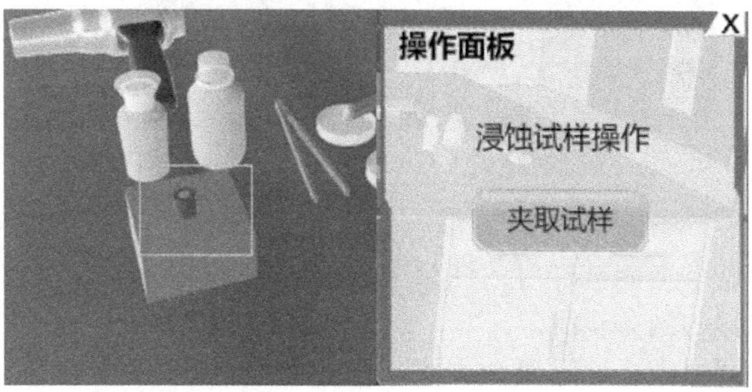

② 点击酒精棉签，打开 UI 操作界面，可进行酒精擦拭试样的操作。

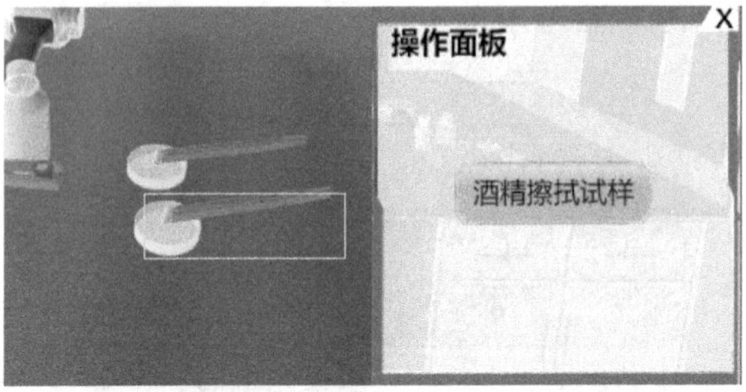

③ 点击硝酸酒精棉签，打开 UI 操作界面，可进行硝酸酒精擦拭试样的操作。

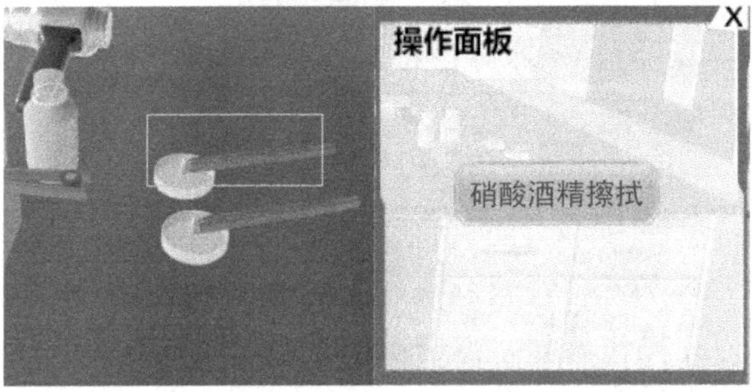

④ 点击吹风机，可进行试样吹干的操作。

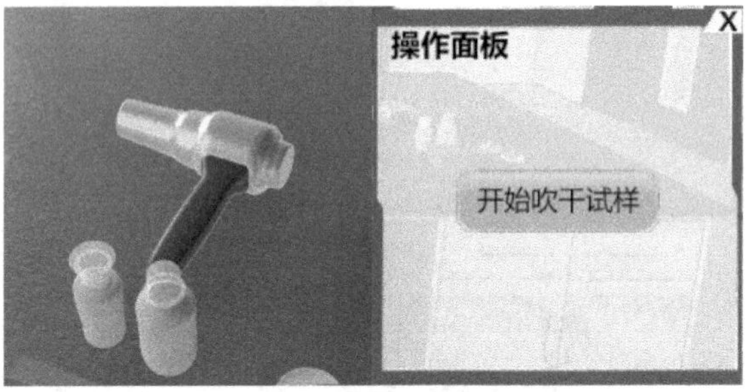

（6）水池操作

点击水龙头开关，打开 UI 操作界面，可进行清洗试样的操作。

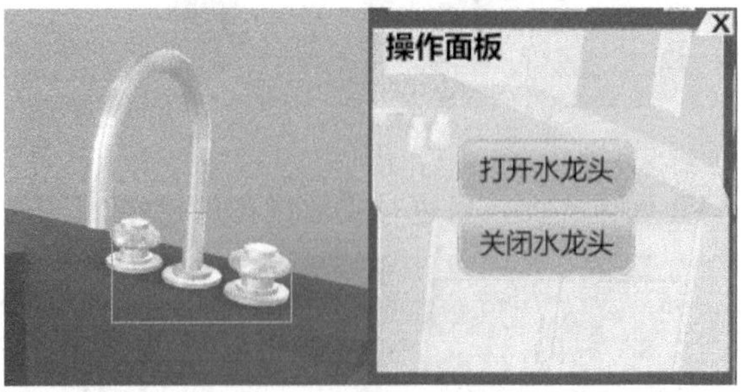

五、思考题

（1）简述用金相砂纸磨制试样时的注意事项。

（2）简述金相试样的制备步骤。

（3）为什么金相试样需要经过腐蚀才能观察到金相？

实验 22　端面淬火仿真实验

一、实验目的

（1）学会使用端面淬火法测定钢的淬透性曲线。

（2）比较 40 号钢（或 45 号钢）和 40Cr 钢的端面淬火试验，绘制淬透性曲线。

二、实验仪器

管式电炉、淬火设备、砂轮机、洛氏硬度计虚拟仿真软件。

三、实验原理

把圆柱形试样（直径 25mm、长度 100mm）加热到规定的淬火温度，保温一定时间（30min）后向其端面喷水淬火，在试样表面上沿轴线方向磨制出一些平面，然后测量距淬火端面不同位置的硬度值，以此来衡量钢的淬透性高低。

四、实验步骤

（1）管式电阻炉操作

① 点击左侧设备选择栏，在展开的栏位中选择试样（任一种）、工具（手）、设备（管式电阻炉）。

② 点击炉门，将工具切换为“夹钳”，在弹出的操作面板上点击“打开炉门”按钮，将试样放入炉内，然后操作关闭炉门。

③ 点击管式电阻炉下方的面板，在弹出的操作面板上，设置加热温度为 860℃。

④ 点击管式电阻炉开关位置，在操作面板上点击开关进行加热，加热 15min 后，关闭管式电阻炉。

⑤ 点击管式电阻炉炉门位置，将工具切换为“夹钳”，在操作面板上选择“打开炉门”操作，将试样取出，然后操作关闭炉门。

（2）端面淬火操作

① 点击左侧设备选择栏，在展开的栏位中选择设备（端面淬火），切换视角至端面淬火设备。

② 点击水龙头，将工具切换为“夹钳”，在弹出的操作面板上点击“放置试样”按钮，待达到指定冷却时间后，操作“拿起试样”。

(3) 砂轮机操作

① 点击左侧设备选择栏，在展开的栏位中选择设备（砂轮机），切换视角至砂轮机。

② 将工具切换为“手”，点击砂轮机开关位置，在弹出的操作面板上操作开启砂轮机。

③ 点击砂轮，在弹出的操作面板上通过左键拖拽试样左右移动进行打磨，然后翻转后进行同样动作。

④ 打磨完毕后，关闭砂轮机开关。

(4) 洛氏硬度计操作

① 点击左侧设备选择栏，在展开的栏位中选择设备（洛氏硬度计），切换视角至洛氏硬度计设备。

② 点击硬度计载物台位置，在弹出的操作面板上点击“放置试样”操作。

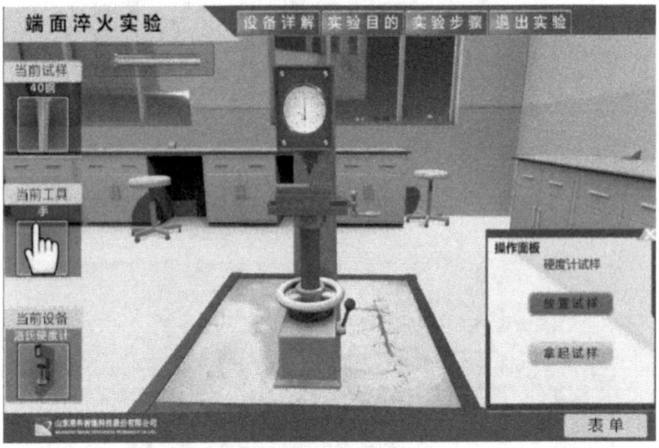

③ 点击硬度计转盘，在弹出的操作面板上点击“向右旋转”按钮，同时观察上升情况；待上升到顶部后，继续旋转，直至数据面板小指针对准红点，点击表盘面板，对正大指针与B/C刻度线。

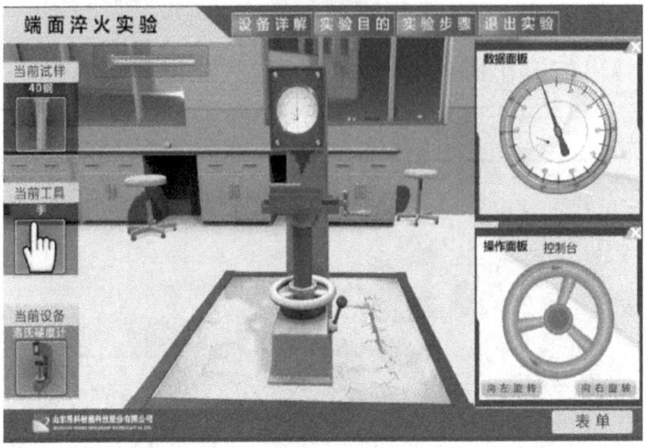

④ 点击硬度计右侧的载荷手柄模型，在弹出的操作面板上进行增加载荷操作，稳定后

反方向卸载载荷，同时记录数据至表单中。

⑤ 点击硬度计转盘，在操作面板上操作试样台下降，下降到一定高度后，点击试验台右侧的手柄，在弹出的操作面板上，点击按钮旋转把手（点击一次旋转一圈），然后按照要求记录测量的硬度值。

⑥ 当一轮操作结束后，需要更换新的试样时，降下载物台，点击试样选择栏进行更换。

五、思考题

淬火条件的改变对钢性能有何影响？

实验 23　钢的退火、正火和回火热处理仿真实验

一、实验目的

（1）了解碳钢热处理操作。

（2）学会使用洛氏硬度计测量材料的硬度性能值。

二、实验仪器

箱式电阻炉、洛氏硬度计虚拟仿真软件。

三、实验原理

热处理的主要目的是改变钢材性能，其中包括使用性能及工艺性能。钢的热处理工艺是将钢加热到一定温度，经一定时间保温，然后以某种速度冷却下来，通过这样的工艺过程能使钢的性能发生改变。热处理之所以能使钢的性能发生显著变化，主要是因为钢的内部结构会发生一系列变化。采用不同的热处理工艺过程，将会使钢具有不同的组织结构，从而获得所

需要的性能。

四、实验步骤

（1）箱式电阻炉操作

① 点击左侧设备选择栏，在展开的栏位中选择试样（任一种）、工具（手）、设备（箱式电阻炉）。

② 点击箱式电阻炉下方的面板，在弹出的操作面板上将旋钮调节至目标温度。

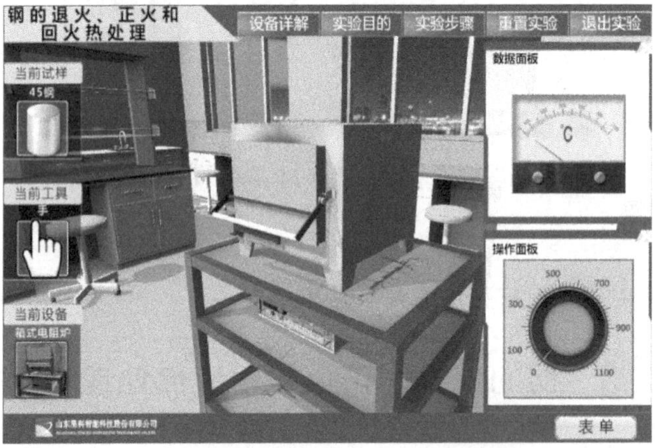

③ 点击箱式电阻炉开关，在弹出的操作面板上，向电阻炉通电加热。

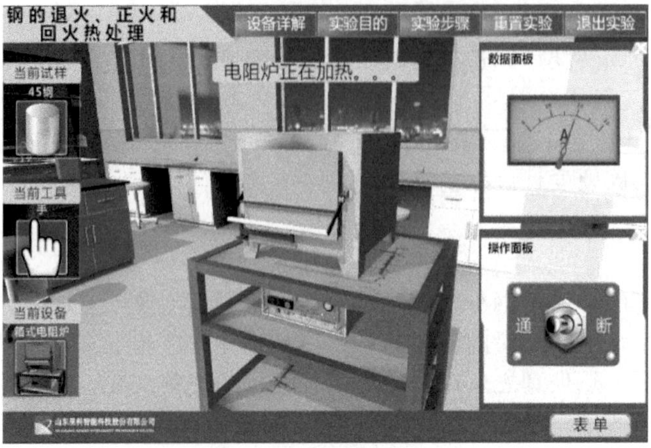

④ 切换工具为“夹钳”，点击箱式电阻炉炉门，在弹出的操作面板上选择“放入试样”。

⑤ 待保温时间结束后，完成箱式电阻炉操作。

(2) 淬火设备操作

① 在选择水冷或油冷的情况下，设备自动选择为水箱或油箱。

② 点击淬火设备，在弹出的操作面板上点击“开始淬火”按钮；淬火一段时间后，点击“停止淬火”以停止淬火操作。

(3) 洛氏硬度计操作

① 点击左侧设备选择栏，在展开的栏位中选择设备（洛氏硬度计），切换视角至洛氏硬度计。

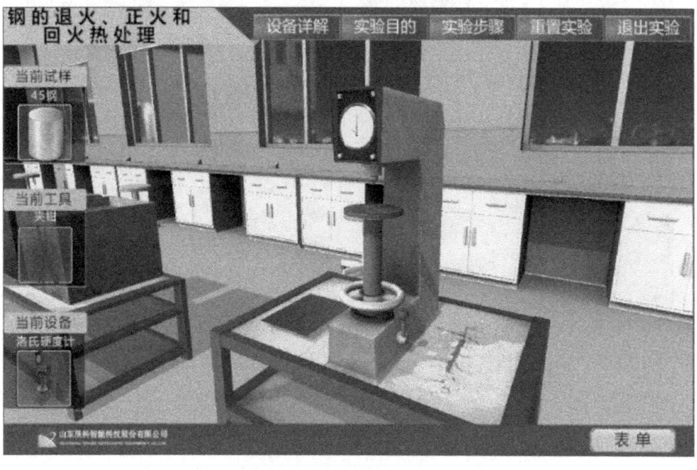

② 点击硬度计左侧砂纸，在弹出的操作面板上选择“打磨”操作，然后“翻转”试样再进行“打磨”操作。

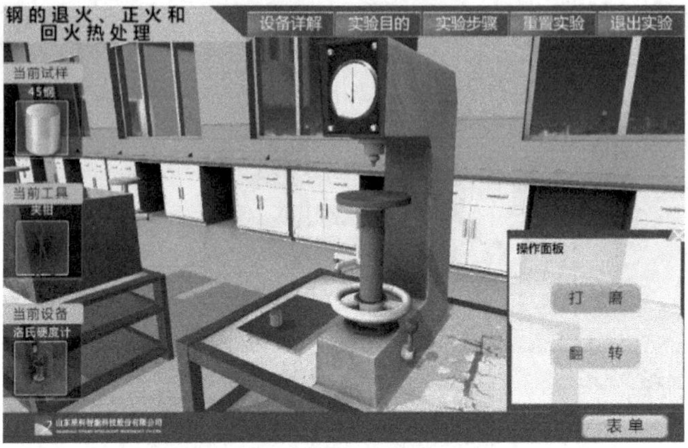

③ 点击载物台位置，在弹出的操作面板上点击“放置试样”操作。

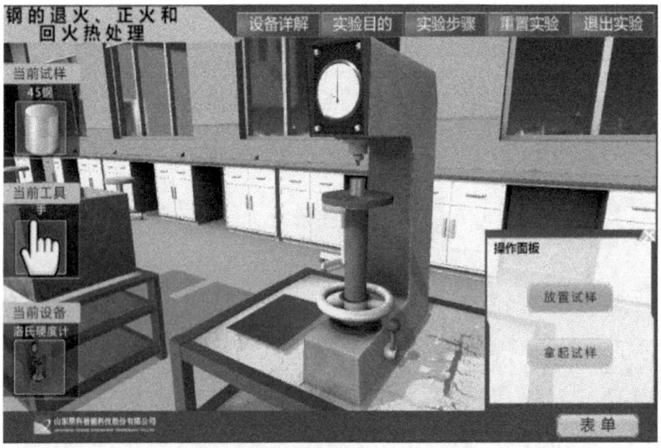

④ 点击试样，在弹出的操作面板上选择压点。

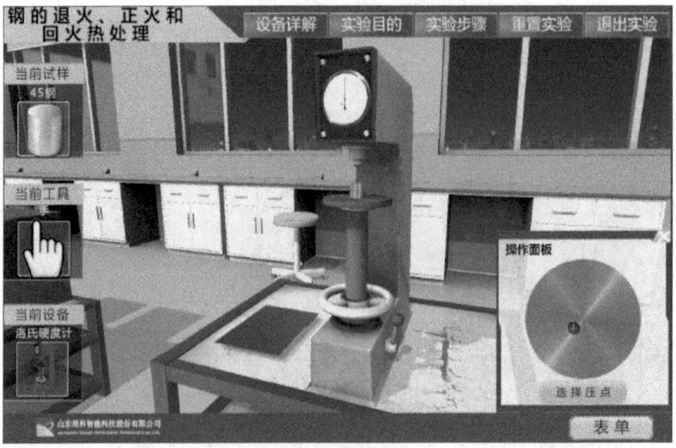

⑤ 点击硬度计转盘，在弹出的操作面板上点击“向右旋转按钮”，同时观察上升情况；待上升到顶部后，继续旋转，直至数据面板小指针对准红点，点击表盘面板，对正大指针与B/C刻度线。

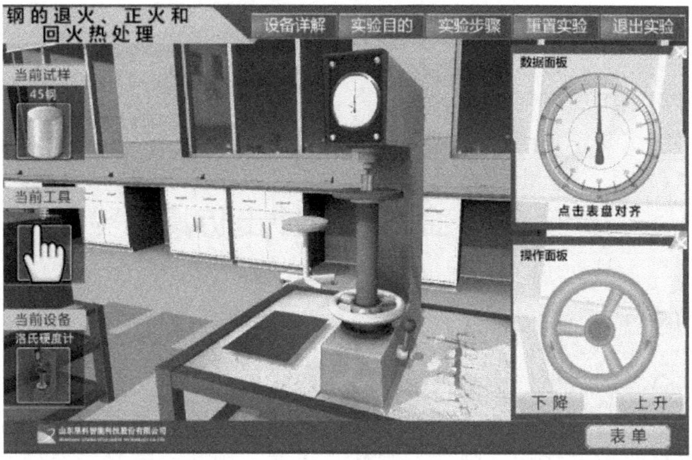

⑥ 点击硬度计右侧的载荷手柄模型，在弹出的操作面板上进行增加载荷操作，稳定后反方向卸载载荷，同时记录数据至表单中。

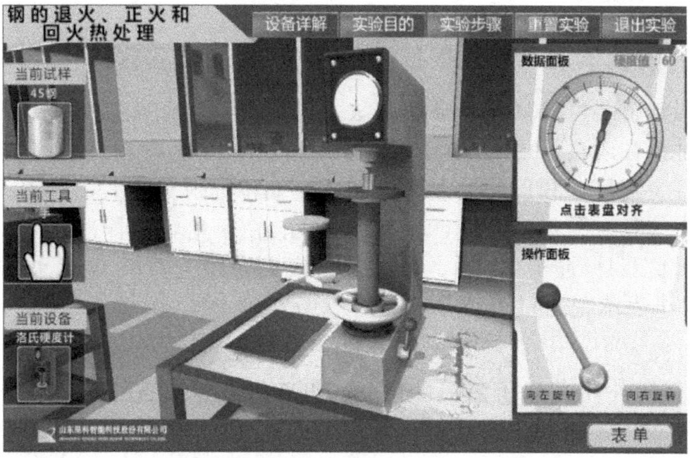

⑦ 点击硬度计转盘，在操作面板上操作试样台下降，下降到一定高度后，点击试验台上的试样以选择压点，继续以上操作；如此测量 3 次，得出平均值，然后按照要求记录至表单中。

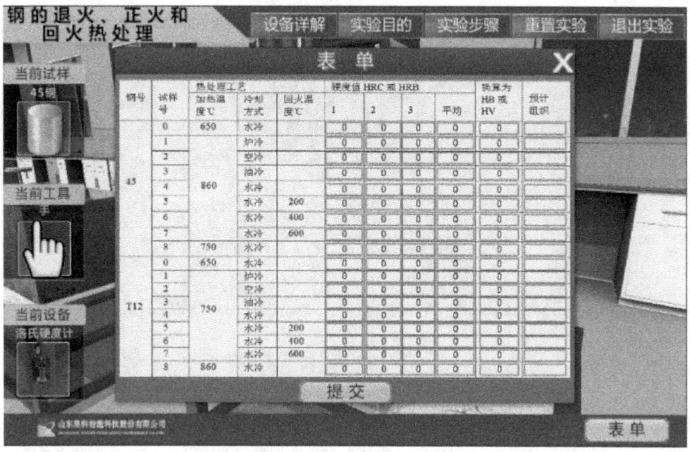

⑧ 当一轮操作结束后，需要更换新的试样时，降下载物台，点击试样选择栏进行更换。

五、思考题

（1）回火温度对钢组织有何影响？

（2）钢的退火组织与正火组织有何不同？

实验 24　金属材料冲击仿真实验

一、实验目的

（1）了解金属材料的力学性能与其组织之间的联系。

（2）熟悉金属材料的拉伸、硬度和冲击韧性等实验设备的主要结构及操作方法。

（3）熟悉金属材料力学性能（强度、塑性、硬度、韧性）的测定原理及方法。

二、实验仪器

3015 型冲击试验机虚拟仿真软件。

三、实验原理

冲击试验是测定金属材料韧性的常用方法。其用于测定金属材料在动负荷下抵抗冲击的性能，以便判断材料在动负荷下的性质。

冲击试验是将一定尺寸和形状的金属试样放在试验机的支座上，再将一定质量的摆锤升高到一定高度，使其具有一定的势能，然后让摆锤自由下落将试样冲断。摆锤冲断试样所消耗的能量即为冲击功 U_k。冲击韧性 α_k（J/cm^2）定义为冲击功 U_k 除以试样断口处的横截面积 A_0。α_k 值的大小表示金属材料韧性的高低。

$$\alpha_k = U_k / A_0$$

式中，U_k 为摆锤冲断试样所消耗的能量，即为冲击功；A_0 为试样在断口处的横截面面积。

四、实验步骤

① 打开操作面板，开启设备电源开关。

② 摆臂上升，选择所需试样进行装载。

③ 点击“冲击”按钮击打试样。

④ 更换不同试样进行冲击模拟。

⑤ 实验完成后查看试样断面情况。

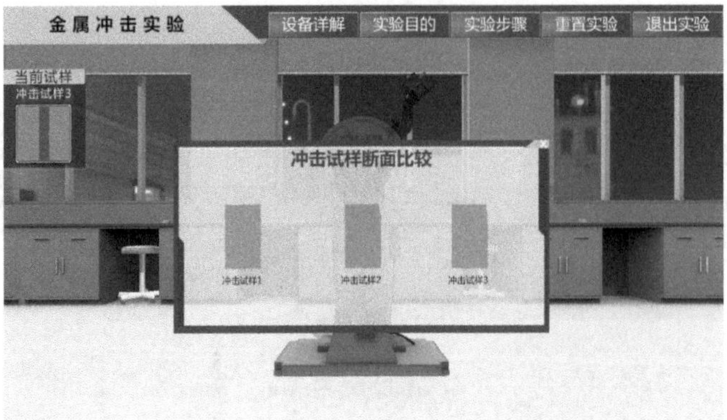

五、思考题

（1）金属材料冲击试验对其冲击韧度的影响有哪些？
（2）在试验过程中需要注意哪些方面的问题？

实验 25　金属材料拉伸仿真实验

一、实验目的

（1）了解金属材料的力学性能与其组织之间的联系。
（2）熟悉金属材料的拉伸和冲击韧性等实验设备的主要结构及操作方法。
（3）熟悉金属材料的力学性能（强度、塑性、韧性）的测定原理及方法。

二、实验仪器

万能拉伸机（RWES-100B）虚拟仿真软件。

三、实验原理

低碳钢在单向拉伸过程中应力-应变曲线如下图所示。

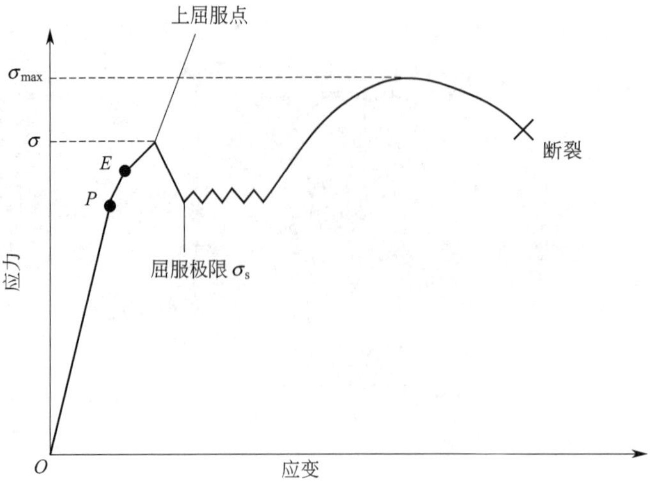

E—弹性极限点；P—比例极限点

当外加应力不超过 P 点时，其应力（σ）与应变（ε）呈线性关系，即满足胡克定律（Hooke's Law），$\sigma=E\varepsilon$。如果在此阶段卸载，则变形也随之消失，直至回到零点。这种变形称为弹性变形或线弹性变形。当外加应力大于比例极限点 P 后，应力-应变不再呈线性关系，但变形仍属弹性变形，当外力释放后，变形将完全消除，试样恢复原状。直到外加应力超过 E 后，试样已经产生塑性变形，此时若将外力释放，试样不再恢复到原来的形状。有些材料具有明显的屈服现象，有些材料则不具有明显屈服现象；超过弹性极限后，如继续对试样施加载荷，当到达某一值时，应力突然下降，此应力即为屈服极限 σ_s。材料经过屈服极限之后，继续施加应力，此时产生应变硬化（或加工硬化）现象，材料抗拉强度随外加应力的增加而增加。当到达最高点时，该点的应力即为材料的最大抗拉强度 σ_b。试样经过最大抗拉强度之后，开始由局部变形产生颈缩（necking）现象，之后进一步应变所需的应力开始减小，伸长部分也集中于颈缩区。试样继续受到拉伸应力而伸长，直到产生断裂。

四、实验步骤

① 使用刻线器将试样分为十等份。

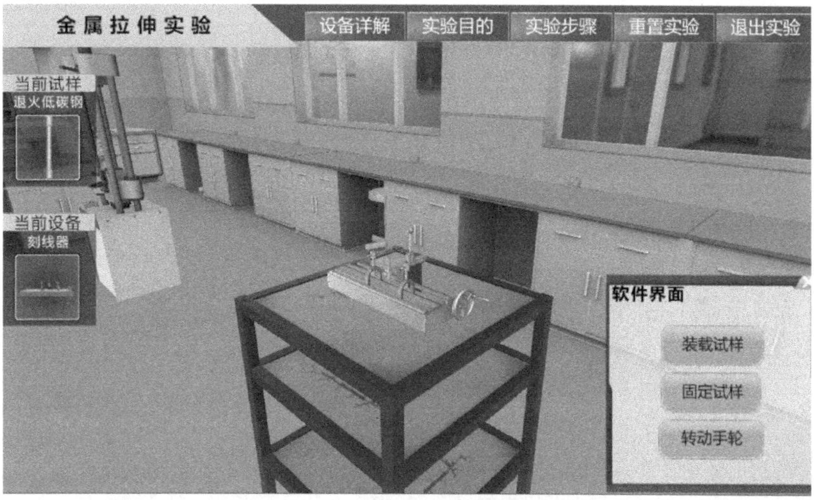

② 启动万能拉伸机。

③ 使用远控盒打开夹具，固定试样。

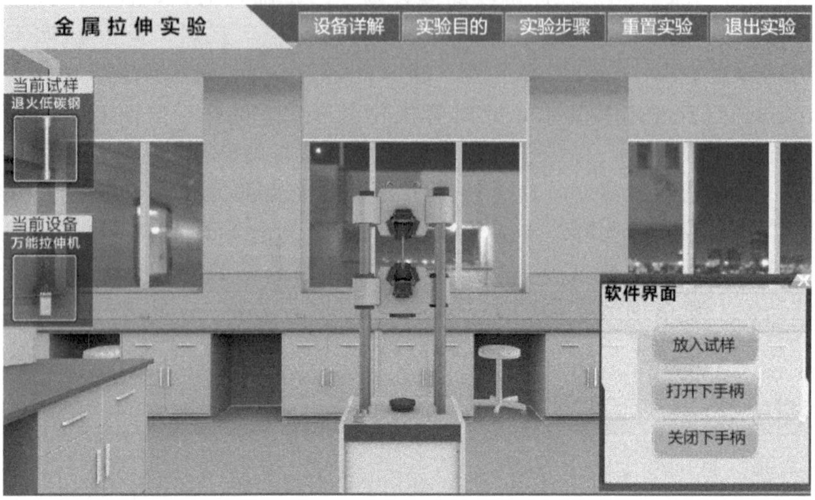

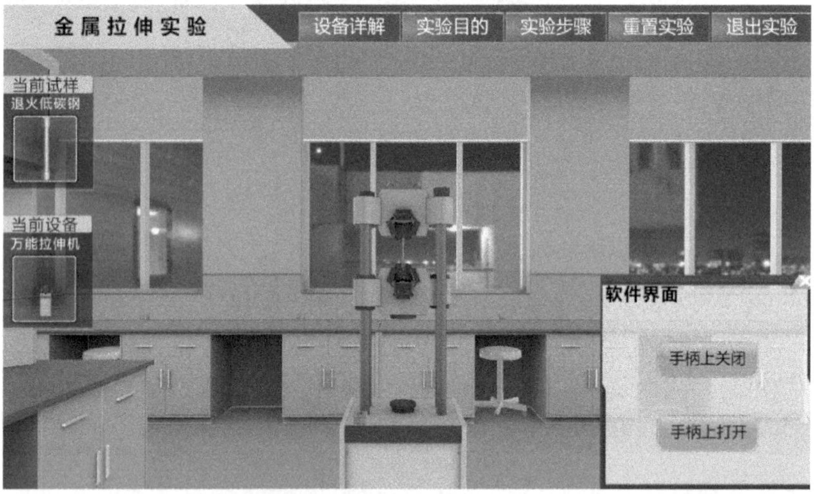

④ 打开电脑，启动实验软件，设置编号、试验尺寸等参数。

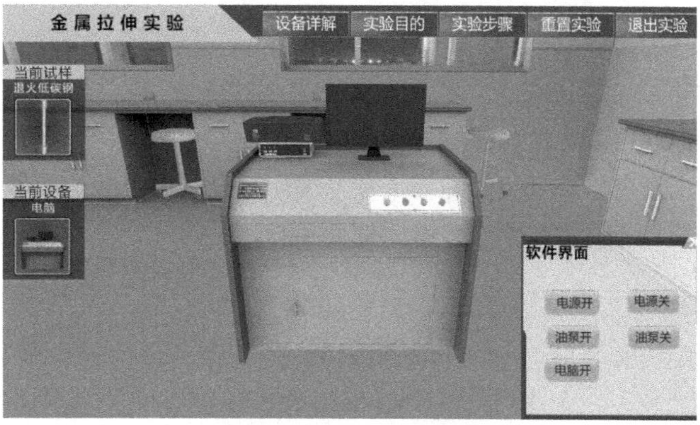

⑤ 点击开始按钮，观察曲线与参数变化。

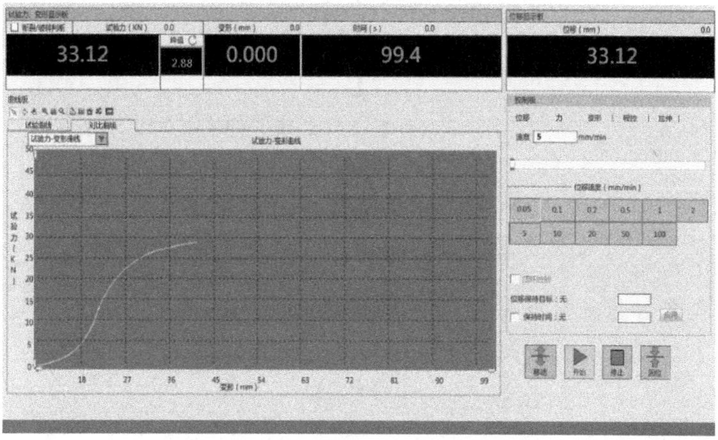

⑥ 试样拉断后，打开对比窗口，观察试件前后变化。

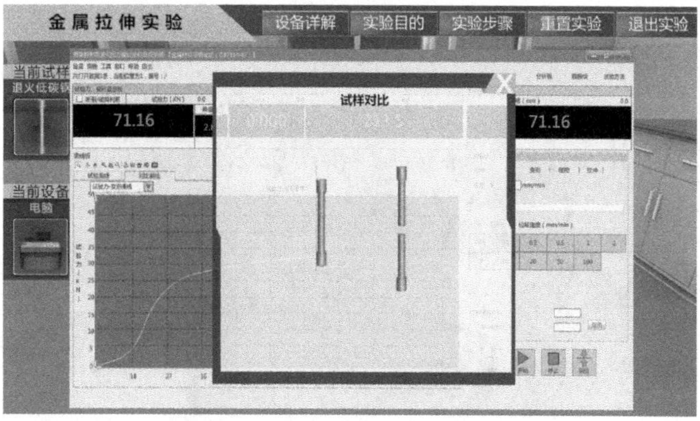

五、思考题

（1）刻线器在试验过程中的作用是什么？

（2）在材料拉断过程中试样尺寸变化与试验力-变形曲线的对应关系是怎样的？

实验 26　金属材料压缩仿真实验

一、实验目的

（1）了解金属材料的力学性能与其组织之间的联系。
（2）熟悉金属材料的拉伸、压缩和冲击韧性等实验设备的主要结构及操作方法。
（3）熟悉金属材料的力学性能（强度、塑性、韧性）的测定原理及方法。

二、实验仪器

万能拉伸机（RWES-100B）虚拟仿真软件。

三、实验原理

金属材料在单向压缩过程中的示意如下图所示。

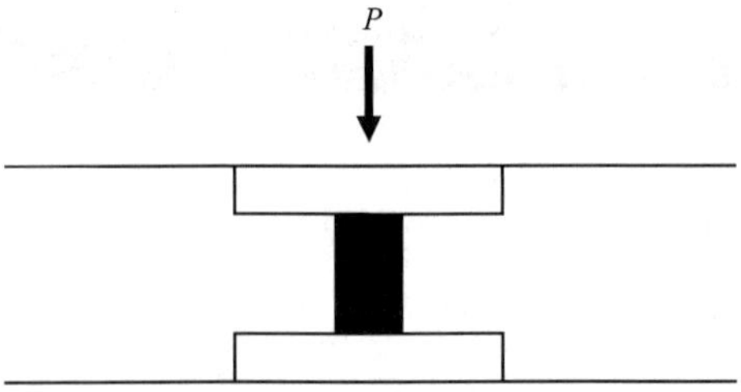

把试样横放在平台上，用压头由上向下施加负荷，根据试样断裂时的应力值计算抗压强度。在此种情况下，对于矩形截面的试样，其抗压强度 σ_p 为：

$$\sigma_p = P/A_0$$

式中，P 为试样压碎时读到的负荷值，N；A_0 为试样横截面积，m^2。

四、实验步骤

① 使用游标卡尺测量试样三段尺寸并记录最小值。

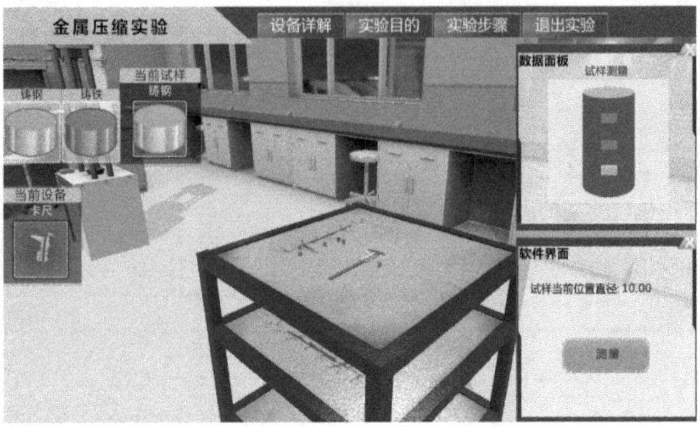

② 启动万能拉伸机。

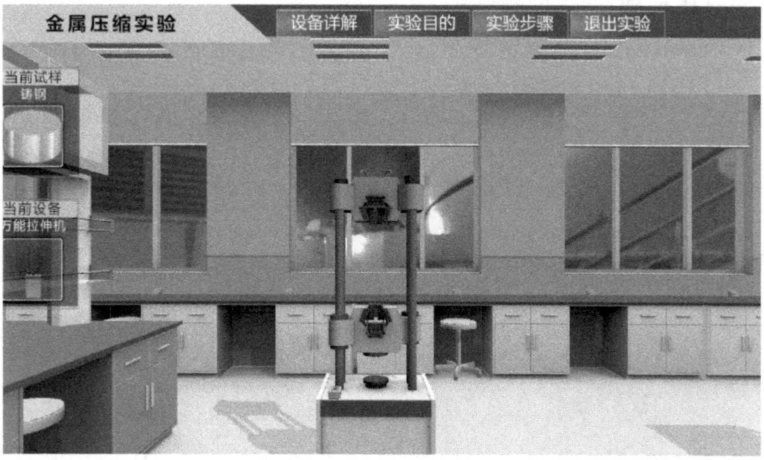

③ 装载试样。

④ 使用远方控制盒将下方夹具降至合适位置。

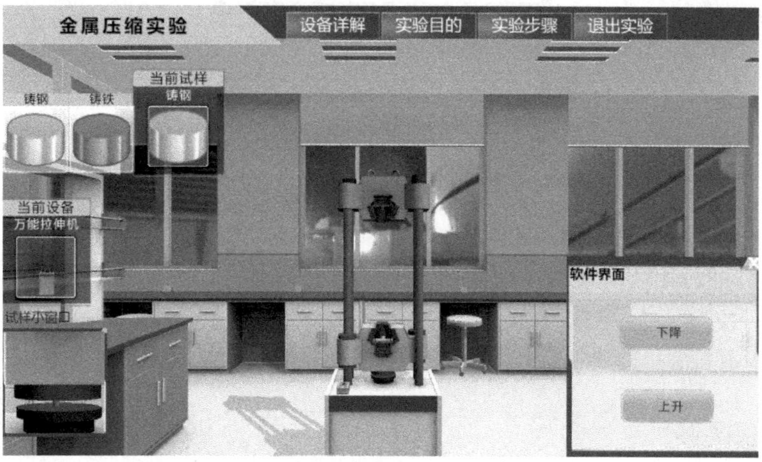

⑤ 打开电脑，启动实验软件，设置编号、试样尺寸等参数。

⑥ 点击开始按钮，观察曲线与参数变化。

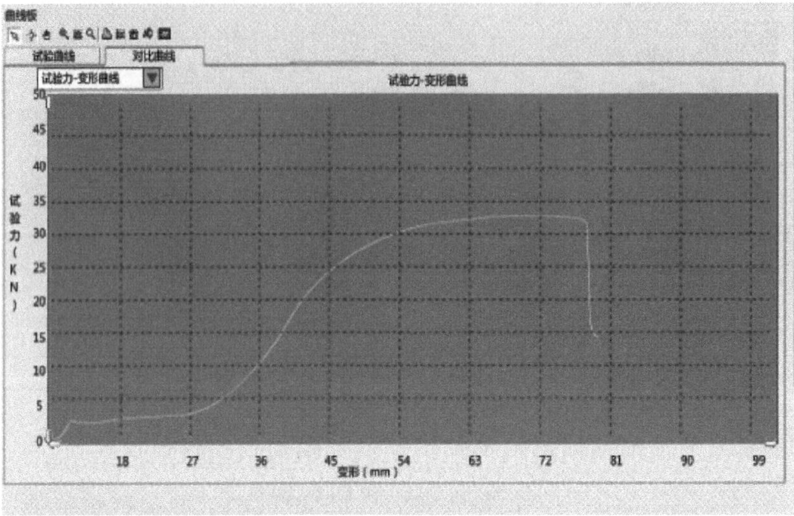

⑦ 两件试样均压缩完成后，打开对比窗口进行观察。

五、思考题

（1）在进行压缩试验之前，采用游标卡尺对试样进行三段尺寸测量时，为什么需要记录最小值？

（2）造成铸钢和铸铁的单向压缩试验力与变形量曲线不同的原因有哪些？

实验 27　金属材料硬度仿真实验

一、实验目的

（1）了解金属材料的力学性能与其组织之间的联系。

（2）熟悉金属材料硬度实验设备的主要结构及操作方法。

（3）熟悉金属材料硬度的测定原理及方法。

二、实验仪器

洛氏硬度计、HB-3000 型布氏硬度试验机虚拟仿真软件。

三、实验原理

金属的硬度可以被认为是金属材料表面在接触应力作用下抵抗塑性变形的一种能力。硬度测试能够给出金属材料软硬程度的数值概念。由于在金属表面以下不同深处所承受的应力和发生变形的程度不同，因而硬度值可以综合地反映压痕附近局部体积内金属的弹性、微量塑变抗力、塑变强化能力以及大量形变抗力。硬度值越高，表明金属抵抗塑性变形的能力越强，材料产生塑性变形就越困难。

硬度的实验方法有很多。目前广泛采用压入法来测定硬度，压入法可分为洛氏硬度（HR）、布氏硬度（HB）、维氏硬度（HV）等。

（1）洛氏硬度

洛氏硬度的基本原理如下。洛氏硬度是以压痕塑性变形深度来确定硬度值指标的。它是用一个顶角为 120°的金刚石圆锥体或直径分别为 1.58mm 和 3.18mm 的淬火钢球，在一定载荷下压入被测材料表面，以 0.002mm 作为一个硬度单位，由压痕的深度求出材料的硬度。

$$\mathrm{HR}=K-(h_2-h_0)/0.002$$

式中，K 为常数，采用金刚石圆锥压头 $K=0.2$，采用淬火钢球 $K=0.26$。

（2）布氏硬度

布氏硬度的基本原理如下。布氏硬度值是载荷与压痕（球形表面积）的比值，以 HB 表示。它是用一定大小的试验载荷将一定直径的淬火钢球或硬质合金球压入被测金属表面，保持规定时间，然后卸荷，测量被测表面压痕直径。一般认为：以 3000kg 的载荷将直径为 10mm 的淬火钢球压入材料表面，保持一段时间，去载后，负荷与其压痕面积的比值即为布氏硬度，单位为 $\mathrm{kgf/mm^2}$（1kgf=9.80665N）。布氏硬度和抗拉强度有一定的近似关系，一般用于检测较软材料的硬度。生产中常用布氏硬度法测定经退火、正火和调质处理的钢件，以及铸铁、有色金属、合金结构钢等毛坯或半成品的硬度。但由于布氏硬度压痕较大，属于有损检测，故不适合检测成品和薄片。布氏硬度需要用显微镜测量压痕直径并查表或计算，操作较复杂。布氏硬度检测上限通常为 HB650。一般当试样尺寸过小时，不能采用布氏硬度试验而改用洛氏硬度试验。

$$\mathrm{HB}=0.102\times 2F/\{\pi D[D-\sqrt{(D^2-d^2)}]\}$$

式中，d 为压痕直径，mm，$d=(d_1+d_2)/2$（d_1 和 d_2 为测量相互垂直方向的压痕直径，mm）；D 为淬火钢球直径，mm；F 为加载载荷，N。

四、实验步骤

（1）洛氏硬度计

① 选择所需试样。

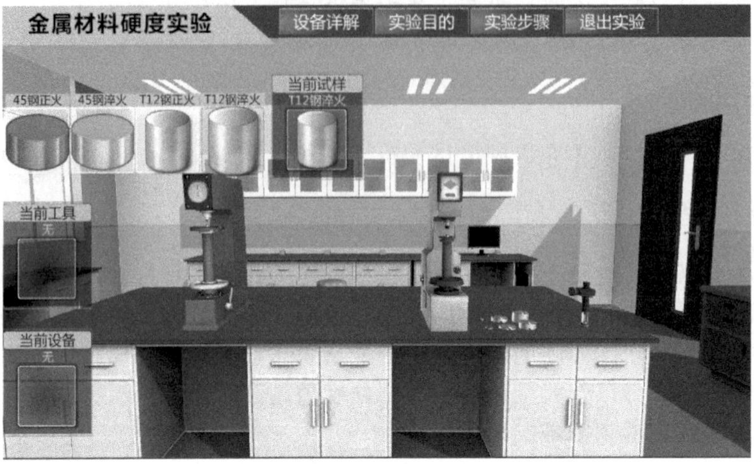

② 选择试样与压头的接触点。

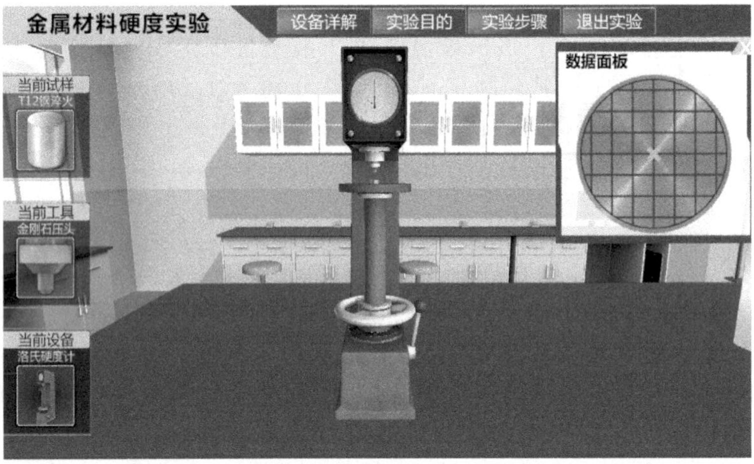

③ 转动手轮，使试样台上升并顶起压头至小指针指向红点，大指针旋转 3 圈至垂直向上为止。

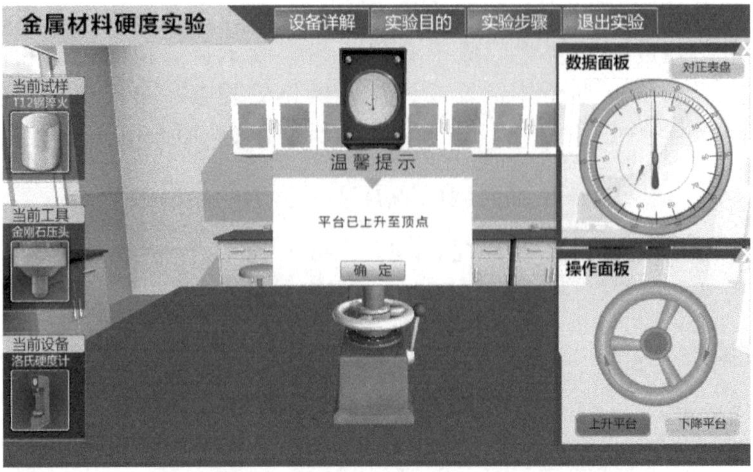

④ 旋转指示器外壳，使 C、B（C 和 B 分别为测量 HRC 和 HRB 对应的读数）之间长刻

线与大指针对正。其中，洛氏硬度 HRC 表示压头为金刚石圆锥体，洛氏硬度 HRB 表示压头为淬火钢球。

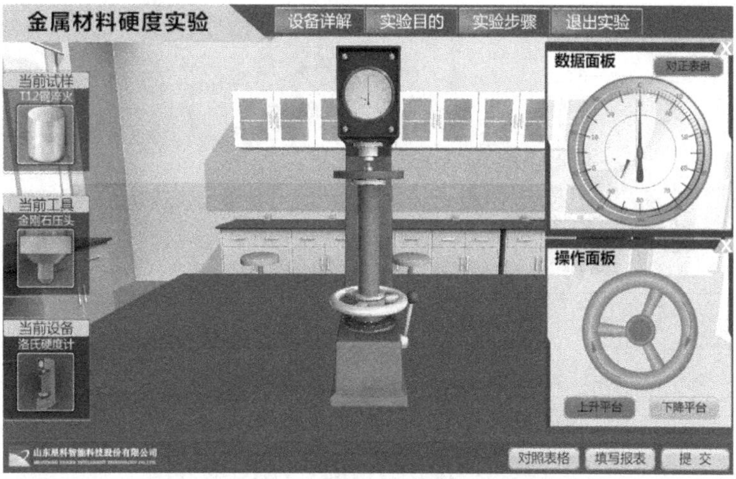

⑤ 拉动加荷手柄，施加主试验力，指示器的大指针按逆时针方向转动。

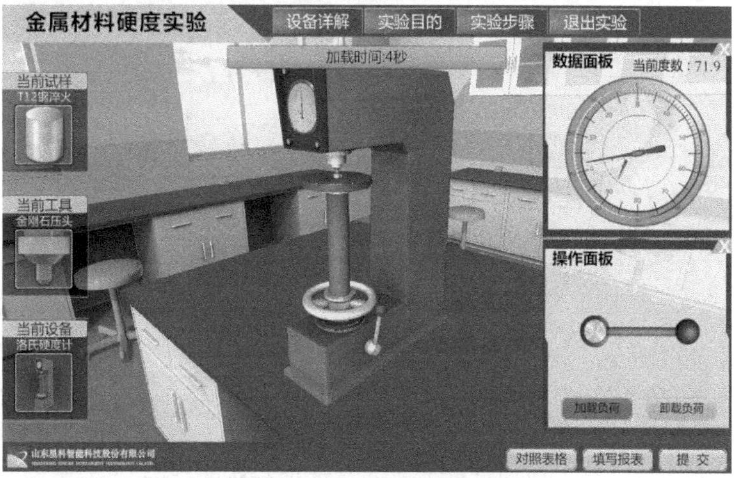

⑥ 当指示针转动平稳下来后，等待计时器达到 10s。

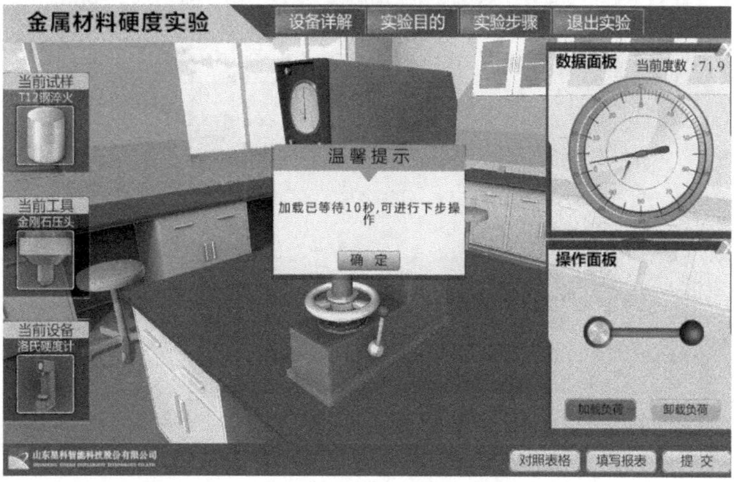

⑦ 将卸荷手柄推回，卸载主试验力。

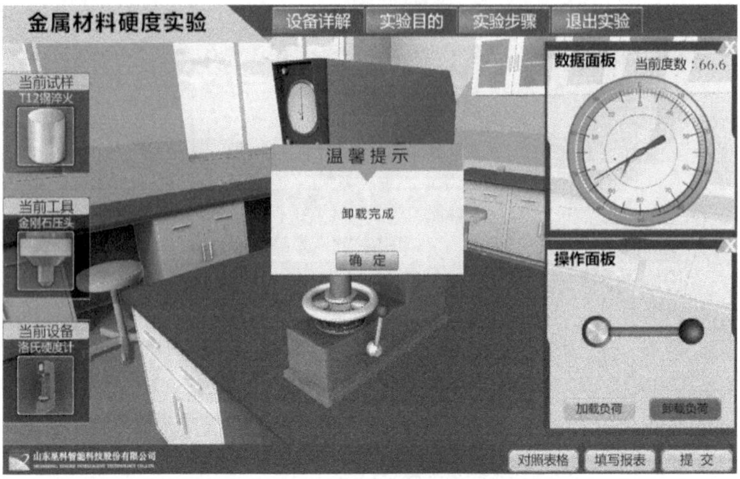

⑧ 从指示器上相应的标尺读数，HRB 为内圈，HRC 为外圈。

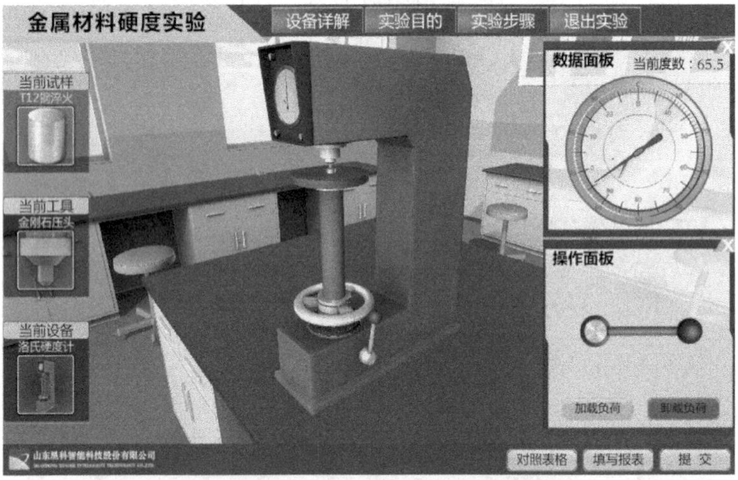

⑨ 转动手轮使试件下降，取回试样或移动试件进行新的试验。

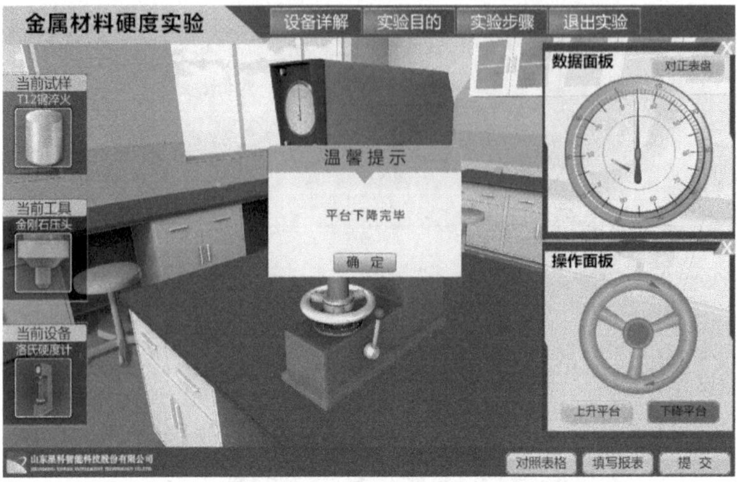

（2）布氏硬度计

① 启动总开关。

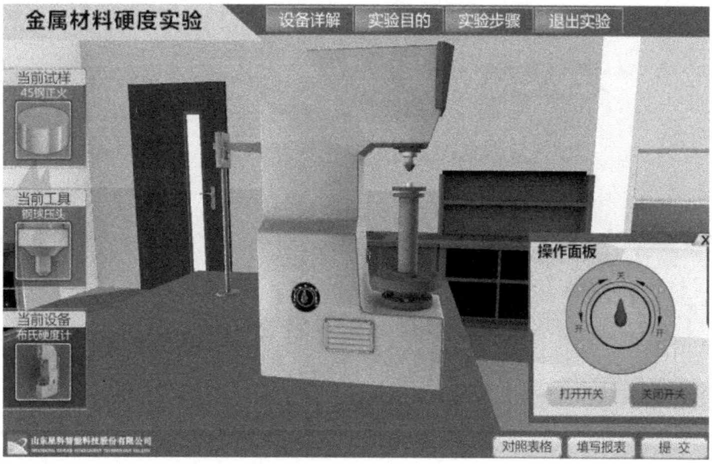

② 选择钢球压头。

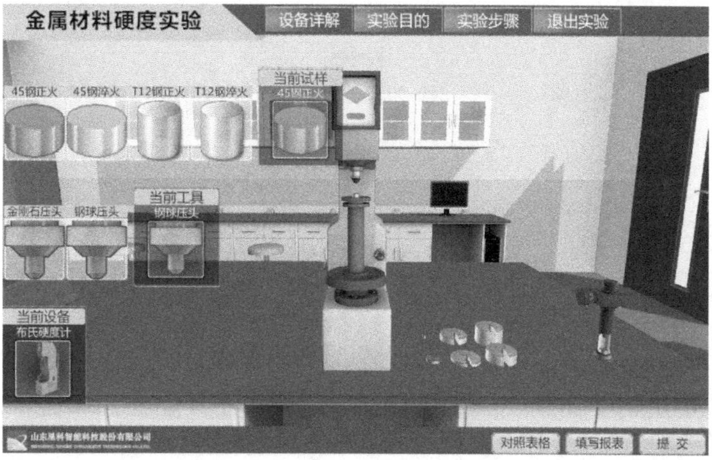

③ 选择试样 45 号钢正火。

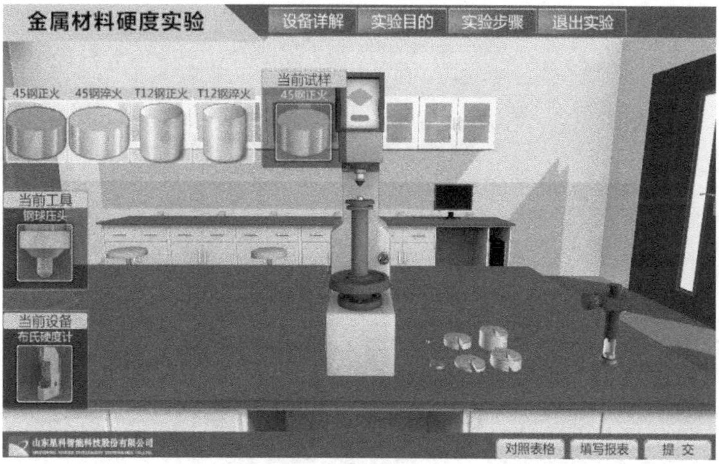

④ 选择试样与压头的接触点。

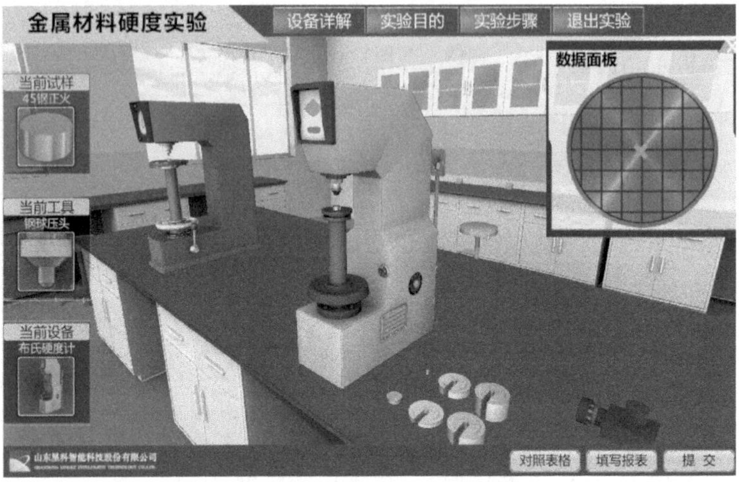

⑤ 设定试验力，选择砝码。

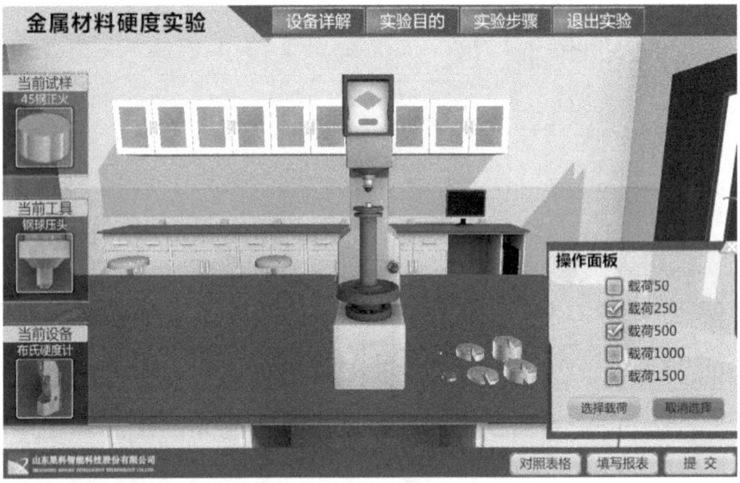

⑥ 设定试验力保持时间（10s）。

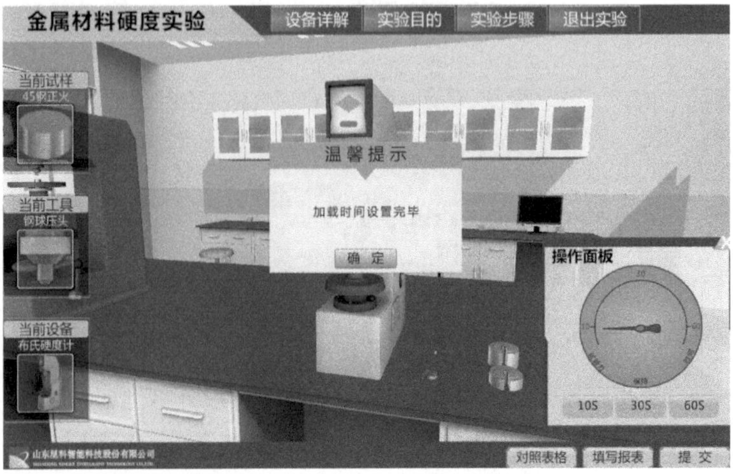

⑦ 转动手轮，使试样台上升至压头并与试样紧密接触。

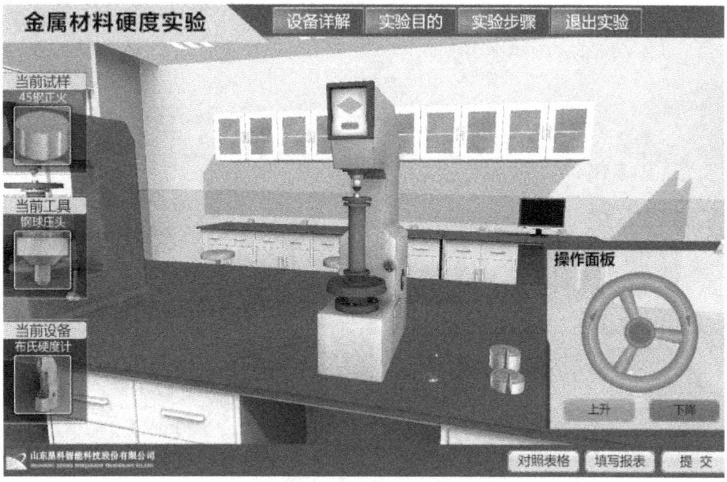

⑧ 启动仪器正面开关，绿灯亮起。

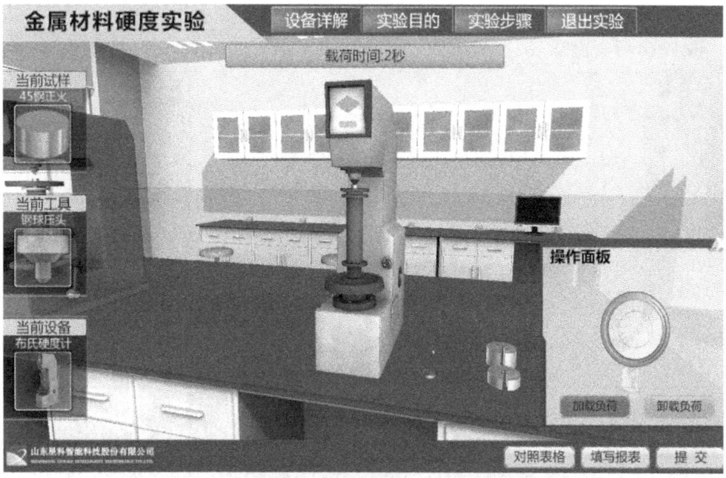

⑨ 计时器启动，等待 10s 后绿灯熄灭。

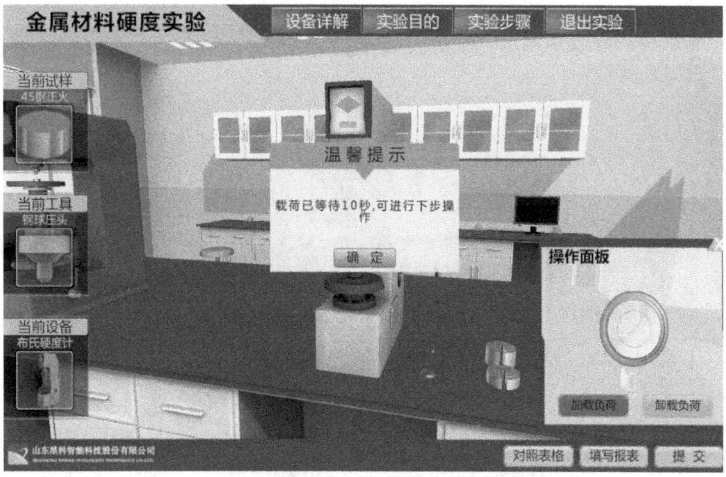

⑩ 转动手轮，降下试样台，点击试样取回。

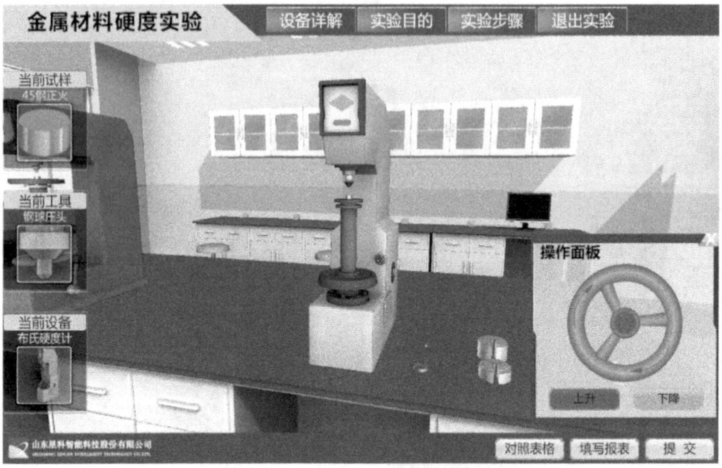

（3）读数显微镜

① 选择所需试样。

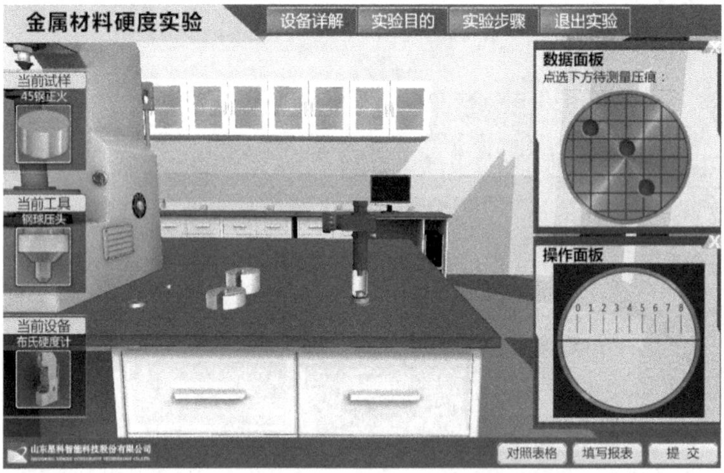

② 调节目镜螺旋，使视场中同时看清分划板与物体像。

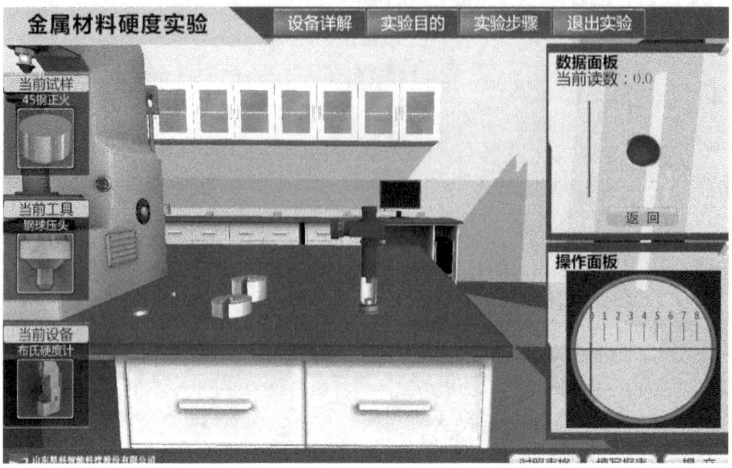

③ 转动读数滚轮，移动刻有长丝的玻璃分划板，使竖直长丝与圆孔凹痕的一边相切，记录读数。

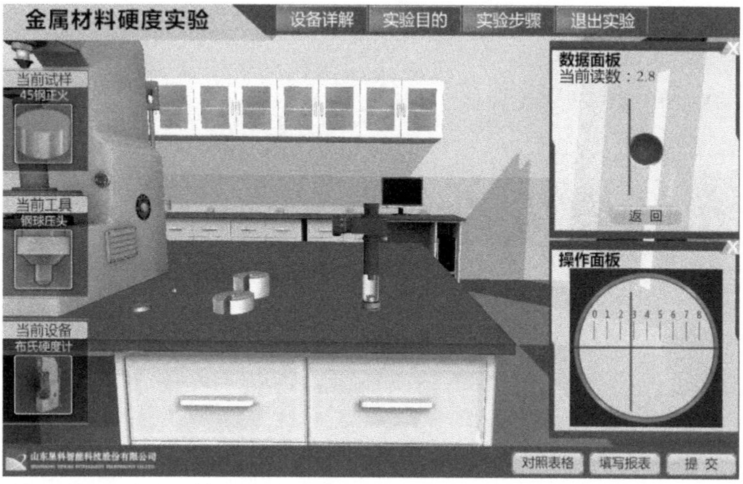

④ 再次转动读数滚轮，移动刻有长丝的玻璃分划板，使竖直长丝与圆孔的另一边相切，记录读数。

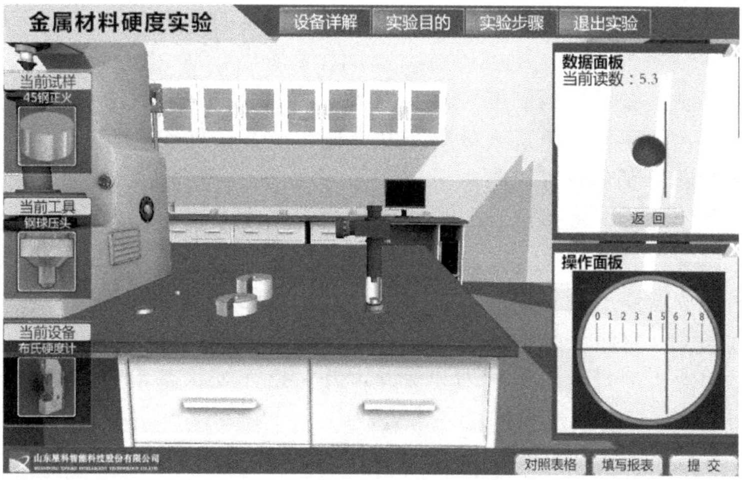

⑤ 计算两次读数的差值，即为圆孔凹痕直径。

⑥ 记录直径数值，取回试样。

五、思考题

（1）对于试样的硬度值，无论是使用洛氏硬度计还是布氏硬度计进行测量时，为什么至少需要测量 3 次取其平均值？

（2）选择试样与压头的接触点时，需要注意哪些事项？

附录

实验室安全守则

“安全第一，预防为主”是安全工作的方针，为避免造成人身伤害和财产损失，杜绝安全事故的发生，确保实验室工作的正常进行，特制定本守则。

一、在实验室工作的人员要贯彻“安全第一”的方针，认真遵守有关安全规定；实验室设立专职安全人员，对于不符合规定的操作或不利于安全的行为，应予以坚决制止，并做好相关记录。

二、实验室应建立安全考核制度，落实防火、防爆、防盗措施，明确职责并落实到人，将安全工作经常化、制度化；值班人员要坚守岗位，认真做好安全管理工作，不断地对实验室工作人员及学生进行安全教育，防患于未然。

三、实验室严禁乱拉、乱接电源，电路应按规定布设，禁止超负荷用电，应定期检查线路及通风、防火设备。

四、对于因违章操作、玩忽职守、忽视安全而造成的重大事故，实验室工作人员要保护现场，及时向有关部门报告，采取相应措施，使损失降到最低程度。

五、实验室的消防器材应妥善管理和保养，并保持完好状态，实验室工作人员应了解其性能并掌握使用方法。

六、实验室发现不安全因素时，应立即采取有效措施，并及时上报主管部门及保卫部门；凡违反安全规定造成的事故，要及时上报，不准隐瞒不报，并按有关规定对主管领导与当事人予以处理。

七、保持室内清洁，不准随地吐痰，不准乱丢杂物，不准大声喧哗、进食；爱护公物，不得在实验室桌面及墙壁上随意刻画，不得擅自删除电脑内的文件，不得擅自在电脑上安装程序。

八、未经许可，不得擅自乱动虚拟仿真实验室的仪器设备。因违规操作造成仪器设备损坏的，应按规定赔偿。

参 考 文 献

[1] 陈小明，蔡继文．单晶结构分析原理与实践［M］．2版．北京：科学出版社，2025.

[2] 王永在．现代材料分析方法教程［M］．北京：化学工业出版社，2023.

[3] 赵磊，牛勇，李龙，等．铁碳合金平衡组织观察及硬度测定［J］．热处理技术与装备，2011，32(4)：31-35.

[4] 李琳．材料科学基础实验［M］．北京：化学工业出版社，2021.

[5] 李维娟．材料科学与工程实验指导书［M］．北京：冶金工业出版社，2016.

[6] 刘芙，张升才．材料科学与工程基础实验指导书［M］．杭州：浙江大学出版社，2011.